Wine Folly를 향한 찬사

"요즘 출간된 와인 입문서 중 최고다!"

– 워싱턴 포스트

"와인은 재미있다. 복잡하지만 살아 숨 쉬고, 의미 있다.
와인은 삶의 일부가 되어야 한다... 이 책과 함께."

– 제프 크루스, 마스터 소믈리에 Guildsomm.com

"마들렌은 참신한 그래픽을 이용해서
와인 입문자도 잘 이해할 수 있는
와인 길잡이를 만들었다."

– 앤드루 워터하우스 박사, 캘리포니아 주립대학교, 데이비스

"내가 와인을 처음 배울 때도
와인 폴리처럼
재치 있고, 금방 읽히고,
이해하기 쉬운 책이 있었다면 얼마나 좋았을까!"

– 카렌 맥닐, 『와인 바이블』 저자

"정보화 시대에 맞는 이 와인 길잡이는 신통할 정도로 생생하다.
샴페인 병을 세이버 칼로 잘라 열 듯,
와인의 복잡함을 날려버린다."

– 마크 올드먼,
『올드먼의 가이드 : 와인을 뛰어넘어 억만장자처럼 마시는 법』 저자

• 당신이 궁금한 와인의 모든것 •

Wine Folly

Magnum Edition

와인 = 과학 + 예술

• 당신이 궁금한 와인의 모든 것 •

와인 폴리

매그넘 에디션
마스터 가이드

Wine Folly

Magnum Edition
THE MASTER GUIDE

Madeline Puckette and Justin Hammack

: 와인 폴리 :
매그넘
에디션

• 저자 : Madeline
Puckette, Justin Hammack
• 번 역 가 : 차 승 은
• 총 괄 : 김 태 경
• 진 행 : 정 소 현
• 디 자 인 · 편 집 : 김 소 연
• 발 행 인 : 김 길 수
• 발 행 처 : (주) 영 진 닷 컴
• 초 판 1판 1쇄 발행 2020년 1월 6일
• 재 판 1판 12쇄 발행 2024년 11월 22일
• 등 록 : 2007. 4. 27. 제16-4189호
• 주 소 : (우)08512 서울특별시 금
천구 디지털로9길 32 갑을그레이트
밸리 B동 10층 (주)영진닷컴 기획1팀
• 이메일 : support@youngjin.com
• ISBN 978-89-314-6179-4

Contents 목차

Introduction 서문

와인은 무엇 때문에 특별한가? 지구상에 존재하는 최고의 음료라고 할 수 있는 이유는 무엇일까?

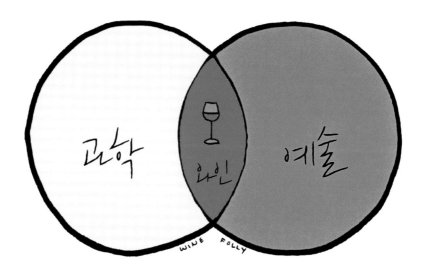

왜 와인에 열광하는가?

사람들이 와인을 좋아하는 첫 번째 이유는 에탄올이라는 향정신성 물질을 소량 (약 10~15%) 포함하고 있기 때문이다. 그렇다. 알코올을 말한다. 하지만 와인에 에탄올(단순한 화합물)이 포함되어 있다는 사실 때문에 와인을 이해하기 위해 과학적 지식을 동원해야 하는 것은 아니다. 와인에 관한 광범위한 지식의 일부일 뿐이기 때문이다. 양조 과정뿐 아니라 맛과 풍미에 얽힌 과학적 원리도 흥미롭다. 또한, 건강상의 이점, 문화적 전통, 그리고 역사와 진화 면에서도 와인이 중요하다. 어찌 보면 와인은 복잡하기 때문에 재미있는 것이다.

**더 많이 알게 될수록,
모르는 사실이 더 많다는 사실을 깨닫는다.**

얼마나 깊이 파고들고 싶은가에 따라 와인이라는 주제는 얼마든지 더 깊어질 수 있다. 그래서 와인에 관한 책이 수백 권 존재하는 것이다. 학술적인 책이 있는가 하면 전문적이고 기술적인 책도 있다. 어떤 책은 취중농담이다!

그러나 이 책은 그런 책들과는 완전히 다르다. 『와인 폴리 : 매그넘 에디션』은 실용주의자의 장비이자 와인 탐험을 안내하는 길잡이다. 어떤 길을 탐색하든 이 책은 기초를 알려주고 탄탄한 기본 지식을 제공할 것이다.

누가 이 책을 만들었을까?

이 책은 『와인 폴리』의 공동 저자들이 창조했다. 매들린 푸켓은 와인 소믈리에이자 작가, 시각 디자이너다. 저스틴 해먹은 디지털 전략가, 웹 개발자이며 사업가다.

이 책을 만들면서 어려웠던 점은 정보의 정확성을 확인하는 작업이었다. 칸찬 쉰들라우어Kanchan Schindlauer, 마크 크래그Mark Craig, 힐러리 라슨Hilarie Larson, 빈센트 렌도니Vincent Rendoni, 헤일리 메르세데스Haley Mercedes, 그리고 스티븐 라이스Steven Reiss가 도움을 주었다. 책의 마지막 부분에 정보 출처를 표기했다.

와인 폴리에 대하여

이 책의 초판 『와인 폴리 : 당신이 궁금한 와인의 모든 것』은 〈뉴욕 타임스〉의 베스트셀러 목록, 아마존에서 선정한 2015년의 요리책에 올라갔고, 아마존에서 별점 4.8을 받았으며(이 책을 쓸 당시에), 20여 개의 언어로 번역되었다(몽골어 포함!).

전 세계의 와인 교육자와 소믈리에, 레스토랑 매니저들이 『와인 폴리』를 사용해서 와인에 대한 강의를 한다.

'winefolly.com'은 세계 1위의 와인 교육 웹사이트다. 최고의 장점은 무료라는 것이다.

『와인 폴리』는 개인의 생각만으로 이루어진 책이 아니다. 여러 와인 전문가, 작가, 와인 생산자, 과학자, 의사들이 이 웹사이트의 지식 데이터베이스에 기여한다.

매그넘 에디션

다음과 같은 독자에게 『와인 폴리 : 매그넘 에디션』을 권한다.

• 와인 지식을 늘리고 싶지만 어떻게 시작해야 할지 모르겠다.
• 와인 매장에서 와인을 고를 때마다 당황스럽다.
• 와인을 샀다가 실패한 적이 있거나 새로운 와인을 시도할 자신이 없다.
• 다른 사람들의 와인 지식에 기죽은 적이 있다.
• 정말로 좋은 와인을 마시고 있는 것인지 아니면 마케팅에 넘어간 것인지 모르겠다.

『와인 폴리 : 매그넘 에디션』의 도움으로 독자는...

• 와인 품질을 평가할 수 있게 된다.
• 와인을 다루고, 서빙하고, 보관하고 숙성할 수 있게 된다.
• 새로운 와인을 찾아서 즐긴다.
• 전문적 소믈리에 수준의 와인 지식을 얻는다.
• 적은 예산으로도 괜찮은 품질의 와인을 산다.
• 분별 있게 와인을 마신다.
• 음식과 와인 조합을 멋지게 한다.
• 와인에 대한 자신감을 얻는다.

『와인 폴리 : 매그넘 에디션』은 『와인 폴리』를 업그레이드시키고, 확장한 개정판이다.

매그넘 에디션에 포함된 내용은 초판의 2배 이상. 새로운 단원, 와인 지도, 인포그래픽 그리고 최신 자료를 포함한다.

책 활용법

새로운 와인을 맛볼 때마다 다음 과제를 해보자.

• 와인을 적극적으로 시음하는 연습을 한다. (p.24)
• 이 책의 〈포도와 와인〉 단원에서 와인 또는 포도 품종을 찾아본다. (p.66~191)
• 와인의 생산 지역을 알아본다. (p.192~299)
• 와인과 가장 잘 어울리는 음식을 알아본다. (p.52)
• 잔을 헹궈내고 반복한다!

SECTION

1

Wine Basics

와인 기본 지식

이 섹션에서는 다음과 같은 와인 기본 지식을 다룬다.

◆ 와인 양조
◆ 와인 시음
◆ 와인 서빙
◆ 와인 보관

What Is Wine? 와인이란?

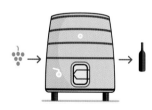

와인은 포도를 발효시켜서 만든 알코올성 음료다. 기술적으로는 모든 과일로 와인을 만들 수 있지만, 일반적으로 와인은 양조용 포도로 만든다.

식용 포도
양조용 포도

양조용 포도는 식용 포도와 다르다. 양조용 포도는 알이 작고, 더 달고, 씨가 있고, 껍질이 두껍다. 이런 특징들 덕분에 와인 양조에 더 적합하다고 한다.

비티스 비니페라
피노 누아 메를로 리슬링 1,500가지 이상

와인을 만드는 포도 품종에는 수천 가지가 있지만 대부분 비티스 비니페라라는 단일 포도나무 종에서 나온 변종들이다.

포도나무
일 년에 한 번 열매를 맺는 다년생 목본 식물이다. 포도가 생장하는 지역의 기후는 그 포도로 만드는 와인의 단맛(또는 신맛)에 영향을 준다.

N.V. 2015 2011 1987

빈티지는 포도를 수확한 연도를 말한다. **논빈티지**Non-vintage 또는 "NV" 와인은 여러 해의 와인을 혼합한 와인이다.

가메

단일 품종 와인은 한 가지 포도 품종(메를로, 아시르티코 등)으로 만들었거나 한 가지 품종 위주로 만든 와인이다.

무르베드르 시라
그르나슈

블렌드 와인은 여러 품종으로 만든 와인들을 혼합해서 만든 와인이다.
필드 블렌드는 여러 가지 품종을 같이 수확해서 한꺼번에 양조한 와인이다.

스파클링 스틸 가향
주정강화

와인의 스타일에는 **스틸, 스파클링, 주정강화, 가향 와인**(일명 베르무트) 등 여러 가지가 있다.

미국 표시 EU 표시

미국 내 **유기농 와인**은 유기농 포도로 만들어야 하고 이산화황을 첨가하면 안 된다. EU의 유기농 와인은 이산화황을 첨가할 수 있으나 일반 와인에 비해 최대 허용치가 낮다.

3가지 와인 라벨 표기 방식

품종별

품종명 와인(포도 이름을 라벨에 표기)은 한 가지 품종으로 만들거나 한 가지 품종 위주로 만든다. 와인병에 표기된 품종을 일정 비율 이상 포함하도록 국가별로 규정하고 있다.

75%
미국

85%
호주, 오스트리아, 아르헨티나, 칠레, 프랑스, 독일, 이탈리아, 뉴질랜드, 포르투갈, 남아프리카공화국, 헝가리, 그리스, 캐나다

지역별

라벨에 지역 명칭을 표기한 와인은 해당 지역의 법규를 엄격하게 따라야 한다. 예를 들어 "상세르Sancerre"라고 표기된 와인은 소비뇽 블랑 품종 위주로 만든 것이다.

지역 명칭이 일반적인 국가는 다음과 같다.

- 프랑스
- 이탈리아
- 스페인
- 포르투갈
- 그리스
- 헝가리

와인 이름

와인 이름을 따로 지어서 라벨에 표기한 와인이다.

특별한 와인 블렌드를 차별화하기 위해 생산자가 가공의 이름을 지어내는 경우도 있고, 포도밭이나 특정 장소의 이름에서 따오는 경우도 있다.

예를 들어, "레 끌로Les Clos"는 프랑스의 샤블리Chablis 지역에 있는 포도밭 이름이다.

음주 상식 *Drinking Facts*

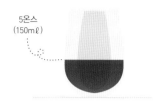

와인의 **표준 섭취량(1잔)**은 150mℓ(5온스)이며, 표준 와인병(750mℓ)에는 섭취량 5잔이 들어있다.

미국심장협회에 따르면 술을 적당하게 마시는 사람들이 마시지 않는 사람들보다 **심장병**에 덜 걸린다고 한다.

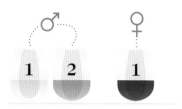

적정량이란? 미국 암학회에서 남성에게는 하루 2잔(주 14잔), 여성에게는 하루 1잔(주 7잔) 이하를 권장한다.

술자리 대처 요령
남성은 하루에 3잔을 넘지 않는 것이 좋고, 여성은 2잔을 넘지 않는 것이 좋다. 금주일을 정해 일주의 알코올 섭취를 조절한다.

와인을 마신 후 두통이 생기는 주요 원인은 이산화황이 아니라 탈수 때문이다! 다른 주요 원인은 양조 과정에서 생기는 티라민과 같은 아민 계열의 유기 물질이라고 추측된다.

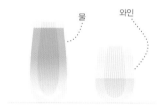

탈수로 인한 **두통 예방**을 위해 와인 한 잔을 마실 때마다 물 한 잔(250mℓ)을 마시자.

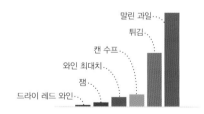

와인 라벨에 **"이산화황 포함"**이라고 표기되어 있다면 이산화황이 10ppm(백만분의 1) 이상 들어 있는 것이다. 법이 허용하는 최대치는 350ppm이고, 대부분 50~150ppm이 포함되어 있다. 참고로 탄산음료 한 캔에는 350ppm이 포함되었다.

대체로 화이트 와인보다 **레드 와인**에 이산화황이 적게 들어있고, 스위트 와인보다 드라이 와인에 적게 들어있다. 대체로 고품질 와인보다 저품질 와인에 이산화황이 더 많이 들어있다.

드라이
103칼로리
0g 탄수화물

스위트
132칼로리
29g 탄수화물

와인의 칼로리는? ABV 13%인 드라이 와인 한 잔은 탄수화물이 0g, 103칼로리다. 당도 5%, ABV 13%인 스위트 와인 한 잔은 탄수화물이 29g, 132칼로리다.

와인 한 병

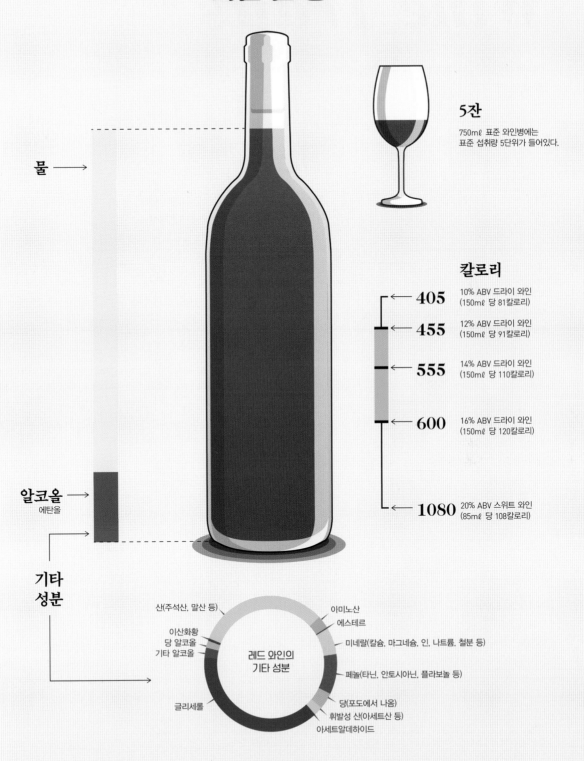

5잔

750㎖ 표준 와인병에는
표준 섭취량 5단위가 들어있다.

물 →

칼로리

405 ← 10% ABV 드라이 와인
(150㎖ 당 81칼로리)

455 ← 12% ABV 드라이 와인
(150㎖ 당 91칼로리)

555 ← 14% ABV 드라이 와인
(150㎖ 당 110칼로리)

600 ← 16% ABV 드라이 와인
(150㎖ 당 120칼로리)

1080 ← 20% ABV 스위트 와인
(85㎖ 당 108칼로리)

알코올
에탄올 →

**기타
성분**

산(주석산, 말산 등)
아미노산
에스테르
이산화황
당 알코올
기타 알코올
미네랄(칼슘, 마그네슘, 인, 나트륨, 철분 등)

레드 와인의
기타 성분

페놀(타닌, 안토시아닌, 플라보놀 등)

글리세롤
당(포도에서 나옴)
휘발성 산(아세트산 등)
아세트알데하이드

Wine Traits 와인의 특징

와인의 특징들이 각각 품질과 맛에 어떤 영향을 주는지 알아보자. 이 책에서는 바디, 당도, 타닌, 산도, 알코올의 5가지 특징으로 와인을 설명한다.

1~5등급의 바디
이 책에서는 와인의 바디를 타닌, 알코올, 당도에 따라 1~5등급으로 분류한다.

바디 맛보기
"라이트 바디" 와인과 "풀 바디" 와인의 차이를 무지방 우유와 일반 우유의 차이로 생각해보자.

바디 *Body*

바디는 과학적 용어는 아니다. 하지만 바디는 가벼운 와인에서부터 진한 와인에 이르기까지 강도를 분류하는 기준이 된다.

"라이트light 바디"와 "풀full 바디" 와인을 구별하는 방법은 무지방 우유와 일반 우유를 구별하는 것과 비슷하다. 우유는 지방이 많을수록 맛이 진하다. 즉, 풀한 맛이다.

모든 음료를 이런 개념으로 이해할 수 있지만, 특히 와인을 맛볼 때는 미각 수용기에서 타닌, 당도, 산도, 알코올과 같은 특징을 통해 바디를 느낀다.

각 특징은 와인의 바디에 다르게 작용한다. :

- 타닌은 와인의 바디를 더 강하게 한다. 레드 와인에는 타닌이 있고 화이트 와인에는 없기 때문에 레드 와인이 화이트 와인보다 풀 바디로 느껴지는 경향이 있다.
- 당도는 와인의 바디를 더 강하게 한다. 그래서 드라이 와인보다 스위트 와인이 더 풀 바디로 느껴진다. 그렇기 때문에 드라이 와인이라도 단맛이 약간 나도록 만들어서 바디를 강하게 만드는 경우가 있다.
- 산도는 와인의 바디를 약하게 한다.
- 알코올은 와인의 바디를 강하게 한다. 그래서 알코올이 높은 와인(주정강화 와인 포함)은 알코올이 낮은 와인보다 더 풀 바디로 느껴지는 것이다.
- 탄산은 와인의 바디를 감소시킨다. 그래서 스파클링 와인이 대체로 스틸 와인보다 가볍게 느껴지는 것이다.

이밖에도 와인 생산자에게는 바디를 조정할 수 있는 비장의 무기들이 있다. 예를 들어 바디를 증가시키기 위해 와인을 오크통에서 숙성시키거나 유산소 숙성 방식을 사용할 수 있다. 포도 재배와 양조(p.44~51)에서 와인 제조 방식을 추가로 설명할 것이다.

바디로 분류한 와인

스파클링

프로세코
카바
크레망
샴페인
프란차코르타
클룸
픽풀

화이트 와인

비뉴 베르드
피노 블랑
아시르티코
콜롬바르
알바리뇨
프리뮬라노
베르디키오
코르테제
뮈스카 블랑
푸르민트
리슬링
베르데호
피아노
그레케토
질바너
피노 그리
토론테스
페르낭 피레스
모스코필레로
슈냉 블랑
아린투
그뤼너 펠트리너
소비뇽 블랑
가르가네가
베르멘티노
팔랑기나
세미용
비우라
아이렌
트레비아노 토스카노
사바티아노
그리나슈 블랑
게뷔르츠트라미너
마르산
뤼산
비오니에
샤르도네

레드 와인

브라케토
프라파토
가메
람브루스코
스키아바
츠바이겔트
생소
피노 누아
네렐로 마스칼레제
카스텔라웅
카르메네르
카리뇰
블라우프랭키쉬
카베르네 프랑
콩코드
아요르이티코
바가
바르베라
보나르다
돌체토
그르나슈
멘시아
메를로
몬테풀치아노
네비올로
네그로아마로
론/GSM 블렌드
산지오베제
템프라니요
시노마브로
알리아니코
알리칸테 부셰
보르도 블렌드
카베르네 소비뇽
말벡
모나스트렐
네로 다볼라
프티 베르도
프티트 시라
피노타주
사그란티노
시라
타낫
토리카 나시오날
진판델

디저트 와인

셰리
소테르네
아이스 와인
마데이라
마르살라
모스카텔 드 세투발
빈 산토
뮈스카 알렉산드리아
포트

* 어떤 와인은 이 표보다 가볍거나 강할 수 있다!

당도 *Sweetness*

와인의 단맛을 잔당Residual Sugar(RS)이라고 하는데, 잔당은 발효가 끝난 와인 안에 발효되지 않고 남아 있는 포도의 당분을 말한다.

와인의 당도는 범위가 매우 넓어서 잔당이 거의 없는 와인(0g/L)에서부터 600g/L인 와인까지 있다. 참고로 우유에는 리터 당 약 50g의 당분이 있고, 코카콜라에는 리터 당 약 113g이 있는 반면, 시럽은 리터 당 700g 또는 70%가 당분으로 대부분이 설탕인 셈이다. 잔당이 높은 와인은 더 점성이 있어 보인다. 예를 들어 100년된 페드로 히메네즈Pedro Ximenez를 따르면 메이플 시럽처럼 천천히 흘러나온다!

스틸 와인

다음은 와인 전문가들이 와인의 당도 수준을 설명할 때 사용하는 일반적인 용어들이다.

- **완전 드라이** : 1잔 당 0칼로리(1g/L 미만)
- **드라이** : 1잔 당 0~6칼로리(1~17g/L)
- **오프 드라이** : 1잔 당 6~21칼로리(17~35g/L)
- **미디엄 스위트** : 1잔 당 21~72칼로리(35~120g/L)
- **스위트** : 1잔 당 72칼로리 이상(120g/L 이상)

사람이 당분을 감지하는 미각은 민감한 편이 아니다. 드라이한 맛이 나는 와인이라도 잔당이 많게는 17g/L가 포함되었을 때가 많다. 즉, 완전 드라이한 와인에 비해 1잔 당 10칼로리/탄수화물이 많은 것이다. 만약 탄수화물과 칼로리를 제한하는 중이라면 인터넷에서 "상품 상세 설명technical sheet"을 찾아보자. 와인 생산자는 대체로 와인에 포함된 잔당을 표기한다.

스파클링 와인

스파클링 와인(샴페인, 프로세코, 카바 등)에는 스틸 와인과는 달리 설탕이 소량 첨가된다. 즉, 양조의 마지막 단계에서 흔히 농축 포도즙의 형태로 당분을 첨가한다. 이런 이유로 스파클링 와인의 라벨에는 항상 당도 수준이 표기된다.

- **브륏 나튀르**Brut Nature : 0~3g/L(당분 첨가 안 함)
- **엑스트라 브륏**Extra Brut : 0~6g/L
- **브륏**Brut : 0~12g/L
- **엑스트라 드라이**Extra Dry : 12~17g/L
- **드라이**Dry : 17~32g/L
- **드미 섹**Demic-Sec : 32~50g/L
- **두**Doux : 50g/L 이상

바디

1~5등급의 당도

이 책에서는 일반적으로 느낄 수 있는 당도의 수준에 따라 와인을 분류한다. 와인의 당도는 통제가 가능하기 때문에 범위가 넓다.

더 달게 느껴진다

| 2.7pH 높은 산도 17g/L 잔당 | 3pH 낮은 산도 17g/L 잔당 |

잔당

단맛을 느끼는 인간의 감각은 정확한 편이 아니다. 와인의 다른 특징들이 사람의 감각을 왜곡하기 때문에 와인의 당도를 정확하게 느끼기 어렵다! 예를 들어 타닌이 높거나 산도가 높은 와인은 실제보다 덜 달게 느껴진다.

당도의 단계

브륏 나튀르	엑스트라 브륏	브륏	엑스트라 드라이	드라이	드미 섹	두
0~2cal.* (0~3g/L)	0~5cal.* (0~6g/L)	0~7cal.* (0~12g/L)	7~10cal.* (12~17g/L)	10~20cal.* (17~32g/L)	20~30cal. (32~50g/L)	30cal. 이상* (50+g/L)

완전 드라이	드라이	오프 드라이	스위트	매우 스위트
0칼로리* (1g/L)	0~10칼로리* (1~17g/L)	10~21칼로리* (17~35g/L)	21~72칼로리* (35~120g/L)	72칼로리 이상* (120+g/L)

* 150mℓ 한 잔당 칼로리

바디

1~5등급의 타닌

와인은 만든 지 얼마 안 되었을 때 타닌이 가장 강하다. 이 책에서는 와인이 쓰고 떫은 정도에 따라서 타닌의 등급을 분류한다. 타닌은 양조로 조절할 수 있고 와인이 숙성될수록 약해진다.

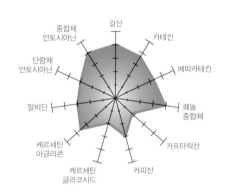

석탄산 표

이 레이더 표는 피노 누아 와인의 석탄산을 분석해서 보여준다.

카테킨과 에피카테킨은 농축 타닌이며, "사람에게 유익한" 타닌이다.
말비딘과 단량체 안토시아닌은 레드 와인의 색깔을 낸다.
카프타릭산과 커피산은 화이트 와인의 색깔을 생성하는 것으로 보인다.
갈산은 포도씨에서 나오기도 하지만 대부분 오크 숙성에서 나온다.
케르세틴은 안토시아닌과 반응해서 색의 강도를 증가시킨다.

타닌 *Tannin*

타닌은 와인의 품질에서 매우 중요한 역할을 하며, 건강에 유익한 성분도 주로 타닌에 있다. 하지만 사람들이 가장 좋아하지 않는 와인의 특징 또한 타닌일 것이다. 왜 그럴까? 그것은 타닌에서 쓴맛이 나기 때문이다.

타닌이란?

타닌은 식물과 씨앗, 나무껍질, 목재, 잎, 과일 껍질에서 자연적으로 생겨나는 폴리페놀이다. 여러 가지 식물과 음식에서 발견되지만, 녹차, 카카오 함량이 높은 다크 초콜릿, 호두 속껍질, 하치야 감에 특히 많다. 와인의 타닌은 포도 껍질과 씨앗에서 비롯되지만, 나무로 만든 오크통에서도 나온다. 타닌은 와인을 안정화시키고 산화를 막아주기 때문에 유익한 성분이다.

타닌 맛보기

순수한 타닌이 어떤 맛인지 궁금한가? 젖은 티백을 혀 위에 올려보자. 그때 느껴지는 떫고 쓴 느낌이 바로 타닌이다!

와인의 타닌은 그보다는 약간 섬세한데, 꺼끌꺼끌하고 입안이 마르는 느낌이 들면서 입술이 치아에 들러붙는다. 이 책에서는 타닌이 얼마나 떫고, 쓰고, 또 삼킨 다음에 얼마나 오래 지속되는가에 따라서 1부터 5까지로 등급을 매긴다.

타닌과 건강

타닌이 건강에 미치는 영향을 조사한 과학적 연구가 다수 진행되었다. 그리고 대부분의 연구 결과에서 다음과 같은 이점을 제안하고 있다. :

- 프로시아니딘(또는 농축된 타닌)은 콜레스테롤을 억제해서 심장병을 예방한다.
- 페트리 접시에서 엘라기타닌(오크통에서 발견됨)은 암세포 팽창을 막아주었다.
- 생쥐 실험에서 엘라기타닌은 지방간 질환을 완화하고 비만을 방지했다.
- 인간 실험에서 카테킨과 에피카테킨(프로시아니딘의 2가지 종류)은 총 콜레스테롤 수치를 낮추어주었고, "나쁜" 콜레스테롤 또는 LDL에 대한 "좋은" 콜레스테롤 또는 HDL의 비율을 높여주었다.
- 지금까지의 연구에서는 타닌이 두통이나 편두통을 유발한다는 결과가 나타나지 않았다. 물론 언제든지 새로운 사실이 밝혀질 수는 있다!

와인의 타닌

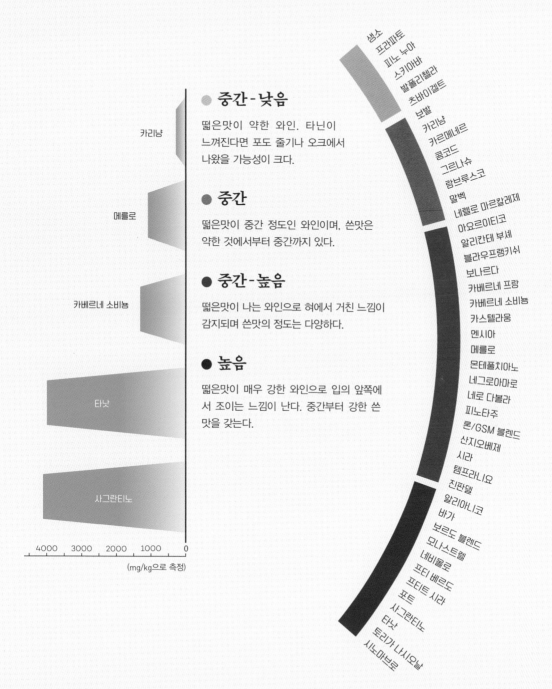

카리냥

메를로

카베르네 소비뇽

타낫

사그란티노

4000 3000 2000 1000 0

(mg/kg으로 측정)

● 중간 - 낮음

떫은맛이 약한 와인. 타닌이 느껴진다면 포도 줄기나 오크에서 나왔을 가능성이 크다.

● 중간

떫은맛이 중간 정도인 와인이며, 쓴맛은 약한 것에서부터 중간까지 있다.

● 중간 - 높음

떫은맛이 나는 와인으로 혀에서 거친 느낌이 감지되며 쓴맛의 정도는 다양하다.

● 높음

떫은맛이 매우 강한 와인으로 입의 앞쪽에서 조이는 느낌이 난다. 중간부터 강한 쓴맛을 갖는다.

생소
프라파토
피노 누아
스키아바
발폴리첼라
츠바이겔트
보발
카리냥
카르메네르
콩코드
그르나슈
람브루스코
말벡
네렐로 마르칼레제
아요르이티코
알리칸테 부셰
블라우프랭키쉬
보나르다
카베르네 프랑
카베르네 소비뇽
카스텔라웅
멘시아
메를로
몬테풀치아노
네그로아마로
네로 다볼라
피노타주
론/GSM 블렌드
산지오베제
시라
템프라니요
진판델
알리아니코
바가
보르도 블렌드
모나스트렐
네비올로
프티 베르도
프티트 시라
포트
사그란티노
타낫
토리가 나시오날
시노마브로

* 어떤 와인은 이 표에서 나타나는 것보다 더 강하거나 약한 타닌을 가질 수 있다.

산도 *Acidity*

와인에서 상큼하고 시큼한 맛이 나는 것은 산도 때문이다. pH 지수로 볼 때 와인의 산도 범위는 약 3〜4pH로 산성에 속한다(7pH인 물은 중성이다). 산도는 와인 변질의 원인이 되는 화학 반응의 속도를 늦추기 때문에 와인의 품질에서 중요한 요소다.

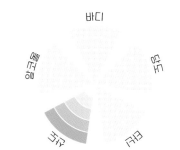

바디

할코올

당분

타닌

과일

1〜5등급의 산도
이 책에서는 지각할 수 있는 산도 또는 신맛의 정도에 따라 와인을 분류한다.

산도 맛보기

레모네이드를 마신다고 상상해보자. 침이 고이고, 얼굴이 일그러지고, 입 주위가 얼얼하지 않은가? 그것은 바로 산도 때문이다. 짜릿한, 산뜻한, 상큼한, 톡 쏘는, 생생한 등의 표현은 산도 높은 와인을 묘사하는 말이다.

• 산도 높은 와인은 바디가 더 약하게, 그리고 덜 달게 느껴진다.

• 산도 낮은 와인은 바디가 강하게, 그리고 더 달게 느껴진다.

• 산도가 너무 낮은 와인은 밋밋하거나, 둔하거나, 부드럽거나, 흐물흐물하다고 표현할 때가 많다.

• 산도가 너무 높은 와인은 스파이시하거나, 날카롭거나 너무 시다고 표현할 때가 많다.

• pH 지수가 4 이상인 (산도가 낮은) 와인은 pH 지수가 4 이하인 높은 와인에 비해 안정성이 떨어지고 결함이 발생할 가능성이 더 크다.

다음에 와인을 맛볼 때는 입안에 침이 얼마나 고이고, 어느 정도 얼얼한지에 집중해보자. 연습하다 보면 산도 수준을 가늠할 수 있는 자신만의 마음속 기준을 세울 수 있다. 물론 사람마다 선호가 달라서 산도 높은 와인을 유난히 좋아하는 사람도 있다.

와인의 산

와인에 흔히 존재하는 산은 주석산(바나나에 존재하는 부드러운 산), 말산(사과에서 발견되며 과일 맛이 강한 산), 그리고 구연산(감귤류에 있는 얼얼한 산)이다. 물론 이 밖에도 산 종류가 많고, 각각 맛에 다른 영향을 준다.
일반적으로 :

• 와인이 숙성되면 산이 변하는데, 최종적으로는 대부분 아세트산(식초에 주로 있는 산)이 된다.

• 산도를 높이기 위해 산성화산(분말주석산과 말산) 첨가를 허용하는 지역(더운 기후)이 있지만, 품질을 우선시하는 생산자들은 대부분 이런 기법 사용을 자제한다.

• 와인에는 총 4〜12%의 산이 포함되어 있다(스파클링 와인은 산이 많은 쪽에 속한다!).

서늘한 기후에서 나는 리슬링

와인의 범위

더운 기후에서 나는 시라

와인과 음식의 산도 비교
산도 높은 와인은 레몬과 비슷한 수준인 약 2.6pH의 산도를 띠며, 산도가 낮은 와인은 그릭요거트와 비슷한 약 4.5pH 정도의 산도를 갖는다.

와인의 산도

pH vs 산도

pH 지수가 낮은 와인(즉, 중성에서 멀리 있는 와인)일수록 신맛이 난다.

하지만 pH는 와인에 포함된 산의 양을 기술적으로 측정하는 것이 아니라 자유 수소 이온의 농도를 측정한 수치다. 미각 수용기에서는 수소 이온을 신맛으로 받아들인다.

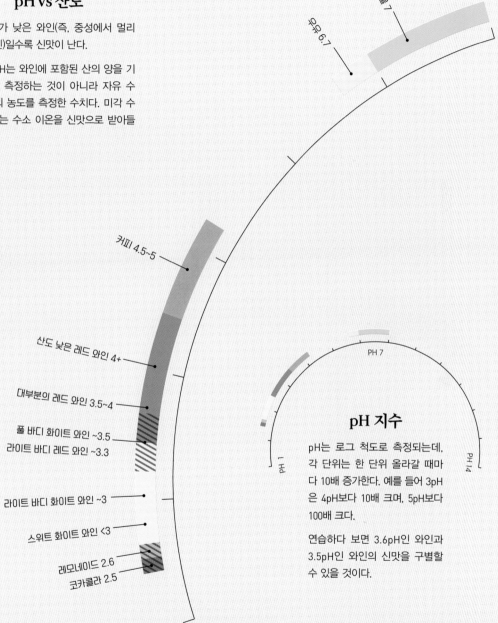

우유 6.7

물 7

커피 4.5~5

산도 낮은 레드 와인 4+

대부분의 레드 와인 3.5~4

풀 바디 화이트 와인 ~3.5
라이트 바디 레드 와인 ~3.3

라이트 바디 화이트 와인 ~3

스위트 화이트 와인 <3

레모네이드 2.6
코카콜라 2.5

PH 7

PH 1

PH 14

pH 지수

pH는 로그 척도로 측정되는데, 각 단위는 한 단위 올라갈 때마다 10배 증가한다. 예를 들어 3pH은 4pH보다 10배 크며, 5pH보다 100배 크다.

연습하다 보면 3.6pH인 와인과 3.5pH인 와인의 신맛을 구별할 수 있을 것이다.

알코올 *Alcohol*

보통 와인 한 잔에는 에탄올이 12~15% 포함되어 있다. 에탄올은 단순한 화합물이지만 와인의 맛과 숙성 가능성, 그리고 사람의 건강을 좌우한다.

알코올과 건강

"건강한" 음주의 핵심은 절제일 것이다. 하지만, 절제하려면 어느 정도 마셔야 할까? 이론상으로는 간단하다. 자신의 몸이 대사할 수 있는 양보다 적게 마시면 된다.

에탄올이 위와 간에서 대사될 때 독성이 생긴다. 그 과정을 거치면서 에탄올 분자에서 수소 원자가 제거되고 에탄올이라는 화합물이 아세트알데하이드로 바뀐다. 아세트알데하이드를 대량으로 섭취하면 치명적(그래서 폭음으로 사망할 수 있다)이지만, 소량은 인체 내 효소에 의해 대사된다.

사람마다 생리 기능이 조금씩 다르기 때문에 어떤 사람은 다른 사람보다 알코올을 적게 섭취해야 할 수도 있다. 예를 들어 :

- 여성은 남성보다 알코올 소화에 필요한 효소를 적게 가지고 있다. 따라서 일반적으로 여성은 남성보다 알코올을 덜 섭취하는 편이 좋다.
- 알코올 분해 효소의 아세트알데하이드 대사 기능이 떨어지는 사람들이 있다 (주로 동아시아인과 아메리카 인디언 등의 혈통). 술을 마셨을 때 두드러기가 올라오고, 피부가 붉어지고, 두통과 구역질이 잘 일어나는 편이라면 더욱 절제하는 것이 좋다.
- 알코올을 섭취하면 처음에는 혈당이 약간 상승할 수 있지만, 나중에는 혈당이 떨어진다. 따라서 이상 혈당(당뇨) 증상 때문에 치료를 받는 사람이라면 각별히 주의를 기울여야 한다.
- 스스로 알코올 소비를 통제하지 못하는 사람들도 있다(한 잔에서 멈추지 못하고 언제나 다음 잔을 찾는 사람). 만약 당신이 그중 한 명이라면 금주가 정답이다. 물론 당신만 그런 것은 아니다. 알코올 섭취 장애는 미국 성인 16명 중 한 명이 겪고 있다.

와인의 알코올

와인의 알코올 도수는 포도의 당도와 직접적인 관계가 있다. 포도의 당도가 높을수록 가능한 알코올 도수가 높아진다.

서늘한 기후대의 국가에서는 포도가 잘 익지 않을 때도 있고, 이런 경우 알코올 도수를 높이기 위해 설탕을 첨가하는 것이 합법적이다. 이 과정을 가당chap-talization이라고 부르며, 프랑스와 독일 등에서 허용된다. 하지만 가당은 완성된 와인을 직접적으로 조작하는 일이기 때문에 논란이 분분하다. 그리고, 품질을 우선시하는 생산자들은 대부분 피하는 과정이다.

1~5등급의 알코올

이 책에서는 와인을 알코올 함량에 따라 5가지 등급으로 분류한다.

1 = 낮음, 5~10% ABV

2 = 중간~낮음, 10~11.5% ABV

3 = 중간, 11.5~13.5% ABV

4 = 중간~높음, 13.5~15% ABV

5 = 높음, 15% ABV 이상

알코올의 맛

사람은 여러 가지 미각 수용기를 통해서 알코올을 느끼기 때문에 알코올에서 쓰고, 달고, 스파이시하고 기름진 맛을 동시에 느낀다. 유전적인 특징에 따라 알코올이 쓰다고 느끼는 사람이 있는가 하면 달다고 느끼는 사람도 있다.

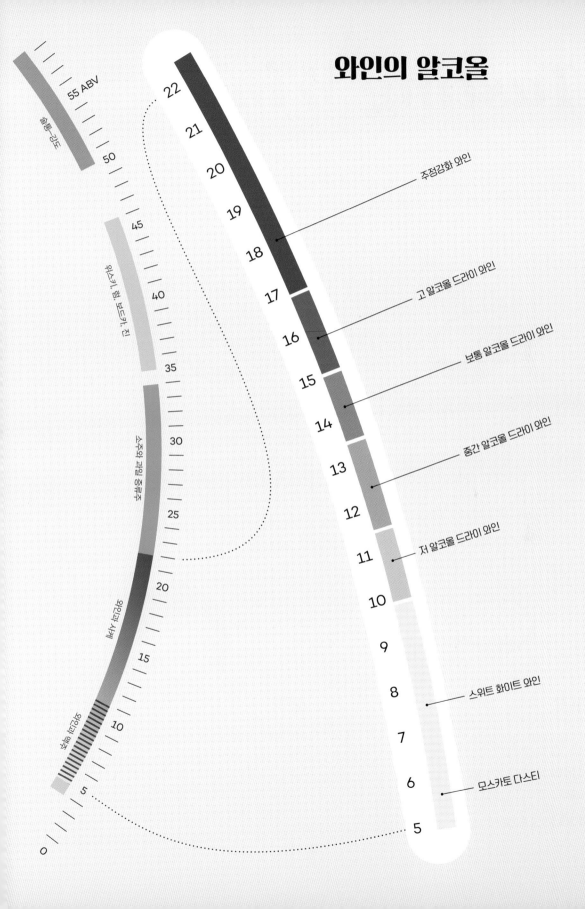

와인의 알코올

55 ABV
술의 강도

50

위스키, 럼, 보드카, 진
45

40

소주와 과일 증류주
35

30

25

와인과 사케
20

15

10

와인과 맥주
5

0

22
21
20   주정강화 와인
19
18
17   고 알코올 드라이 와인
16
15   보통 알코올 드라이 와인
14
13   중간 알코올 드라이 와인
12
11   저 알코올 드라이 와인
10
9
8   스위트 화이트 와인
7
6   모스카토 다스티
5

Tasting Wine 와인 시음

코가 크거나 미뢰가 특별히 많아야지만 와인 맛을 뛰어나게 잘 아는 것은 아니다. 일관된 시음방법을 익혀서 연습하는 것으로도 충분하다. 사실 새로운 와인을 맛보는 것 자체가 연습 기회가 되는 셈이다!

이번 단원에서 설명하는 **4단계 시음법**은 와인 전문가들이 사용하는 기법이다. 배우기는 쉽지만, 완전히 익히려면 연습이 필요하다. 우선 기본 과정을 살펴보자.

시각

색 왜곡 없는 조명 아래에서 잔을 흰색 배경 앞에 두고 3회 관찰한다. :

• 색조
• 색의 강도
• 점성

후각

와인을 맛보기 전에 냄새를 먼저 맡아서 향의 특징을 파악해본다. 다음을 찾아보자. :

• 2~3가지 과일 풍미(설명)
• 2~3가지 허브 등의 풍미
• 오크 또는 흙 풍미(있다면)

미각

와인을 한 모금 입안에 넣고, 삼키기 전에 입 안 구석구석에 굴려본다. 다음을 찾아보자. :

• 와인의 구조(타닌, 산도 등)
• 풍미
• 전체적인 균형

생각

마지막으로, 관찰한 내용을 모두 모아서 전반적인 경험을 평가해본다.

• 시음 노트를 적는다.
• 와인을 평가한다(선택).
• 다른 와인과 비교한다(선택).

시각 *Look*

색조와 색의 강도

화이트 와인 : 화이트 와인의 색깔이 짙다면 대체로 숙성이나 산화를 나타낸다. 화이트 와인의 경우 오크통에서 숙성된 와인이 스테인리스 통에서 숙성된 와인보다 짙은 색을 띠는데, 스테인리스는 산소를 투과시키지 않기 때문이다.

로제 와인 : 로제 와인의 색 강도는 와인 생산자가 조절할 수 있다. 즉, 색깔이 짙다는 것은 와인을 포도 껍질과 함께 담가놓은 시간이 길었다는 뜻이다.

레드 와인 : 색조를 관찰하려면 와인의 가장자리 쪽부터 본다. 색이 얼마나 불투명한지를 보려면 가운데 쪽을 관찰한다.

- 붉은빛을 띠는 와인은 산도가 높을(pH가 낮을) 가능성이 크다.
- 보랏빛이나 푸른빛이 나는 와인은 산도가 낮다.
- 레드 와인의 색이 짙고 불투명한 붉은빛을 띤다면 어리고 타닌이 강할 가능성이 크다.
- 레드 와인은 숙성될수록 색이 흐려지고 황갈색으로 변한다.

점성

점성이 높은 와인은 알코올이 높거나 당도가 높거나, 2가지 모두 높다.

와인의 다리/눈물 : 와인의 "다리" 또는 "눈물"은 깁스–마랑고니Gibbs-Marangoni 효과라고 하는 현상을 말하며, 알코올이 증발하면서 생기는 표면장력 때문에 발생한다. 다른 조건이 동일하다면 "눈물"이 많다는 것은 알코올이 높은 와인이라는 의미이다. 하지만 온도와 습도에 따라서 결과가 달라질 수 있다.

침전물 : 여과되지 않은 와인을 마시면 잔 바닥에 찌꺼기가 남는 경우가 많다. 침전물이 해롭지는 않지만, 스테인리스 필터(차 거름망 등)로 걸러내면 쉽게 제거된다.

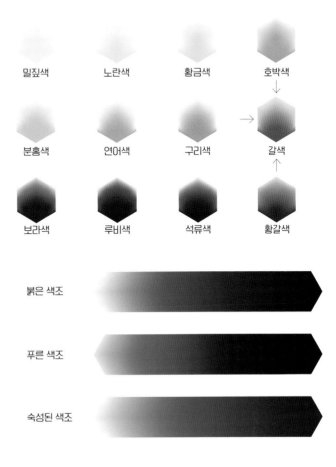

밀짚색   노란색   황금색   호박색

분홍색   연어색   구리색   갈색

보라색   루비색   석류색   황갈색

붉은 색조

푸른 색조

숙성된 색조

깁스-마랑고니 효과

와인의 색

연한 밀짚색
비뉴 베르드, 뮈스카데, 베르데호

중간 밀짚색
리슬링, 토론테스, 모스카토

진한 밀짚색
알바리뇨, 베르디키오

연한 노란색
그뤼너 펠트리너

중간 노란색
소비뇽 블랑, 세미용, 베르멘티노

진한 노란색
소테른, 숙성된 리슬링

연한 황금색
슈냉 블랑, 피노 그리

중간 황금색
비오니에, 트레비아노

진한 황금색
샤르도네, 숙성된 화이트 리오하

연한 구리색
프로방스 로제, 피노 그리

연한 호박색
오렌지 와인, 화이트 포트

중간 호박색
토카이 아수, 빈 산토

진한 호박색
토니 포트, 빈산토

중간 구리색
피노 누아 로제

연한 갈색
숙성된 화이트, 셰리

중간 갈색
셰리, 화이트 포트

진한 갈색
페드로 히메네즈

진한 구리색
티부랑 로제, 시라 로제

와인을 시음할 때 이 도표를 보조 자료로 사용해서 색조와 강도를 구별하고 설명해보자.

이 도표에 포함된 예시는 시음 입문을 위한 보조 자료이며, 와인 종류를 모두 포괄하는 것은 아니다.

유의사항 : 이 도표의 색을 보정한 포스터는 'winefolly.com'에서 온라인으로 구매할 수 있다.

연한 분홍색
방돌 로제

중간 분홍색
가르나차 로제

진한 분홍색
타벨

연한 보라색
가메, 발폴리첼라 블렌드

중간 보라색
말벡, 시라, 테롤데고

진한 보라색
알리칸테 부셰, 피노타주

연한 연어색
프로방스 로제, 화이트 진판델

연한 루비색
피노 누아

중간 루비색
템프라니요, GSM 블렌드

진한 루비색
카베르네 소비뇽, 타낫

중간 연어색
산지오베제 로제

연한 석류색
네비올로

중간 석류색
숙성된 레드, 브루넬로 디 몬탈치노

진한 석류색
숙성된 아마로네, 바롤로

진한 연어색
시라 로제, 메를로 로제

연한 황갈색
토니 포트, 숙성된 네비올로

중간 황갈색
숙성된 산지오베제, 부알 마데이라

진한 황갈색
오래된 빈티지 포트

후각 *Smell*

와인에는 향을 내는 화합물이 수백 가지 존재한다. 와인의 향을 구별하는 가장 좋은 방법은 맛보기 전에 냄새를 맡는 것이다.

향 맡는 방법

먼저 잔이 코 아래쪽에 오도록 들고 향을 살짝 맡아서 감각을 "깨운다." 그러고 나서 잔을 돌린 다음, 천천히, 섬세하게 향을 맡는다. 생각하면서 향을 맡다가 잠깐 멈춰서 향을 하나씩 찾아보고, 이 과정을 반복한다.

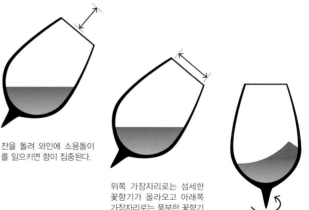

잔을 돌려 와인에 소용돌이를 일으키면 향이 집중된다.

위쪽 가장자리로는 섬세한 꽃향기가 올라오고 아래쪽 가장자리로는 풍부한 꽃향기가 올라온다.

잔 위쪽에서부터 천천히 와인 가까이 코를 대면서 향을 하나씩 찾아본다.

어떤 향을 찾아볼까?

과일 : 우선 과일 향을 한 가지 찾아보자. 그런 다음 어떤 과일인지 생각해본다. 딸기 향을 찾았다면 싱싱한 딸기인지, 아니면 잘 익었거나 끓여 조린 딸기인지, 혹은 말린 딸기인지 등 어떤 딸기인지를 생각해본다. 과일을 2~3가지 찾는 것을 목표로 정해보자.

허브/기타 : 다른 와인들에 비해 음식 관련(구수한) 향이 나는 와인들이 있는데, 허브, 꽃, 광물성 향 등 과일 향과는 다른 향을 맡을 수 있다. 직접 찾아서 서술해보자. 어떤 답도 틀리지는 않는다!

오크 : 와인에서 바닐라, 코코넛, 올스파이스, 딜, 담배 향이 나면 오크통에서 일정 기간 숙성되었을 가능성이 크다. 오크 품종에 따라(그리고 오크를 처리하는 방식에 따라) 다른 풍미가 난다. 미국산 오크Quercus alba에서는 딜과 코코넛 풍미가 나는 반면 유럽산 오크Quercus petrea에서는 바닐라, 올스파이스, 너트맥(육두구) 향이 난다.

흙 : 흙냄새가 난다면 유기물(비옥한 흙, 버섯, 숲 바닥)의 향인지 무기물(점판암, 백악, 자갈, 찰흙)의 향인지 구별해보자. 이런 향들은 미생물에서 비롯된 것으로 추측되며 와인의 지역에 대한 힌트를 준다. 유기물이든 무기물이든, 어떤 종류의 흙냄새가 나는지 기억해본다.

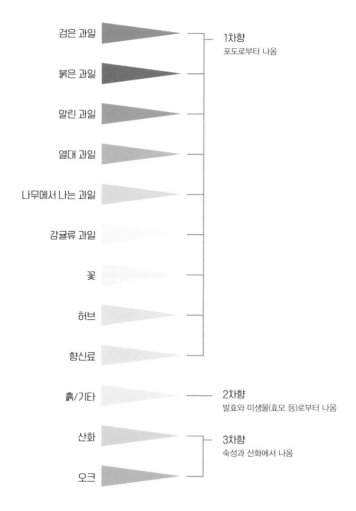

검은 과일

붉은 과일

말린 과일

열대 과일

나무에서 나는 과일

감귤류 과일

꽃

허브

향신료

흙/기타

산화

오크

1차향
포도로부터 나옴

2차향
발효와 미생물(효모 등)로부터 나옴

3차향
숙성과 산화에서 나옴

와인의 결함

음식점에서 와인을 시음 테스트하는 이유는 와인에 결함이 있는지 확인하기 위해서다! 일반적으로 와인의 결함은 보관을 제대로 하지 않거나 잘못 다루어서 생긴다. 가장 흔히 볼 수 있는 결함이 무엇인지 알아보고 냄새로 구별하는 방법을 익혀보자.

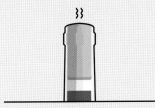

코르크 오염

(TCA, 2, 4, 6-트리클로로애니솔Trichloroanisole, TBA 등)

와인에서 젖은 종이 박스, 젖은 개, 또는 퀴퀴한 지하실 냄새가 난다면 코르크가 오염된 것이다. 이 결함은 코르크를 염소로 처리하는 과정에서 생길 수 있으며, 코르크를 사용하는 와인의 1~3%에 영향을 주는 것으로 추측된다. 음식점에서 이런 문제가 생기면 일반적으로 와인을 담당하는 직원들이 도와줄 수 있다. 하지만 쉽게 해결할 수 없는 문제이니 와인은 반품한다.

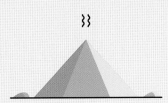

탈산소화

(탈산소화, 메르캅탄Mercaptan, 황화합물)

와인에서 마늘, 삶은 양배추, 썩은 달걀, 삶은 옥수수, 또는 불에 탄 성냥 냄새가 난다면 유황 풍미(탈산소화)가 나는 것이다. 양조 과정에서 산소가 부족하게 되면 탈산소화가 일어난다. 와인을 디캔팅하면 냄새가 상당히 사라지고, 만약 그래도 난다면 은수저로 와인을 저어보자. 그렇게 했는데도 냄새가 난다면 와인을 반품한다.

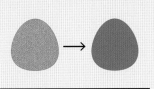

산화

(소톨론Sotolon과 알데하이드 종류)

와인에서 깎아 놓은(멍든) 사과, 잭푸르트, 아마씨 기름 냄새가 나고 갈색을 띤다면 (마르살라나 마데이라가 아닌데도), 산화된 것이다. 모든 와인이 언젠가는 산화된다. 그러나 잘못된 보관 때문에 빨리 산화될 수 있다. 산화된 와인을 반품하기 전에 원래 산화된 향이 나는 종류인지 확인한다.

휘발성 산

(VA, 아세트산, 아세트산 에틸)

와인에서 코를 찌르는 식초 냄새나 매니큐어 제거제 냄새가 난다면 휘발성 산 때문일 가능성이 크다. 휘발성 산이 리터 당 1.2g까지 와인에 포함되어 있어도 법적으로는 문제없다. 소량의 VA는 와인에 복합미를 더해준다. 하지만 어떤 사람들은 휘발성 산에 극도로 예민해서 그 향을 싫어한다. 당신도 그렇다면 다른 와인으로 바꿀 수 있는지 알아본다.

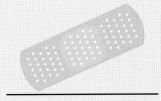

브레타노미세스

(Brettanomyces, 일명 "브렛")

와인에서 반창고, 땀에 젖은 말안장 가죽, 마구간, 또는 카르다몸(소두구) 냄새가 난다면 브레타노미세스 때문이다. 브렛은 발효할 때 와인의 효모(사카로미세스 세레비시아)와 함께 작용하는 야생 효모다. 엄밀히 브렛을 결함이라고는 할 수는 없기 때문에 브렛을 완전히 허용하는 와이너리도 있다. 브렛에서 비롯되는 흙냄새와 시골 냄새를 즐기는 사람들도 많지만, 그 냄새를 혐오하는 사람들도 있다. 당신이 혐오하는 편에 속한다면 다른 와인으로 바꾸어보자.

자외선 손상

(일명 "빛 충격")

와인이 햇빛에 직접 노출되거나 오랫동안 인공조명 아래에 있으면 빛 충격을 받는다. 빛은 와인의 화학 반응을 촉진시키기 때문에 숙성이 지나치게 빨리 일어난다. 화이트 와인과 스파클링 와인이 빛에 가장 취약하다. 이런 와인은 반품한다.

와인의 향

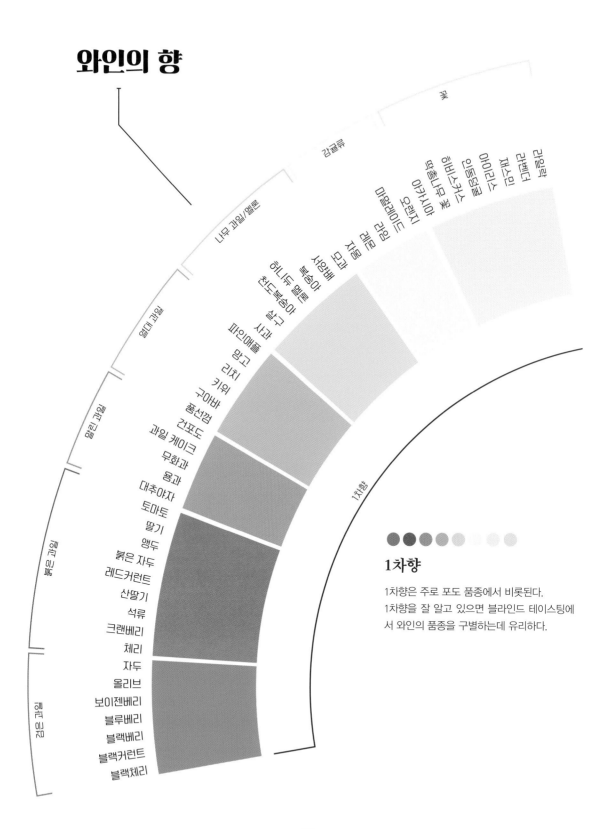

꽃

감귤류

나무 과일/멜론

라일락
라벤더
재스민
아이리스
인동덩굴
히비스커스
아카시아
벚꽃나무 꽃
오렌지
마멀레이드
라임
레몬
자몽
모과
서양배
복숭아
허니듀 멜론
천도복숭아
살구
사과
파인애플
망고
리치
키위
구아바
풍선껌
건포도
과일 케이크
무화과
용과
대추야자
토마토
딸기
앵두
붉은 자두
레드커런트
산딸기
석류
크랜베리
체리
자두
올리브
보이젠베리
블루베리
블랙베리
블랙커런트
블랙체리

열대 과일

말린 과일

붉은 과일

검은 과일

1차향

1차향

1차향은 주로 포도 품종에서 비롯된다.
1차향을 잘 알고 있으면 블라인드 테이스팅에
서 와인의 품종을 구별하는데 유리하다.

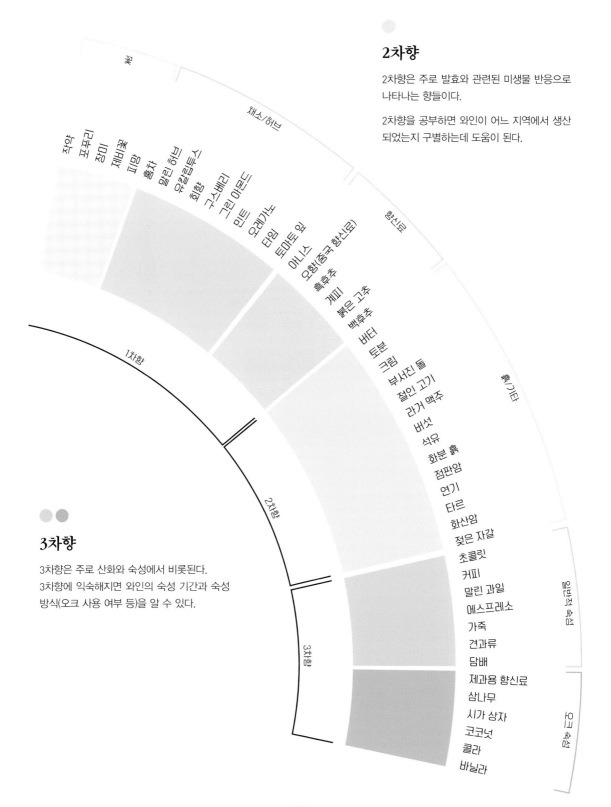

2차향

2차향은 주로 발효와 관련된 미생물 반응으로 나타나는 향들이다.

2차향을 공부하면 와인이 어느 지역에서 생산되었는지 구별하는데 도움이 된다.

3차향

3차향은 주로 산화와 숙성에서 비롯된다. 3차향에 익숙해지면 와인의 숙성 기간과 숙성 방식(오크 사용 여부 등)을 알 수 있다.

꽃

재소/허브

작약
포도리
장미
제비꽃
피망
홍차
말린 허브
유칼립투스
회향
구스베리
그린 아몬드
민트
유레가노
타임
토마토 잎
아니스

향신료

계피
붉은 고추
백후추
흑후추
오향(중국 향신료)

버터
토분
크림
부서진 돌
절인 고기
라거 맥주
버섯
석유
화분 흙
점판암
연기
타르
화산암
젖은 자갈

특이(기타)

초콜릿
커피
말린 과일
에스프레소
가죽
견과류
담배

일반적 숙성

제과용 향신료
삼나무
시가 상자
코코넛
콜라
바닐라

오크 숙성

1차향

2차향

3차향

31

미각 *Taste*

와인 잔을 들어서 한 모금 입에 넣는다. 그리고 "씹어본다." 와인이 입안 구석구석에 모두 닿도록 머금고 있다가 삼킨다(또는 뱉는다).
그다음 천천히 입으로 숨을 들이쉬고 코로 뱉는다.

구조

당도 : 달콤한가? 아니면 드라이한가? 당도는 혀끝에서 가장 먼저 맛볼 수 있는 특징이다.

산도 : 입안에 침이 고이는가?에 산도가 높으면 침이 나오고 입안이 얼얼해진다.

타닌 : 떫거나 쓴맛은 어느 정도인가? 타닌은 혀 중앙, 그리고 입술과 치아 사이에서 느낄 수 있다. 포도 자체의 타닌이 높은 와인은 입안의 앞쪽에서 떫은맛이 느껴지는 편이고, 오크에서 나온 타닌은 주로 혀 중앙에서 느껴진다.

알코올 : 목에서 따뜻하거나 뜨거운 느낌이 나는가? 그것이 바로 알코올이다!

바디 : 입안에 풍미가 가득 차는 느낌(풀 바디)인가? 아니면 있는 듯 없는 듯한 느낌(라이트 바디)인가?

피니시 : 와인에서 마지막 느껴지는 풍미는 무엇인가? 쓰거나 시거나 기름지거나 약간 짭짤한가? 다른 풍미도 있는지 찾아보자(연기 냄새, 허브 향, 화려한 향기 등).

길이 : 뒷맛이 희미해지는데 얼마나 오래 걸리는가?

복합미 : 여러 가지 풍미와 향을 구별하는 것이 쉬운가? 아니면 어려운가? 다수의 풍미 = 복합미

다차원적 풍미 : 한 모금 마시는 동안 와인의 풍미가 변하는가? 비평가들은 이런 느낌을 시적인 표현으로 와인의 "여러 겹" 또는 "다차원적 풍미"라고 한다.

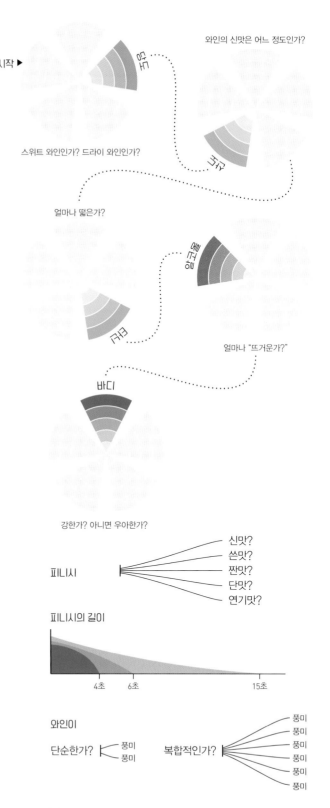

시작 ▶

와인의 신맛은 어느 정도인가?

당도

스위트 와인인가? 드라이 와인인가?

산도

얼마나 떫은가?

알코올

타닌

얼마나 "뜨거운가?"

바디

강한가? 아니면 우아한가?

피니시
신맛?
쓴맛?
짠맛?
단맛?
연기맛?

피니시의 길이

4초　6초　　　　15초

와인이

단순한가?　풍미　풍미

복합적인가?　풍미 풍미 풍미 풍미 풍미 풍미

당신의 미각은 얼마나 예민한가?

미각과 취향은 환경과 유전의 영향을 받는다. 어떤 사람들은 다른 사람들보다 예민한 미각을 타고났다.
물론 미각도 연습으로 개선할 수 있다.

혀 위 팥알 넓이(약 지름 5mm) 안에는 몇 개의 미뢰가 있을까?

미뢰 15개 미만

미뢰 15~30개

미뢰 30개 이상

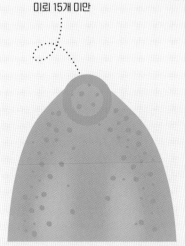

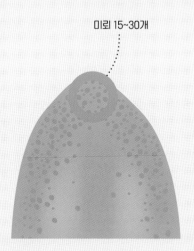

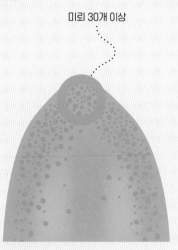

민감하지 않음

인구의 10~25%

혀 위 팥알 넓이 안에 미뢰가 15개 미만
으로 있다면 미각이 둔한 편일 가능성이
크다.

다른 사람들보다 쓴맛을 덜 느끼는데, 쓴
맛을 아예 못 느끼는 사람도 있다! 새로운
음식을 시도하는데 용감한 편이며 기름지
고 풍미가 강한 음식을 즐긴다.

추천 와인

• 타닌이 높은 레드 와인
• 풀 바디 화이트 와인
• 스위트 화이트 와인

인구의 1~2%는 후각 상실증(냄새를 감지
하거나 느끼는 능력이 없음)을 겪고 있다.

평균

인구의 50~75%

혀 위 팥알 넓이 안에 미뢰가 15~30개 있
다면 미각이 보통이다.

평균적인 미각을 가졌다 하더라도 극도로
민감한 사람이 느끼는 쓴맛을 느낄 수는
있다. 하지만 심하게 괴롭다고 느끼지는
않는다. 평균적인 미각을 가진 사람은 입
맛이 까다로울 수도 있고 새로운 음식을
시도하는 것을 좋아할 수도 있다.

추천 와인

• 구수한 풍미가 있는 와인
• 모든 와인. 새로운 와인을 시도하자!

여성이 극도로 민감한 미각을 가질 확률
은 남성의 2배 이상이다.

극도로 민감함

인구의 10~25%

혀 위 팥알 넓이 안에 미뢰가 30개 이상
있다면 미각이 극도로 민감한 사람(일명
"절대 미각의 소유자")이다.

극도로 민감한 미각의 소유자에게는 모든
풍미가 강렬하게 느껴진다. 그리고 음식의
질감, 양념, 온도에도 민감한 경우가 많다.
또한, 입맛이 까다로울 가능성도 크다.

추천 와인

• 스위트 화이트 와인
• 타닌이 낮은 레드 와인

아시아인, 아프리카인, 남아메리카인 중
극도로 민감한 미각을 소유한 사람의 비
율이 백인에 비해 높다.

생각 *Think*

미각 능력을 단기간에 향상시키기는 어렵다. 하지만 적극적으로 시음하면서 발전하게 되고, 특히 어떤 풍미를 왜 좋아하는지에 대해 생각하는 것이 중요하다.

와인 평가

1980년대에 로버트 파커Robert Parker가 100점을 만점으로 하는 와인 평가 시스템을 도입하면서 처음으로 와인 평가가 인기를 끌게 되었다. 요즘은 별 5개 시스템, 100점 만점 등급, 20점 만점 등급 등 다수의 평가 방식이 존재한다.

점수가 높다고 해서 누구에게나 맛있는 와인은 아니다. 하지만 와인의 품질 수준에 대한 일반적인 평가, 즉 비평가의 의견을 알 수 있다. 좋은 평가라면 상세한 시음 노트를 포함하고 있어야 한다.

일관성 있게 와인을 평가하려면 오랫동안 연습해야 한다. 평가 능력을 단기간에 키우고 싶다면 비교 시음을 하면서 연습하는 것이 좋다.

비교 시음

비교 시음회에서는 연관성 있는 와인들을 나란히 놓고 같이 맛본다. 그런 과정은 와인들의 비슷한 점들과 다른 점들을 구별하기 쉽게 해준다. 다음과 같은 비교 시음회를 해보자.

- 아르헨티나 말벡 vs 프랑스 말벡
- 오크를 사용한 샤르도네 vs
  오크를 사용하지 않은 샤르도네
- 소비뇽 블랑 vs 그뤼너 펠트리너
- 메를로 vs 카베르네 프랑 vs 카베르네 소비뇽
- 여러 국가의 피노 누아
- 여러 국가의 시라
- 같은 와인의 여러 빈티지(일명 "연도별" 시음)

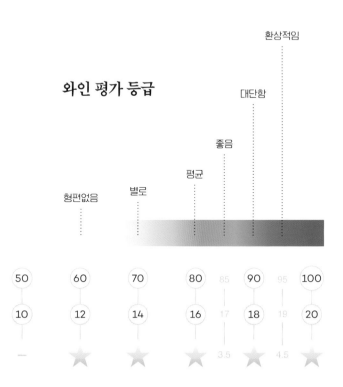

와인 평가 등급

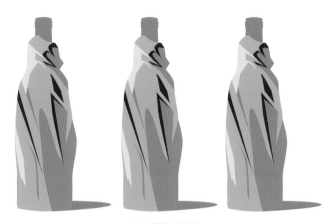

비교 시음을 연습하면
와인을 블라인드 시음하는 방법을 알게 된다.

시음 노트에 기록하자

맛본 와인을 모두 기억하는 사람은 없다. 하지만 시음 노트를 잘 기록해 놓으면 멋진 와인과 시음 경험을 쉽게 기억할 수 있다.
다음 내용을 넣어서 모범적인 시음 노트를 써보자.

LARKMEAD 2014
CABERNET SAUVIGNON
NAPA VALLEY

TASTED FEB 25, 2017

DEEP PURPLE W/
STAINING OF THE TEARS.

HIGH INTENSITY AROMAS OF
BLACK BERRY, BLACK
CURRANT, VIOLETS, MILK
CHOCOLATE, CHERRY SAUCE
& CRUSHED GRAVEL.

ON THE PALATE: BOLD &
TOOTH-STAINING, MEDIUM
ACIDITY. POWDERY & SWEET
HIGH TANNINS. LAYERS OF
PURE CHERRY FRUIT, COCOA
POWDER & THEN VIOLETS
FINISHING WITH SWEET
POWDERY TANNINS.

93% CABERNET
7% PETIT VERDOT

MY FAVORITE FROM NAPA
VALLEY VINTNERS BARREL
AUCTION.

시음 와인

생산자, 지역, 품종(들), 빈티지, 특별한 명칭이 있다면 표기(리제르바Riserva, 블랑 드 블랑Blanc de Blancs 등)

시음 날짜

와인은 숙성 기간에 따라 변한다.

자신의 평가

자신에게 가장 효율적인 평가 시스템을 지속적으로 사용한다.

시각적 기록

향을 맡기 전에 와인을 이해할 수 있다!

후각적 기록

최대한 구체적으로 기록한다. 가장 지배적인 풍미에서부터 가장 약한 풍미의 순서로 기록해서 중요한 향의 서열을 정한다.

미각적 기록

이미 코로 많은 다양한 풍미를 "맛보았기" 때문에 입으로는 당도, 산도, 타닌, 알코올과 같은 구조적 특징에 집중한다. 또, 향에서 나타나지 않았던 점이 있다면 기록한다.

경험

어디에서 누구와 함께, 어떤 음식을 곁들여서 와인을 시음했는지 기록한다.

시음 도구 : 시음 매트를 활용해보자.

→ http://winefolly.com/tasting-mats/

Handling, Serving, and Storing Wine

스틸 와인 열기

와인 열기 : 병 입구의 튀어나온 부분 바로 아래에서 포일을 잘라 윗부분만 벗겨내는 것이 전통적인 방법이다(하지만 솔직히 말하면 어떻게 벗기든 상관없다).

코르크에 웜 넣기 : 오프너의 철사 부분인 웜을 돌리면서 코르크의 아랫부분 직전까지 넣는다. 코르크가 부서지지 않도록 천천히 뽑아낸다.

나사 마개(스크루 캡) vs 코르크 : 실제로 와인을 마시는 데는 나사 마개든 코르크든 아무런 차이가 없다. 나사 마개를 사용한 훌륭한 와인들도 많다.

스파클링 와인 열기

포일 벗기기 : 포일을 벗기고 케이지의 철사 부분을 여섯 번 정도 돌려서 느슨하게 만든다. 엄지손가락으로 케이지 윗부분과 코르크를 누르면서 병목을 잡는다. 케이지를 코르크와 같이 빼는 것이 더 안전하다.

코르크와 케이지 단단히 잡기 : 한 손으로 코르크와 케이지를 단단히 잡고 다른 손으로 병 밑 부분을 돌린다. 코르크가 나오기 시작하면 튀어나오는 속도를 늦추기 위해 힘주어 누른다.

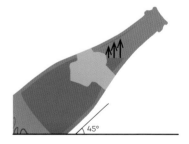

천천히 열기 : "피식" 소리가 살짝 나도록 코르크와 케이지를 천천히 빼낸다. 거품이 넘치지 않고 압력이 빠져나가도록 코르크를 뺀 다음에도 계속 병을 45도 각도로 들고 있는다.

디캔팅

디캔팅은 병에 든 와인을 다른 용기에 부어서 "숨 쉬게" 해주는 과정이다.
디캔팅을 하면 와인이 산화되면서 과도한 산과 타닌이 줄어들고, 와인 맛이 부드러워진다.
또한, 불쾌한 황 화합물(와인의 결함 참조, p.29) 냄새가 덜 거슬리는 냄새로 바뀐다. 한마디로 마법이다!

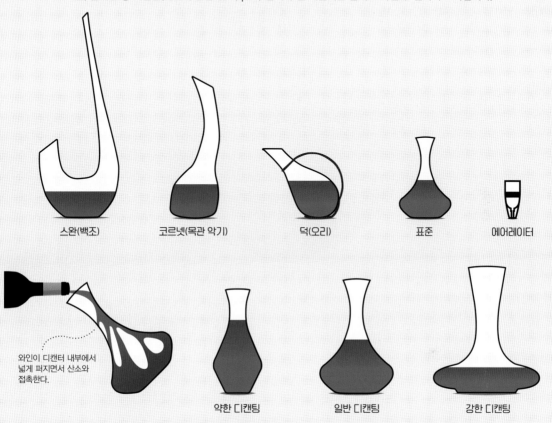

스완(백조)   코르넷(목관 악기)   덕(오리)   표준   에어레이터

와인이 디캔터 내부에서 넓게 퍼지면서 산소와 접촉한다.

약한 디캔팅   일반 디캔팅   강한 디캔팅

디캔팅이 필요한 와인

대부분의 레드 와인은 디캔팅을 하면 좋아진다. 타닌이 거칠거나 맛이 날카롭고 스파이시하다면 디캔팅이 도움된다. 어리거나 비싸지 않은 와인은 디캔팅으로 훨씬 맛있어진다.

디캔팅을 레드 와인에만 할 수 있는 것은 아니다. 샴페인, 풀 바디 화이트 와인, 오렌지 와인도 디캔팅이 가능하다.

디캔팅 시간

일반적으로 강하고 타닌이 높은 와인일수록 오랫동안 디캔팅한다. 이 책에서는 와인마다 적정 디캔팅 시간을 제시하고 있는데, 디캔팅이 필요 없는 와인(라이트 바디 화이트)에서부터 한 시간 넘게 디캔팅해야 하는 와인(타닌이 강한 풀 바디 레드)까지 있다.

주의해야 할 점은 "과도한 디캔팅"이다. 일반적으로 오래된 와인이 가장 민감하기 때문에 조심해야 한다.

디캔터 선택

비활성 용기(유리, 크리스털, 도자기)는 대부분 디캔팅에 사용할 수 있으니 취향대로 고르면 된다! 씻고 보관하기에 편한 것이 좋다.

보관 장소가 마땅치 않다면 와인 에어레이터가 대안이 될 수 있다. 요즘 많이 사용되는 에어레이터는 와인에 산소를 대량 공급해서 순간적으로 산화가 일어나도록 해준다. 오래된 와인에 사용하기에는 부적합하지만 평소 마시는 일반적인 와인 디캔팅에는 괜찮다.

와인 잔 *Glassware*

크기

향을 모을 수 있을 정도로 큰 잔이 필수다. 화이트 잔은 370~570㎖(13~20온스), 레드 잔은 480~850㎖(17~30온스)의 총 용적이 필요하다.

모양

볼이 넓으면 표면적이 늘어나서 증발과 향 농축이 더 잘된다.
좁은 볼은 반대로 작용하기 때문에 "스파이시"하거나 알코올이 높은 와인에 유용하다.

입구

잔 입구의 크기에 영향을 받는 것은 첫째, 코로 들어가는 향의 농축 정도, 둘째, 손을 볼 안에 넣어 잔을 닦을 수 있는지다.

- 넓은 입구는 꽃향기를 잘 표현하는 편이다.
- 좁은 입구는 과일과 향신료 풍미를 농축시키는 편이다.

두께

가장자리가 얇은 잔은 더 많은 양의 액체가 (입에) 닿도록 해준다.

가장자리(RIM)

볼(BOWL)

손잡이(STEM)

받침(FOOT)

크리스털 잔

크리스털 잔에 사용되는 유리에 수정이 포함된 것은 아니기 때문에 크리스털(본래 수정이라는 뜻, 역자주)은 약간 부정확한 명칭이다. 실제로 크리스털에는 납, 아연, 마그네슘, 티타늄과 같은 광물이 포함되어 있다.

크리스털의 장점은 일반 유리보다 내구성이 높다는 것이다. 즉, 크리스털은 무척 얇게 가공할 수 있다. 또한, 광물을 포함하기 때문에 빛을 굴절시켜서 반짝인다.

납을 함유하는 크리스털 잔으로 마셔도 안전하다. 액체를 장시간 담아놓지만 않으면 된다.

납을 함유하는 크리스털은 다른 물질이 스며들 수 있기 때문에 향이 없는 세제를 사용해서 손으로 씻어야 한다.

납이 함유되어 있지 않고 식기세척기 사용이 가능한 크리스털 잔 종류도 많으니 손으로 잔을 씻기 힘들다면 그런 잔을 찾아보자.

스템(손잡이가 있는 잔) vs 스템리스(손잡이가 없는 잔)

엄밀하게 따지면 스템은 와인 맛에 영향을 주지 않지만, 손으로 볼을 잡으면 잔이 따뜻해질 수 있다. 상황에 가장 적합한 잔을 고르면 된다.

잔 선택

잔은 개인의 선택이지만 몇 가지 고려할 사항이 있다.

- 잔 닦는 일을 어느 정도로 힘들다고 생각하는가?
- 집에 제멋대로 날뛰는 어린이나 애완동물이 있다면 스템리스가 최선일 것이다.
- 잔이 깨졌을 때의 비용 부담을 고려하자.
- 좋아하는 와인 스타일과 가장 일치하는 모양으로 1~2가지를 선택한다.
- 와인 좋아하는 친구들 숫자만큼 잔을 준비하자!

와인 잔 종류

쿠프   넓은 튤립   튤립   플루트

가벼운 화이트   향이 좋은   풀 화이트
화이트/로제

향이 좋은   가벼운 레드   중간 레드   풀 레드
레드/로제

포트   셰리   스위트 화이트   스템리스
/소테른

스파클링 와인

잔이 얇고 길수록 거품이 잘 보존된다. 플루트는 가벼운 스파클링 와인을 마시기에 가장 좋다. 진하거나 과일 향이 강한 프로세코나 숙성된 화이트에는 튤립이 대체로 낫다. 쿠프는 기능은 뛰어나지 않지만 보기에는 확실히 예쁘다!

화이트/로제 와인

작은 볼은 화이트 와인을 시원하게 유지시키고, 향을 맡을 때 코를 와인에 가까이 가져갈 수 있도록 해준다. 샤르도네처럼 오크 숙성된 화이트는 큰 볼이 낫다.

레드 와인

넓고 둥근 볼은 향을 잘 모아주기 때문에 피노 누아에 가장 적합하다. 중간 크기의 레드 잔은 산지오베제나 진판델처럼 스파이시한 와인에 적합하다. 특대형 잔은 가장자리가 넓어서 강한 타닌(카베르네나 보르도 블렌드 등)을 부드럽게 해준다.

기타 잔

셰리와 포트 같은 와인을 위한 전용 잔도 여러 가지 있다. 한편 스템리스는 물잔으로도 활용할 수 있다.

와인 서빙 *Serving Wine*

서빙 순서

와인 시음회를 주최한다면 다음 순서를 참고하자. 가장 가벼운 와인에서부터 무거운 순서대로 와인을 배치하고, 가장 달콤한 디저트 와인은 마지막에 내놓는다.

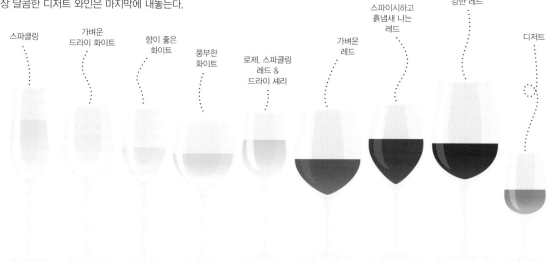

스파클링

가벼운
드라이 화이트

향이 좋은
화이트

풍부한
화이트

로제, 스파클링
레드 &
드라이 세리

가벼운
레드

스파이시하고
흙냄새 나는
레드

강한 레드

디저트

시작 →

온도

와인도 탄산음료나 맥주처럼 가장 적합한 서빙 온도에 대한 관행이 있다.

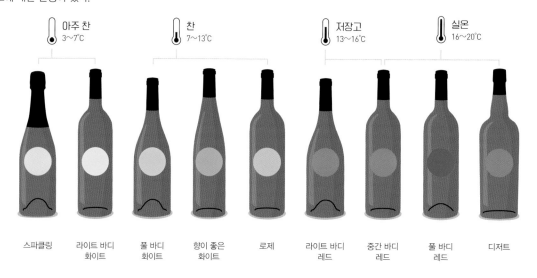

아주 찬
3~7℃

찬
7~13℃

저장고
13~16℃

실온
16~20℃

스파클링

라이트 바디
화이트

풀 바디
화이트

향이 좋은
화이트

로제

라이트 바디
레드

중간 바디
레드

풀 바디
레드

디저트

와인 에티켓

말로 표현하자!

왜 필요할까? 에티켓을 시답잖게 여기는 사람들도 있지만 가끔은 꽤 쓸모 있을 때가 있다.

스템 또는 받침을 잡는다. 당신의 청결함 (볼에 손자국이 안 나게!) 그리고 깨지기 쉬운 물건을 조심해서 다루는 모습을 보여주자.

와인 향을 맡는다. 당신이 얼마나 사려 깊은지 다른 사람들에게 보여주자! 연구 결과에서도 냄새가 미각의 80%를 차지한다고 한다.

잔의 같은 위치로만 마신다. 잔에 입술 자국을 덜 남길 뿐 아니라 한 모금 마실 때마다 자신의 입안에서 나는 냄새를 맡지 않도록 해준다.

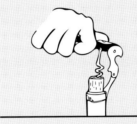

병을 열 때는 닌자처럼 소리 없이 해보자. 물론 "펑!" 소리를 내서 분위기를 띄우기 좋은 상황도 가끔 있다.

잔을 부딪칠 때는 상대방의 눈을 보면서 존중을 표시하자. 그리고 가장자리가 아닌 볼과 볼이 닿도록 해서 잔이 깨지지 않도록 하자.

와인을 따를 때는 병 아래쪽을 잡자. 능숙함을 자랑하면서 동시에 청결함을 강조할 수 있다.

자신의 잔에 와인을 더 따르기 전에 다른 사람들에게 권하자. 당신이 얼마나 이타적인지를 보여준다. 너그러운 사람이 바로 당신이다!

앗싸!

술자리에서 가장 취한 사람이 될 필요는 없다. 특히 업무 관련 술자리에서 이 팁을 기억해야 한다. 차분하고 신속한 판단을 해야 하는 상황에 대비하자!

남은 와인 보관 *Storing Open Wine*

스파클링 와인

1~3일*

스파클링 와인 스토퍼로 닫아서
냉장 보관

가벼운 화이트 &
로제 와인

5~7일*

코르크로 막아서 냉장 보관

풀 바디 화이트 와인

3~5일*

코르크로 막아서 냉장 보관

레드 와인

3~5일*

코르크로 막아서 서늘하고 어두
운 장소에 보관

주정강화 &
박스 와인

28일*

코르크로 막거나 닫아서 서늘하
고 어두운 장소에 보관

* 어떤 와인은 더 오래 보관해도 신선함을 유지한다.

와인 저장

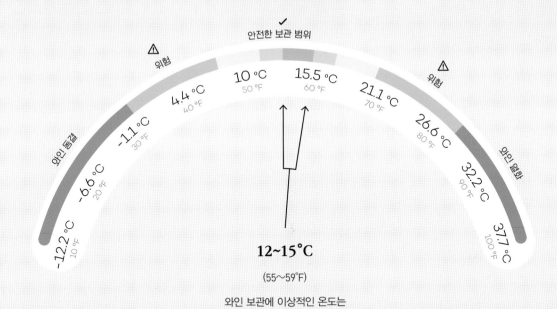

✓
안전한 보관 범위

⚠ 위험

⚠ 위험

와인 결빙

와인 열화

10 °C
50 °F

15.5 °C
60 °F

4.4 °C
40 °F

-1.1 °C
30 °F

21.1 °C
70 °F

-6.6 °C
20 °F

26.6 °C
80 °F

-12.2 °C
10 °F

32.2 °C
90 °F

37.7 °C
100 °F

12~15°C

(55~59°F)

와인 보관에 이상적인 온도는
12~15°C이며 습도는 55~75%이다.

시간(산화) ⟶

열전기식

공기 냉각 방식

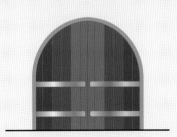

실온에 보관한 **와인**은 온도 조절이 되는 환경에서 보관한 와인에 비해 4배 정도 빨리 품질이 저하된다. 와인 셀러나 와인 냉장고를 가지고 있지 않다면 가능한 한 서늘하고 어두운 곳에 보관한다.

와인 냉장고 : 와인 냉장고에는 크게 2가지 방식이 있는데 열전기식과 공기 냉각 방식이다. 열전기식 와인 냉장고는 주변 온도에 따라 온도 변화가 있지만, 소음은 적은 편이다. 공기 냉각 방식은 소음이 있고 정기적인 유지 관리가 필요하지만, 온도가 일정하게 유지되는 편이다.

와인 저장고나 와인 냉장고가 없다면 와인을 구매하고 나서 1~2년 안에 소비하는 것이 좋다. 온도 변화가 있는 환경에서 보관한 와인에서 결함이 나타날 가능성이 크다.

How Wine Is Made

포도 재배와 양조

훌륭한 와인은 고품질 포도로 만든다. 포도나무의 생장 주기를 살펴보고, 계절이 한 해의 와인에 어떤 영향을 주는지 알아보자.

겨울 가지치기 : 전년도에 자라난 가지를 잘라낸다. 가지치기할 때는 그해의 포도가 될 새순이 가장 잘 자랄 만한 좋은 가지들을 골라 남겨둔다. 포도나무의 미래를 결정하는 중요한 순간이다.

봄 싹트기 : 뿌리에서 수액이 올라오고 포도밭에 새순이 보이기 시작한다. 새순은 매우 여리기 때문에 봄에 내리는 우박과 비바람에 손상될 수 있다. 그렇게 되면 생장 기간이 짧아진다(와인에서 익은 풍미가 줄어든다).

봄 꽃피기 : 살아남은 새싹들에서 잎이 자라고 꽃이 핀다. 포도나무의 꽃은 벌이 도와주지 않아도 자가수분이 일어나기 때문에 "완전꽃"이라고 부른다.

여름 포도알 성장 : 포도송이는 늦여름까지 초록색을 띤다. 포도알이 초록색에서 붉은색으로 변하는 과정을 베레종veraison이라고 하며, 베레종 전에 초록색 포도송이들을 일부 제거함으로써 남아있는 송이들로 만드는 와인이 농축되도록 하는 생산자들도 있다.

가을 수확 : 포도가 완전히 익을 때까지 당도는 올라가고 산도는 내려간다. 다른 과일과는 달리 포도는 수확 후에는 더 익지 않기 때문에 수확이 시작되면 언제나 서두를 수밖에 없다! 이 시기에 비바람이 부는 불행한 상황이 벌어지면 와인이 싱거워지고 포도가 썩기도 한다.

늦수확과 겨울 휴면기 : 수확이 잘 끝나면 포도나무에 포도를 몇 송이 남겨 건포도화(건조)되도록 하는 경우도 있다. 그 포도를 압착해서 달콤한 "늦수확" 디저트 와인을 만든다. 잎이 떨어지고 나면 포도나무는 겨울을 나기 위해 휴면기로 접어든다.

레드 와인 양조

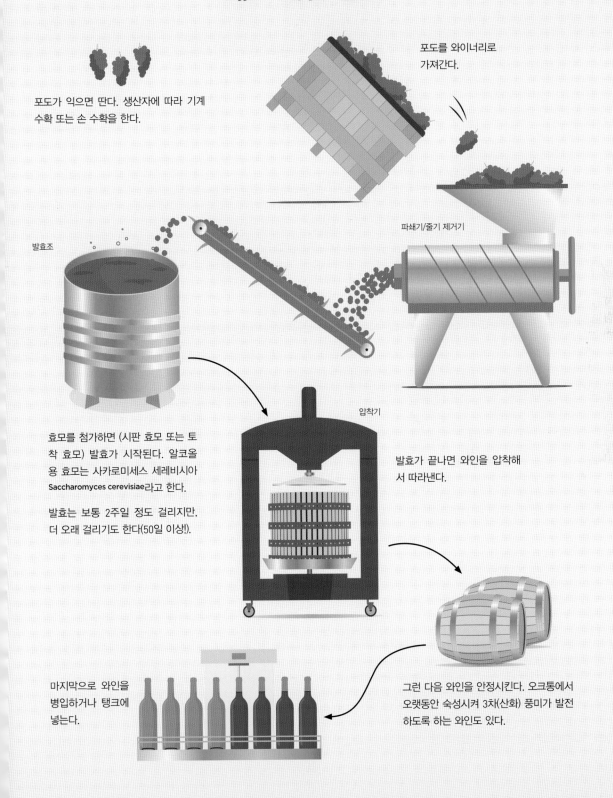

포도가 익으면 딴다. 생산자에 따라 기계 수확 또는 손 수확을 한다.

포도를 와이너리로 가져간다.

파쇄기/줄기 제거기

발효조

효모를 첨가하면 (시판 효모 또는 토착 효모) 발효가 시작된다. 알코올용 효모는 사카로미세스 세레비시아 Saccharomyces cerevisiae라고 한다.

발효는 보통 2주일 정도 걸리지만, 더 오래 걸리기도 한다(50일 이상!).

압착기

발효가 끝나면 와인을 압착해서 따라낸다.

마지막으로 와인을 병입하거나 탱크에 넣는다.

그런 다음 와인을 안정시킨다. 오크통에서 오랫동안 숙성시켜 3차(산화) 풍미가 발전하도록 하는 와인도 있다.

화이트 와인 양조

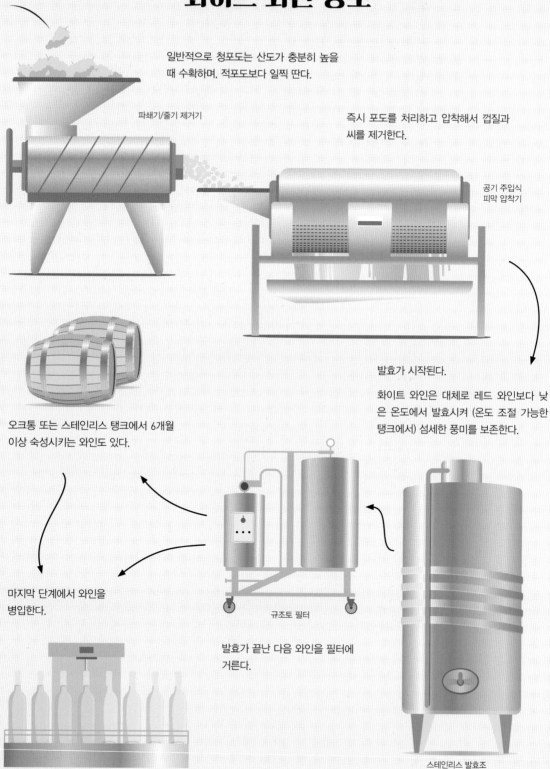

일반적으로 청포도는 산도가 충분히 높을 때 수확하며, 적포도보다 일찍 딴다.

파쇄기/줄기 제거기

즉시 포도를 처리하고 압착해서 껍질과 씨를 제거한다.

공기 주입식 피막 압착기

발효가 시작된다.

화이트 와인은 대체로 레드 와인보다 낮은 온도에서 발효시켜 (온도 조절 가능한 탱크에서) 섬세한 풍미를 보존한다.

오크통 또는 스테인리스 탱크에서 6개월 이상 숙성시키는 와인도 있다.

마지막 단계에서 와인을 병입한다.

규조토 필터

발효가 끝난 다음 와인을 필터에 거른다.

스테인리스 발효조

46

전통 방식에 의한 스파클링 와인 양조

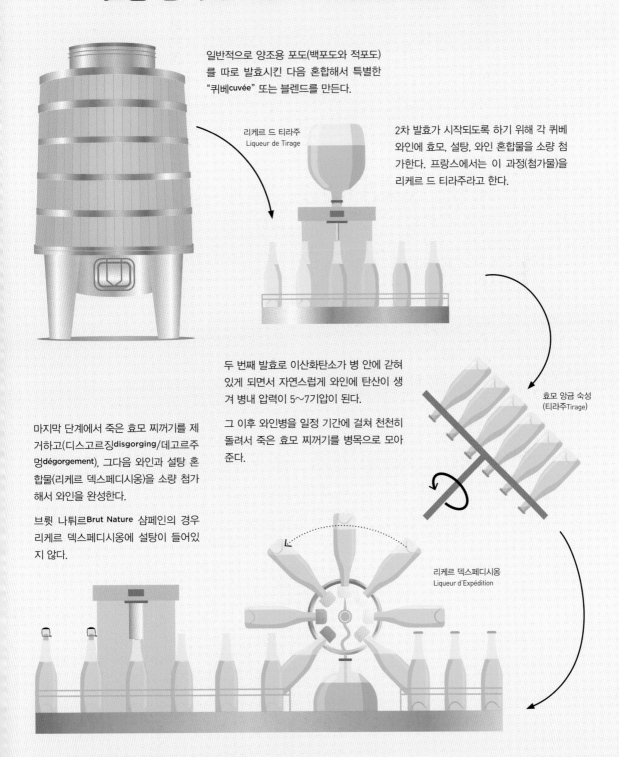

일반적으로 양조용 포도(백포도와 적포도)를 따로 발효시킨 다음 혼합해서 특별한 "퀴베cuvée" 또는 블렌드를 만든다.

리케르 드 티라주
Liqueur de Tirage

2차 발효가 시작되도록 하기 위해 각 퀴베 와인에 효모, 설탕, 와인 혼합물을 소량 첨가한다. 프랑스에서는 이 과정(첨가물)을 리케르 드 티라주라고 한다.

효모 앙금 숙성
(티라주Tirage)

두 번째 발효로 이산화탄소가 병 안에 갇혀 있게 되면서 자연스럽게 와인에 탄산이 생겨 병내 압력이 5~7기압이 된다.

그 이후 와인병을 일정 기간에 걸쳐 천천히 돌려서 죽은 효모 찌꺼기를 병목으로 모아준다.

마지막 단계에서 죽은 효모 찌꺼기를 제거하고(디스고르징disgorging/데고르주멍dégorgement), 그다음 와인과 설탕 혼합물(리케르 덱스페디시옹)을 소량 첨가해서 와인을 완성한다.

브륏 나튀르Brut Nature 샴페인의 경우 리케르 덱스페디시옹에 설탕이 들어있지 않다.

리케르 덱스페디시옹
Liqueur d'Expédition

다른 와인 스타일

로제 와인

여러 가지 방식으로 로제 와인을 만들 수 있지만 가장 흔한 방식은 침용(마세라시옹maceration)이다. 침용은 적포도 껍질을 포도즙에 짧은 시간(평균 4~12시간) 동안 담가 놓는 방법이다. 적절한 색을 얻으면 필터로 포도즙에서 껍질을 걸러내고 화이트 와인과 같은 방식으로 발효를 끝낸다.

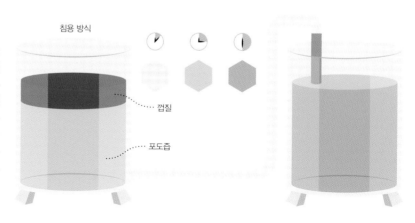

침용 방식

껍질

포도즙

주정강화 와인

주정강화 와인 또는 "뱅 두 나튀렐 Vin Doux Naturel"은 와인에 특별한 향이 없는 증류주(주로 투명한 포도 브랜디)를 첨가해서 만든다. 한편 포트 와인 양조에서는 발효 중간에 증류주를 첨가한다. 알코올은 발효를 중단시킴으로써 와인을 안정화시킨다. 그리고 그 결과 와인에 당도가 어느 정도 남아있다.

발효가 어느 정도 진행된 와인

향이 없는 포도 증류주

탱크 방식의 스파클링 와인

탱크 방식은 프로세코와 람브루스코에 흔히 사용되는 저비용 방식이다. 대형 압력 탱크에서 2차 발효가 끝나면 (최대 약 3기압) 와인을 필터에 걸러서 병입한다.

고압 "샤르마Charmat" 탱크

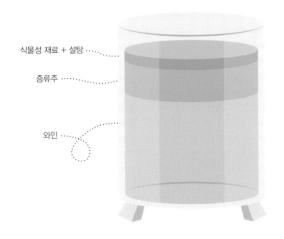

식물성 재료 + 설탕 ······

증류주 ······

와인 ······

가향 와인

베르무트와 같은 가향 와인은 와인에 식물성 재료, 설탕 (또는 포도즙), 증류주를 첨가해서 알코올을 높인 혼성주 다. 허브, 향신료, 쓴맛 나는 뿌리 등 식물성 재료가 가향 와인에 독특한 맛을 더해준다. 베르무트의 종류에는 드라이(드라이 화이트 베르무트), 스위트(붉은색 스위트 베르무트), 블랑blanc(흰색 스위트 베르무트)이 있다. 시중에 판매되는 베르무트는 대부분 화이트 와인을 기본 재료로 만든다.

유기농 또는 비오다이나믹 포도 ······

토착 효모 ······

최소한의 첨가물 또는 무첨가 ······

Don't TOUCH!

"내추럴" 와인

아직 내추럴 와인에 대한 공식적인 정의는 없다. 일반적으로 허용되는 방식은 다음과 같다.

• 유기농법이나 비오다이나믹Biodynamic 농법으로 재배되고 손 수확한 포도 사용.
• 토착 또는 "야생" 효모만 사용.
• 효소나 첨가물을 사용하지 않고, 만약 사용한다면 이산화황 50ppm 이하만 사용.
• 와인을 필터처리 하지 않음.

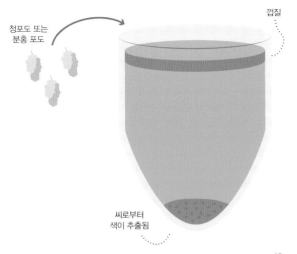

청포도 또는 분홍 포도

껍질 ······

씨로부터 색이 추출됨

"오렌지" 와인

청포도로 만드는 내추럴 와인의 한 종류를 일컫는 구어체 용어. 오렌지 와인은 레드 와인처럼 껍질과 함께 발효시킨다. 씨에 함유된 리그닌 성분 때문에 와인이 오렌지색으로 물든다. 오렌지 와인에는 레드 와인처럼 타닌과 바디가 풍부하다.

오렌지 와인을 만드는 기법은 이탈리아 북동부와 슬로베니아에서 유래했고, 그 지역에서는 피노 그리지오, 리볼라 지알라, 말바시아 포도로 만든 뛰어난 오렌지 와인들을 찾아볼 수 있다.

양조 기술

양조 과정에서 사용되는 여러 가지 기법에 따라 완성된 와인이 완전히 달라질 수 있다. 우선 가장 빈번하게 사용되고 거론되는 양조 기술을 살펴보고, 와인의 맛에 어떤 영향을 주는지 알아보자.

송이째 발효

포도송이 전체를 줄기까지 함께 사용한다. 줄기를 넣어 섬세한 와인에 타닌과 구조감을 더해주는 방법이다.

저온 침용

발효 시작 전 저온 상태에서 포도즙에 껍질을 담가놓는 과정으로 껍질에서 색깔과 풍미를 더 많이 추출할 수 있도록 해준다.

세니에Saignée 또는 "사혈"

발효 중인 레드 와인에서 포도즙을 일정량 추출하여 와인을 농축시키는 과정이다. 남은 포도즙은 색이 짙은 로제 와인 양조에 사용된다.

저온 발효 vs 고온 발효

저온 발효는 꽃이나 과일과 같은 섬세한 향기를 보존해준다(화이트 와인에 주로 사용). 고온 발효는 타닌을 부드럽게 해주고 풍미를 단순하게 만들어준다(대량 생산 와인에 주로 사용).

개방 발효

발효 중 산소가 더 많이 유입되는데, 주로 레드 와인 양조에 사용된다.

폐쇄 발효

발효를 촉진시키는 산소의 양을 제한하는 기술로 화이트 와인 양조에 주로 사용되며, 섬세한 풍미를 보존한다.

탄산 침용

송이째 폐쇄 발효하는 방법으로 레드 와인에서 쓴맛 나는 포도의 타닌을 감소시키면서 섬세한 꽃향기를 보존한다. 보졸레 지역에서 가메 포도 발효에 사용된다.

토착 효모

와이너리 또는 포도에 자생하는 효모만을 사용해서 와인을 발효시킨다. 흔하지 않은 방식이며 소규모로 생산되는 와인에 주로 사용된다.

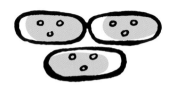

시판 효모

상업적으로 생산된 효모로 와인을 발효시킨다. 매우 광범위하게 사용되고, 대량 생산되는 와인을 비롯한 다양한 와인에 사용된다.

펌프 오버와 펀치 다운

발효 중인 와인을 섞는 방법들이다. 펌프 오버(르몽타주Remontage)는 레드 와인의 맛을 강하게 추출하고, 펀치 다운(피자주 Pigeage)은 비교적 섬세하게 추출하며 가벼운 레드에 주로 사용된다.

미량산소 투입

레드 와인이 발효되는 동안 산소 기포를 투입해서 타닌을 부드럽게 만든다. 이 기법은 보르도 레드 와인 품종에 주로 사용된다.

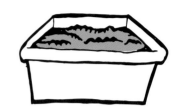

지연 추출

발효가 끝난 다음 일정 시간 동안 껍질을 레드 와인에 담가놓는다. 이 방식은 맛을 부드럽게 해주고 거친 타닌을 줄여준다.

오크 숙성

오크 숙성은 2가지 작용을 한다. 첫째, 산화를 촉진하고 둘째, 오크 맛이 배도록 한다. 새 오크를 사용하면 오크 풍미(바닐라, 콜라, 정향)가 더 많이 난다.

스테인리스/비활성 숙성

스테인리스 통에서 발효가 진행되면 산화가 느리게 일어나고 와인의 1차 풍미 보존이 쉬워진다. 화이트 와인에 주로 사용된다.

콘크리트/암포라

콘크리트와 점토로 만든 암포라는 와인의 산도를 낮추어서 맛을 부드럽게 해준다. 아직 흔하게 사용되는 방식은 아니다.

유산 발효(MLF)

레드 와인은 대부분 MLF(Malolactic Fermentaion)를 거치는데, 오에노코카스 주정 Oenococcus oeni이라는 박테리아가 날카로운 말산(사과의 산)을 부드럽고 매끄러운 유산(우유의 산)으로 바꿔주는 과정이다.

청징과 옮기기

와인을 맑게 만들기 위해 효소를 첨가하는 과정이 청징이다. 효소가 단백질에 들러붙어서 오크통 바닥에 가라앉으면 와인을 다른 오크통으로 옮긴다.

필터 처리 vs 필터 처리 안 하기

와인을 미세한 필터에 통과시켜 액체를 제외한 모든 찌꺼기를 제거할 수 있다. 필터 처리를 하지 않은 와인에는 침전물이 남아있지만 복합미가 더해진다.

Food & Wine

음식과 와인 조합

———

이제 어울리는 맛을 찾는 기본 원칙, 그리고 음식과 어울리
는 와인을 찾는 방법을 알아보자. 조합 예시 도표를 참고하
면 편리할 것이다.

Wine Pairing 음식과 와인 조합

완벽하게 어울리는 음식과 와인 조합은 어떤 것일까? 무엇보다도 와인의 맛과 요리의 재료가 균형을 이루면 된다. 맛 조합의 과학적 원리는 상당히 복잡하지만, 기본 원칙은 누구나 익힐 수 있다. 우선 와인을 식재료 중 일부라고 생각해보면 쉽다.

요리 안에 있는 기본적인 맛들(단맛, 신맛, 짠맛, 쓴맛 등)을 찾아보자. 예를 들어 마카로니와 치즈는 기름진 맛과 짠맛이다. 케일 칩은 쓴맛과 짠맛이다.

음식의 기본적인 맛과 균형을 이루는 와인을 선택한다. 고전적인 조합의 예는 다음과 같다. 단맛–짠맛, 쓴맛–기름진 맛, 짠맛–신맛, 기름진 맛–신맛, 단맛–신맛이다.

조합 원칙에 따라 와인 스타일을 선택한다. 예를 들어 기름진 맛 + 신맛 조합을 선택한다면 산도 높은 와인을 고르게 된다.

그런 다음 음식 안에 숨어 있는 은은한 풍미를 찾아본다. 이 풍미는 향신료, 허브 또는 부재료(올리브, 딸기, 베이컨 등)에서 나올 수 있다.

다음으로는 음식에 있는 은은한 풍미를 포함하고 있고, 조합 원칙에도 맞는 와인을 선택한다. 위의 와인들에서는 모두 미묘한 허브 향이 난다.

음식과 와인을 같이 입에 조금 넣어 맛보면서 선택한 조합을 시험해보자. 조합이 성공이라면 맛이 조화로울 것이다.

레드 와인은 타닌 때문에 쓴맛이 더 난다.

화이트, 로제, 스파클링 와인은 산도가 높다.

물론 스위트 와인은 매우 달다!

조합 방법

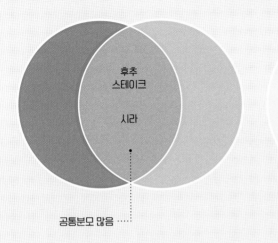

후추
스테이크

시라

공통분모 많음 ⋯⋯

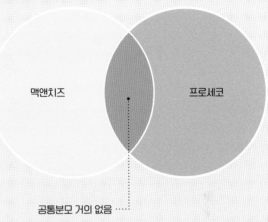

맥앤치즈

프로세코

공통분모 거의 없음 ⋯⋯

일치하는 조합

일치하는 조합은 공통된 풍미 화합물이 극대화되어서 균형을 이룬다. 이런 맛 조합은 서양 문화에서 일반적이다.

예를 들어 시라와 소금, 후추를 뿌린 스테이크에는 로턴돈rotundone 등의 화합물이 공통적으로 들어있는데, 로턴돈은 후추와 시라에 모두 존재한다.

예 :

- 버터 맛 팝콘과 오크 숙성 샤르도네
- 바비큐 양념 돼지고기와 진판델
- 오이 샐러드와 소비뇽 블랑
- 파인애플 업사이드다운 케이크와 토카이 아수
- 크랜베리 소스를 곁들인 칠면조와 피노 누아
- 브레사올라와 키안티 클라시코

대비되는 조합

상호보완적인 조합에서는 서로 완전히 다른 맛과 풍미를 대비시킴으로써 균형을 찾는다. 이런 맛 조합은 동양권 요리에서 주로 사용한다(새콤달콤한 소스 등).

예를 들면, 기름지고 끈적끈적한 맥앤치즈와 산도 높은 와인은 서로 대비되면서 와인이 입안을 헹궈주는 역할을 한다.

예 :

- 블루치즈와 루비 포트
- 포크찹과 리슬링
- 버섯 리소토와 네비올로
- 구운 송어와 만사니야 셰리
- 메이플 시럽에 조린 베이컨과 샴페인
- 코코넛 커리와 그뤼너 펠트리너

조합 방법

와인과 음식 조합을 처음 해본다면 검증된 원칙들을 적용해보자. 의외로 큰 도움이 될 것이다! 다양한 와인에 익숙해지면 원칙을 벗어난 시도를 해볼 수 있다!(가메와 송어 요리는 어떨까?)

와인이 음식에 비해 산도가 높아야 한다.

와인이 음식에 비해 당도가 높아야 한다.

와인이 음식만큼 풍미가 강해야 한다.

쓴맛 나는 음식은 쓴맛 나는 와인(드라이 레드 와인 등)과 잘 어울리지 않는다.

지방/기름은 와인의 높은 타닌을 상쇄해준다.

와인의 타닌은 생선 기름과 상극이다. 그래서 일반적으로 레드 와인과 해산물 조합은 어울리지 않는다.

달콤한 와인은 스파이시한 음식을 중화하는데 도움이 된다.

화이트, 스파클링, 로제 와인은 대비되는 조합을 이루는 경우가 많다.

레드 와인은 일치하는 조합을 이루는 경우가 많다.

맛 도표

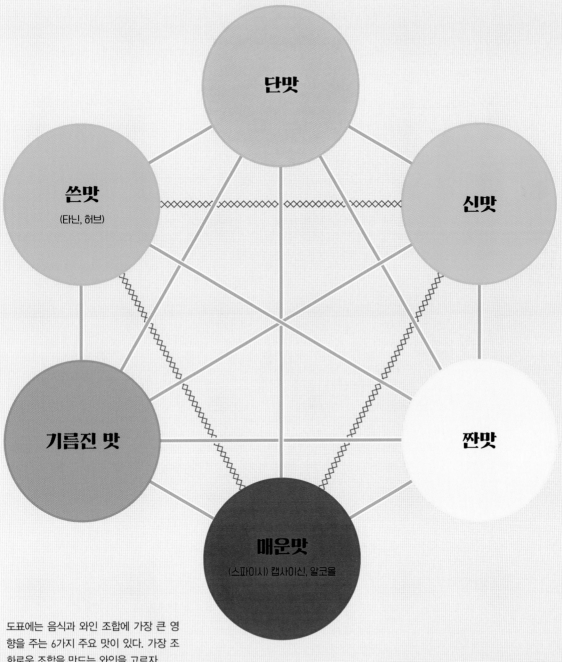

단맛

쓴맛
(타닌, 허브)

신맛

기름진 맛

짠맛

매운맛
(스파이시) 캡사이신, 알코올

도표에는 음식과 와인 조합에 가장 큰 영향을 주는 6가지 주요 맛이 있다. 가장 조화로운 조합을 만드는 와인을 고르자.

음식과 어울리는 와인을 고를 때에는 음식 맛의 강도도 반드시 고려해야 한다. 즉, 섬세한 맛이 나는 음식은 섬세한 풍미가 있는 와인과 가장 잘 어울린다.

──── 어울리는 조합
XXXX 어울리지 않는 조합

이 6가지 맛은 인간이 느낄 수 있는 맛의 일부에 불과하며 거품맛, 감칠맛(고기맛), 얼얼한 맛, 전기맛, 비누맛, 시원한 맛(멘톨) 등도 존재한다.

조합 연습

다음 연습에서는 간단한 음식 6가지와 와인 4종(풀 바디 레드, 스위트 화이트, 라이트 바디 화이트, 스파클링)을 함께 맛볼 것이다. 연습의 목표는 음식과 와인 조합을 실제로 해보는 것이다.

와인 선택 : 구할 수 있는 와인 중에서 선택한다. 예를 들어 카바, 피노 그리지오, 말벡, 약간 드라이한 슈냉 블랑을 고를 수 있다.

1단계 : 재료 한 가지를 한 입 먹고(오른쪽 페이지를 보자), 씹은 다음, 삼키기 전에 와인 한 가지를 한 모금 마신다.

2단계 : 조합을 평가한다. 5점 만점에서 점수를 준다. (1 = 나쁨, 5 = 뛰어남)

짠맛 **+** 신맛

기름진 맛 **+** 단맛

3단계 : 여러 가지 맛 조합(단맛 + 기름진 맛, 신맛 + 짠맛, 기름진 맛 + 쓴맛 등)을 시도해보고 와인을 다시 한번 맛본다.

탄산   산도

스파클링 연습 문제 : 탄산이 조합에 도움이 되는가? 스파클링과 특별히 잘 어울리는 맛 조합이 있는가?

산도   섬세한 향

화이트 연습 문제 : 높은 산도가 조합에 도움이 되는가? 화이트 조합은 레드 조합과 어떻게 다른가?

타닌   강한 맛

레드 연습 문제 : 와인의 타닌이 6가지 맛과 어떻게 상호작용하는가? 절대 어울리지 않는 조합은 무엇인가?

꽃향기   단맛

당도 연습 문제 : 단맛에 놀라운 점이 있는가? 이런 와인 스타일은 몇 가지 맛과 어울리는가?

핵심 : 틀린 답은 없으니 놀라운 조합을 찾아서 즐겨보자!

조합 연습

와인과 재료 목록

짠맛
포테이토칩

신맛
피클

기름진 맛
브리 치즈

풀 바디
레드

스위트
화이트

라이트 바디
화이트

스파클링

말벡, 카베르네 소비뇽,
시라, 프티트 시라 등

늦수확 와인,
스위트 리슬링,
게뷔르츠트라미너 등

소비뇽 블랑, 피노 그리,
그레케토, 믈롱 등

카바, 프로세코, 크레망 등

쓴맛
케일

단맛
꿀

매운맛
핫소스

치즈와의 조합

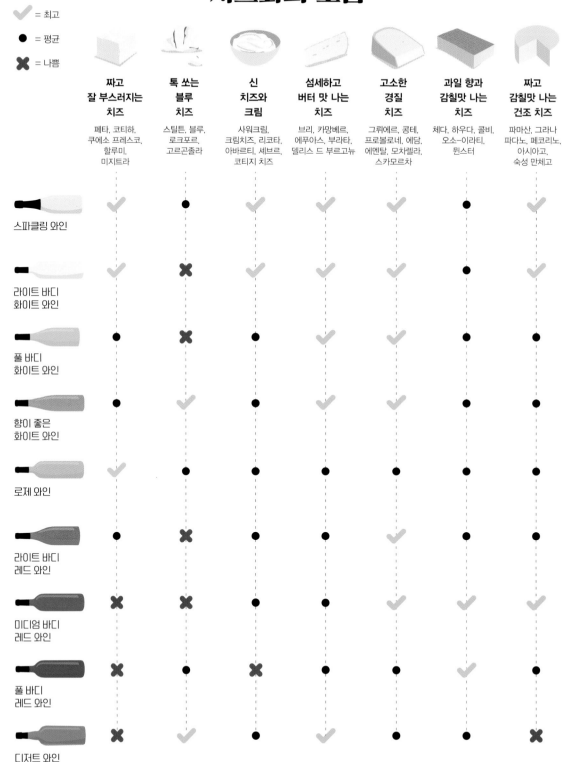

와인 \ 치즈	짜고 잘 부스러지는 치즈 (페타, 코티하, 쿠에소 프레스코, 할루미, 미지트라)	톡 쏘는 블루 치즈 (스틸튼, 블루, 로크포르, 고르곤졸라)	신 치즈와 크림 (사워크림, 크림치즈, 리코타, 아바르티, 셰브르, 코티지 치즈)	섬세하고 버터 맛 나는 치즈 (브리, 카망베르, 에푸아스, 부라타, 델리스 드 부르고뉴)	고소한 경질 치즈 (그뤼에르, 콩테, 프로볼로네, 에담, 에멘탈, 모차렐라, 스카모르차)	과일 향과 감칠맛 나는 치즈 (체다, 하우다, 콜비, 오소-이라티, 뮌스터)	짜고 감칠맛 나는 건조 치즈 (파마산, 그라나 파다노, 페코리노, 아시아고, 숙성 만체고)
스파클링 와인	✓	●	✓	✓	✓	●	✓
라이트 바디 화이트 와인	✓	✗	✓	✓	✓	●	✓
풀 바디 화이트 와인	●	✗	●	✓	✓	●	●
향이 좋은 화이트 와인	●	✓	●	✓	✓	●	●
로제 와인	✓	●	●	●	✓	●	●
라이트 바디 레드 와인	●	✗	●	●	✓	●	●
미디엄 바디 레드 와인	✗	✗	●	●	✓	✓	✓
풀 바디 레드 와인	✗	●	✗	✓	✓	●	✓
디저트 와인	✗	✓	●	✓	✓	●	✗

범례: ✓ = 최고, ● = 평균, ✗ = 나쁨

단백질과의 조합

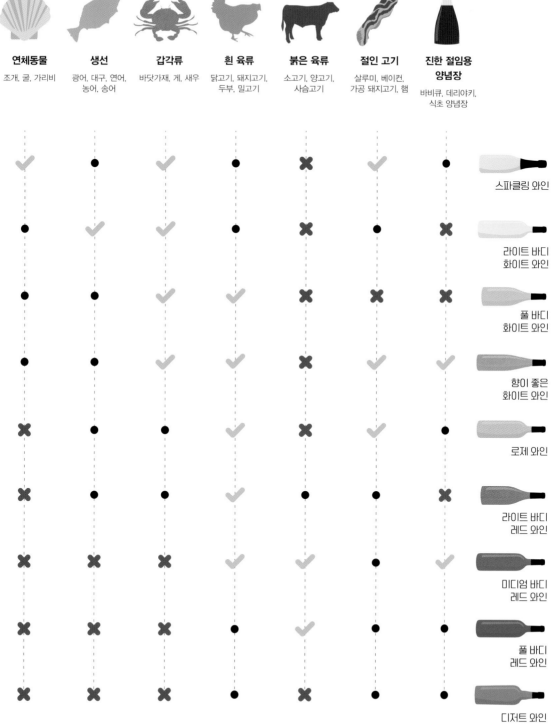

연체동물	생선	갑각류	흰 육류	붉은 육류	절인 고기	진한 절임용 양념장	
조개, 굴, 가리비	광어, 대구, 연어, 농어, 송어	바닷가재, 게, 새우	닭고기, 돼지고기, 두부, 밀고기	소고기, 양고기, 사슴고기	살루미, 베이컨, 가공 돼지고기, 햄	바비큐, 데리야키, 식초 양념장	
✔	●	✔	●	✖	✔	●	스파클링 와인
●	✔	✔	●	✖	●	✖	라이트 바디 화이트 와인
●	●	✔	●	✖	✖	✖	풀 바디 화이트 와인
●	●	✔	✔	✖	✔	✔	향이 좋은 화이트 와인
✖	●	●	✔	✖	✔	●	로제 와인
✖	●	●	✔	●	●	✖	라이트 바디 레드 와인
✖	✖	✖	✔	✔	●	✔	미디엄 바디 레드 와인
✖	✖	✖	●	✔	●	●	풀 바디 레드 와인
✖	✖	✖	●	✖	●	●	디저트 와인

채소와의 조합

 = 최고
 = 평균
✗ = 나쁨

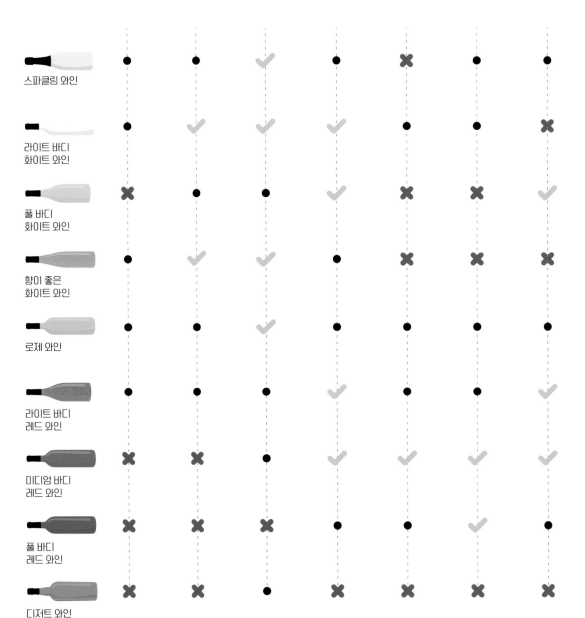

	십자화과 채소	녹색 채소	황색 채소	파속 채소	가지속 채소	콩/콩과 식물	버섯
	양배추, 브로콜리, 콜리플라워, 꼬마 양배추, 루콜라	껍질콩, 완두콩, 케일, 상추, 아보카도, 꽃상추, 초록 피망	참마, 당근, 단호박, 무, 호박	양파, 마늘, 샬롯, 쪽파	피망, 토마토, 가지, 고추	얼룩빼기 강낭콩, 검정콩, 흰 강낭콩, 렌틸콩	크리미니, 포르치니, 표고버섯, 살구버섯, 느타리버섯
스파클링 와인	●	●	✔	●	✗	●	●
라이트 바디 화이트 와인	●	✔	✔	✔	●	●	✗
풀 바디 화이트 와인	✗	●	●	✔	✗	✗	✔
향이 좋은 화이트 와인	●	✔	✔	●	✗	✗	✗
로제 와인	●	●	✔	●	●	●	●
라이트 바디 레드 와인	●	●	●	✔	●	●	✔
미디엄 바디 레드 와인	✗	✗	●	✔	✔	✔	✔
풀 바디 레드 와인	✗	✗	✗	✔	✔	✔	✔
디저트 와인	✗	✗	●	✗	✗	✗	✗

향신료, 허브와의 조합

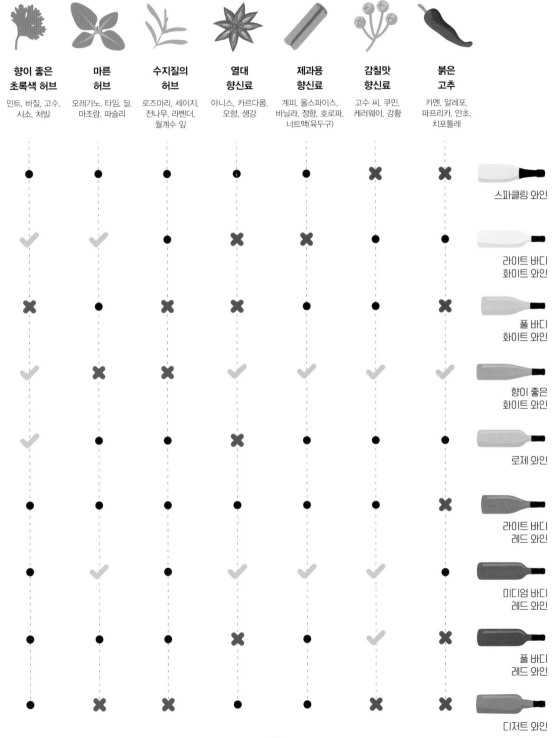

Cooking with Wine 와인으로 요리하기

와인으로 요리하면 재미도 있고 음식의 풍미가 매우 좋아진다. 요리에 와인을 사용하는 방법은 조림 소스, 마리네이드(양념), 데글레이즈/요리용 수분 등 3가지다.

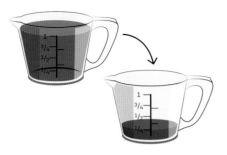

조림 소스

와인 1컵 = 조림 소스 1/4컵

와인 조림 소스는 와인의 독특한 풍미, 신맛, 과일 맛을 활용해서 구수한 요리와 달콤한 요리의 맛을 더 좋게 하는 훌륭한 방법이다. 맛을 최대한 살리려면 와인을 약불에서 천천히 끓인다. 와인이 끓으면 알코올은 날아가지만 와인의 향긋한 풍미는 소스에 남는다.

와인 2배   지방 1배   양념

마리네이드(양념)

와인 2배, 지방 1배, 양념

마리네이드는 산, 기름, 허브, 양념(그리고 가끔 설탕)을 섞어서 단백질을 부드럽고 맛있게 만드는 방법이다. 와인에는 타닌과 산이 모두 들어있기 때문에 연화제 역할을 하는 식초를 대체할 수 있다. 마리네이드를 만들 때는 모든 재료가 잘 어울리는지 주의 깊게 생각해야 한다. 담가 놓는 시간은 단백질에 따라 다르며, 어떤 단백질은 너무 오래 담그면 흐물흐물해진다. 생선은 15분에서 45분이면 충분하지만, 양지머리는 밤새도록 담가야 할 수 있다.

데글레이즈/요리용 수분

한 컵 당 1~2큰술

요리에 넣는 액체로 와인을 사용하면 와인의 풍미뿐 아니라 와인의 신맛을 활용할 수 있어서 좋다. 데글레이즈는 뜨거운 팬에 시원한 액체를 넣는 조리 기법이다. 이 과정은 볶음팬 바닥에 붙어있는 갈색 찌꺼기(마이야르 반응으로 생긴)를 녹여서 소스에 섞이도록 해준다. 이런 데글레이즈 소스를 이용해서 그레이비나 수프를 만들 수 있다.

또, 오래 조리해야 하는 스튜에 와인을 넣고 끓일 수 있다. 알코올이 날아갈 수 있도록 (최소 한 시간 걸림) 와인을 일찍 붓는다.

요리용 와인

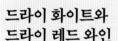

드라이 화이트와
드라이 레드 와인

비프 스튜, 크림 수프, 화이트 와인 버터 소스, 홍합, 조개, 데글레이즈에 적합하다. 평소에 마시는 화이트와 레드 와인을 사용하면 된다. 요리에 가장 적합한 와인은 그 요리와 가장 잘 어울리는 와인일 때가 많다. 일반적으로 과일 풍미가 있는 라이트 바디 화이트 와인과 과일 풍미가 있고 산도가 높은 편인 라이트나 미디엄 바디 레드 와인(그리고 로제)을 사용하면 된다.

예 : 피노 그리, 소비뇽 블랑, 알바리뇨, 베르데호, 콜롱바르, 슈냉 블랑, 리슬링

견과류 풍미가 나고
산화된 와인

그레이비, 닭고기, 돼지고기, 광어 등 맛이 풍부한 생선, 새우, 수프에 적합하다.

산화의 풍미는 견과류, 구운 과일, 그리고 은은한 흑설탕 향처럼 진하고 복합적인 감칠맛을 더해준다. 산화된 와인은 대체로 주정강화 와인이기 때문에 매우 진하게 농축된 소스가 된다. 산화된 와인은 전통적으로 정통 유럽 요리에 사용되었지만, 맛이 풍부한 아시아 요리와 인도 요리에도 사용할 수 있다.

예 : 셰리, 마데이라, 마르살라, 오렌지 와인, 뱅 존

진하고 달콤한
디저트 와인

견과류, 캐러멜, 바닐라 아이스크림과 같은 후식의 시럽으로 적합하다.

스위트 레드와 스위트 화이트 와인을 조려서 소스로 만들면 맛있다. 와인을 선택할 때에는 요리의 강도와 맞춘다. 예를 들어 진한 초콜릿 디저트는 루비 포트처럼 진하고 강한 와인으로 만든 소스와 어울린다.

예 : 소테른, 포트, 아이스 와인, 스위트 리슬링, 뮈스카, 봄 드 베니스, 빈 산토, 게뷔르츠트라미너, P.X.(페드로 히메네즈)

Grapes & Wines

포도와 와인

이제 흔히 볼 수 있는 와인, 포도, 그리고 블렌드 100종을 살펴보자. 시음 노트, 음식 조합, 권장 시음 방법, 지역별 분포도 함께 보자.

세계의 와인 포도

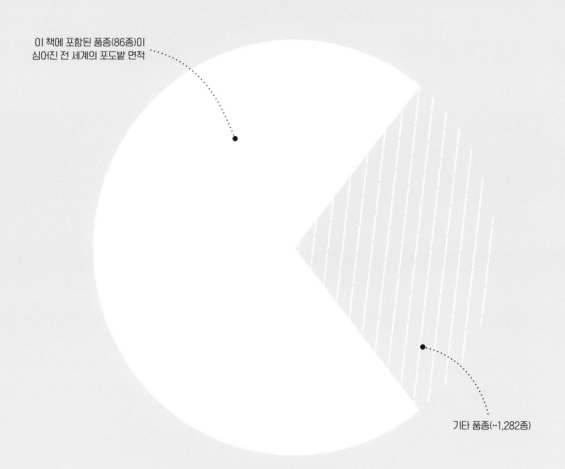

이 책에 포함된 품종(86종)이
심어진 전 세계의 포도밭 면적

기타 품종(~1,282종)

와인용 포도 품종을 다룬 전문 서적(『와인 포도Wine Grapes』 Robinson, Harding, Vouillamoz, 2012년)에서는 상업적으로 생산되는 와인에 사용되는 포도 품종 1,368가지를 깊이 있게 다룬다. 전 세계 포도밭의 대부분에 심어진 포도 종류는 그중 아주 작은 부분에 불과하다.

이 책에서는 와인에 대한 이해를 돕기 위해 100가지 포도 품종과 와인(정확하게는 86가지 품종과 14가지 와인)만을 다루었다. 이 품종들은 와인 생산에 가장 일반적으로 사용되는 포도일 뿐 아니라 가장 많이 심어진 품종들이며, 세계 포도밭 면적의 71%를 차지한다.

이 책에 포함되어 있지 않은 희귀한 포도 품종을 만난다면 'winefolly.com'을 방문해서 무료 자료를 참고할 수 있다. 이 사이트에서는 지속해서 세계의 와인과 포도 품종을 추가해서 업데이트하고 있다.

스타일에 따른 와인 분류

화이트 와인 ——

- 콘비아글로
- 스카이아
- 람브루스코
- 가메
- 프라파토
- 브라케토
- 바오니메
- 시르드니
- 문산
- 마르산
- 개뷔르츠트라미너
- 그뤼너 슈 블랑
- 샤바테이아노
- 트레비아노 토스카노
- 아이렌
- 세미용
- 팔랑기나
- 베르멘티노
- 소비뇽 블랑
- 그뤼너 펠트리너
- 아린투
- 슈냉 블랑
- 모스코필레로
- 페르낭 피레스
- 토론테스
- 피노 그리
- 질바너
- 그레케토
- 피아노
- 베르데호
- 리슬링
- 푸르민트
- 뮈스카 블랑
- 코르테제
- 베르디키오
- 프리울라노
- 알바리뇨
- 콜롬바르
- 아시르티코
- 피노 블랑
- 비뉴 베르드
- 픽풀
- 믈롱
- 프란치아코르타
- 샴페인
- 크레망
- 카바
- 프로세코

—— 스파클링 와인

* 개별 와인은 이 표에서 나타낸 수준보다
더 가볍거나 무거울 수 있다.

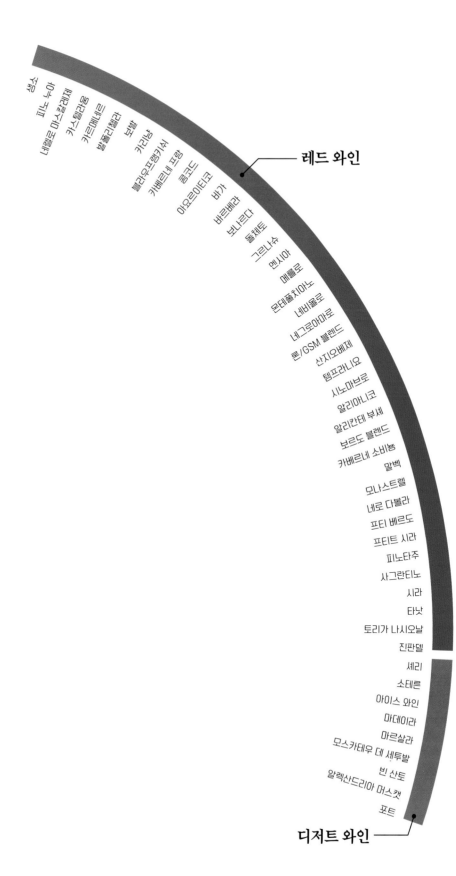

레드 와인

디저트 와인

섬소
피노 누아
네렐로 마스칼레제
가스탈라윰
가르메네르
발돌리첼라
보발
카리냥
블러우프랑키서
카베르네 프랑
콩코드
아요르이티코
바가
바르베라
보나르다
돌체토
그르나슈
멘시아
메를로
몬테풀치아노
네비올로
네그로아마로
론/GSM 블렌드
산지오베제
템프라니요
시노마브로
알리아니코
알리칸테 부셰
보르도 블렌드
카베르네 소비뇽
말벡
모나스트렐
네로 다볼라
프티 베르도
프티트 시라
피노타주
사그란티노
시라
타낫
토리가 나시오날
진판델
셰리
소테른
아이스 와인
마데이라
마르살라
모스카테우 데 세투발
빈 산토
알렉산드리아 머스캣
포트

섹션 가이드

포도 또는 와인 이름

유의어와 지역 명칭

슈냉 블랑 *Chenin Blanc*

원어 명칭

🔊 "슈-냉 블랑" 💬 스틴Steen, 피노 드 라 루아르Pineau de la Loire

맛 특징

바디

스파클링	가벼운 화이트	풀 바디 화이트	향이 강한 화이트	로제	가벼운 레드	미디엄 바디 레드	풀 바디 레드	디저트
SP	LW	FW	AW	RS	LR	MR	FR	DS

일반적인 스타일

예리함 · 풍부

주요 스타일 색깔

경쾌 · 진함

🍷 슈냉 블랑은 가벼운 드라이 화이트에서부터 향이 강한 스파클링, 그리고 달콤한 황금색 스위트, 진하고 균형 잡힌 브랜디에 이르는 여러 가지 스타일로 양조된다.

🍴 매력적인 팔방미인 포도라고 할 수 있는 슈냉 블랑은 다양한 스타일로 만들 수 있고, 어울리는 음식도 매우 다양하다. 태국 요리나 베트남 요리와도 성공적인 조합이 가능하다.

주요 풍미와 향

모과 · 노란 사과 · 서양배 · 캐모마일 · 벌꿀

권장 시음 방법

화이트 잔 · 차게 7~13°C · 디캔팅 하지 않음 · 가격대 ~$27 · 저장 5~10년

저장 가능성

품질 좋은 와인의 평균 가격
(가성비가 더 높은 지역도 있다.)

재배 지역

맛 특징

지역 분포

멕시코	이스라엘
호주	스페인
아르헨티나	
	칠레
미국 캘리포니아, 워싱턴	기타 이탈리아, 뉴질랜드, 에티오피아, 태국, 인도
프랑스 부브레, 몽루이 쉬르 루아르, 사브니에르, 앙주, 소뮈르	**남아프리카공화국** 스텔렌보스, 팔

흔함
~
353㎢ /
35,314헥타르

희귀한 정도

유망 지역

세계 포도밭 면적

추천 품종

가르가네가 · 그레케토 · 샤르도네 · 말라구시아(그리스)

98

비슷한 풍미 특징을 가진 다른 와인들
(주로 품종을 표기했지만, 가끔 추천 와인으로도 표기, 역자)

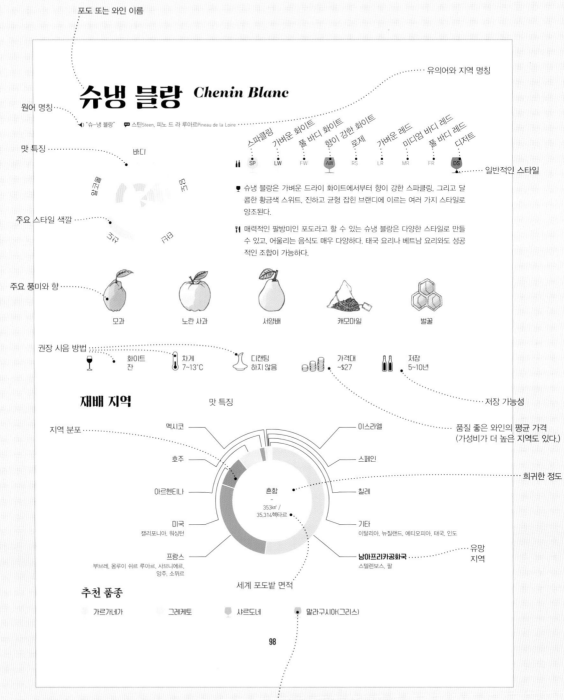

아요르이티코 *Agiorgitiko*

◀) "아–요르–이–티–코" 💬 성 조지St. George, 네메아Nemea

바디

| | SP | LW | FW | AW | RS | LR | MR | FR | DS |

🥩 그리스 최고의 적포도 품종이며 로제에서부터 진한 레드 와인에 이르는 다양한 스타일로 만들 수 있다. 아요르이티코로 만든 와인 중 펠로폰네소스 반도의 네메아에서 생산되는 풀 바디 레드가 가장 특별하다.

🍴 아요르이티코에는 너트맥(육두구)과 계피 풍미가 은은하게 배어있어서 통구이 육류, 토마토소스, 향신료가 많이 들어간 중동이나 인도 요리와 환상적으로 어울린다.

산딸기   블랙베리   자두 소스   흑후추   너트맥(육두구)

 아주 큰 잔   실온 16~20°C   🍶 디캔팅 60+분   💰 가격대 ~$15   🍾 저장 5~25년

재배 지역

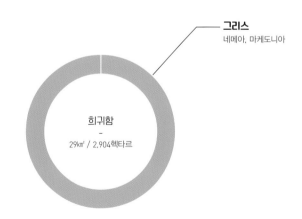

그리스
네메아, 마케도니아

희귀함
-
29㎢ / 2,904헥타르

추천 품종

 시노마브로   메를로   바르베라   네로 다볼라

알리아니코 *Aglianico*

◀) "알리–아니–코" 💬 타우라시Taurasi

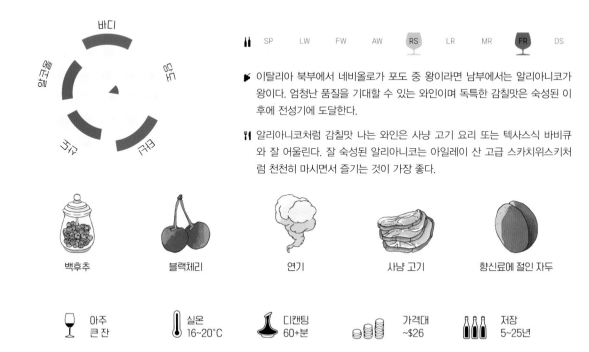

바디
당도
타닌
산도
알코올

| | SP | LW | FW | AW | RS | LR | MR | FR | DS |

🥂 이탈리아 북부에서 네비올로가 포도 중 왕이라면 남부에서는 알리아니코가 왕이다. 엄청난 품질을 기대할 수 있는 와인이며 독특한 감칠맛은 숙성된 이후에 전성기에 도달한다.

🍴 알리아니코처럼 감칠맛 나는 와인은 사냥 고기 요리 또는 텍사스식 바비큐와 잘 어울린다. 잘 숙성된 알리아니코는 아일레이 산 고급 스카치위스키처럼 천천히 마시면서 즐기는 것이 가장 좋다.

백후추   블랙체리   연기   사냥 고기   향신료에 절인 자두

아주 큰 잔 | 실온 16~20°C | 디캔팅 60+분 | 가격대 ~$26 | 저장 5~25년

재배 지역

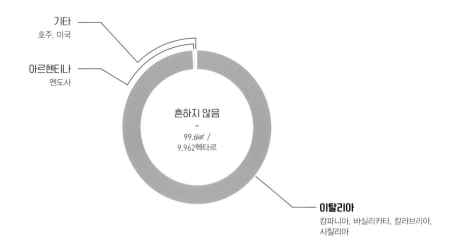

기타
호주, 미국

아르헨티나
멘도사

흔하지 않음
-
99.6㎢ /
9,962헥타르

이탈리아
캄파니아, 바실리카타, 칼라브리아,
시칠리아

추천 품종

🍷 네비올로   🍷 모나스트렐   🍷 네그로아마로   🍷 템프라니요

72

아이렌 *Airén*

◀) "아이–렌"

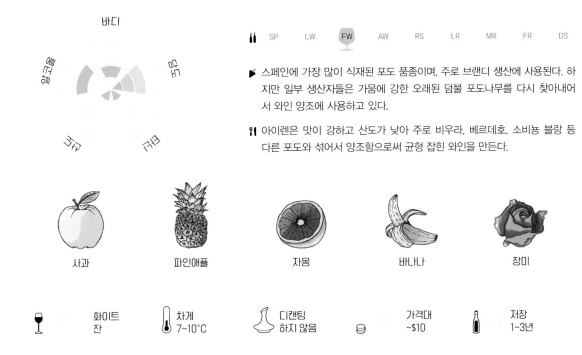

바디

향긋함

당도

산도

타닌

SP　LW　**FW**　AW　RS　LR　MR　FR　DS

✍ 스페인에 가장 많이 식재된 포도 품종이며, 주로 브랜디 생산에 사용된다. 하지만 일부 생산자들은 가뭄에 강한 오래된 덤불 포도나무를 다시 찾아내어서 와인 양조에 사용하고 있다.

🍴 아이렌은 맛이 강하고 산도가 낮아 주로 비우라, 베르데호, 소비뇽 블랑 등 다른 포도와 섞어서 양조함으로써 균형 잡힌 와인을 만든다.

사과　　파인애플　　자몽　　바나나　　장미

🍷 화이트 잔　　🌡 차게 7~10°C　　🍶 디캔팅 하지 않음　　🪙 가격대 ~$10　　🍾 저장 1~3년

재배 지역

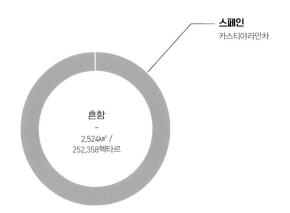

스페인
카스티야라만차

흔함
–
2,524㎢ /
252,358헥타르

추천 품종

 사바티아노　　　트레비아노 토스카노　　　루산

알바리뇨 *Albariño*

🔊 "알바ー리ー뇨"　💬 알바리뉴Alvarinho

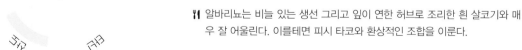

| | SP | LW | FW | AW | RS | LR | MR | FR | DS |

🍷 이베리아 반도에서 나는 청포도이며, 상큼한 매력이 특징이다. 바다 가까운 서늘한 지역에서 자라서 짭짤한 풍미가 돋보인다.

🍴 알바리뇨는 비늘 있는 생선 그리고 잎이 연한 허브로 조리한 흰 살코기와 매우 잘 어울린다. 이를테면 피시 타코와 환상적인 조합을 이룬다.

바디

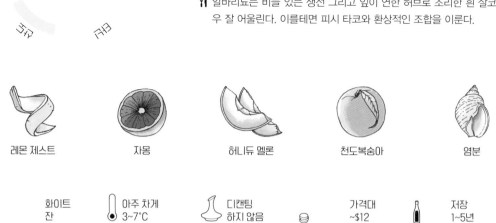

| 레몬 제스트 | 자몽 | 허니듀 멜론 | 천도복숭아 | 염분 |

| 화이트 잔 | 아주 차게 3~7°C | 디캔팅 하지 않음 | 가격대 ~$12 | 저장 1~5년 |

재배 지역

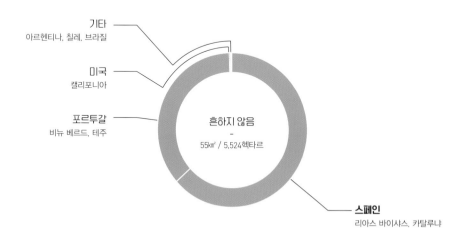

기타
아르헨티나, 칠레, 브라질

미국
캘리포니아

포르투갈
비뉴 베르드, 테주

흔하지 않음
-
55㎢ / 5,524헥타르

스페인
리아스 바이샤스, 카탈루냐

추천 품종

로레이루(포르투갈)　리슬링　푸르민트　베르데호　비뉴 베르드

알리칸테 부셰 *Alicante Bouschet*

🔊 "알리–칸–테 부–셰"   💬 가르나차 틴토레라Garnacha Tintorera

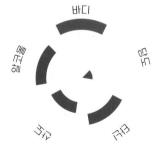

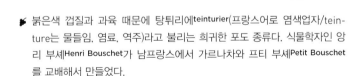

SP   LW   FW   AW   RS   LR   MR   **FR**   DS

🍷 붉은색 껍질과 과육 때문에 탕튀리에teinturier(프랑스어로 염색업자/teinture는 물들임, 염료, 역주)라고 불리는 희귀한 포도 종류다. 식물학자인 앙리 부셰Henri Bouschet가 남프랑스에서 가르나차와 프티 부셰Petit Bouschet를 교배해서 만들었다.

🍴 알리칸테 부셰는 강렬하고 달콤한 훈제 풍미가 있어서 바비큐, 데리야키, 카르네 아사다, 구운 채소처럼 맛이 강한 음식과 어울린다.

블랙체리   블랙베리 덤불   검은 자두   흑후추   달콤한 담배

🍷 아주 큰 잔   🌡️ 실온 16~20℃   🍷 디캔팅 30분   ⬭   가격대 ~$10   🍾 저장 3~7년

재배 지역

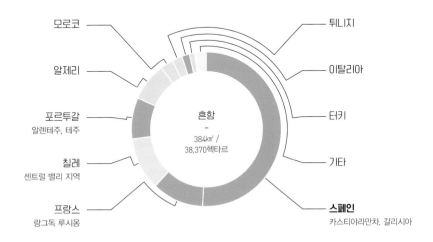

모로코

알제리

포르투갈
알렌테주, 테주

칠레
센트럴 밸리 지역

프랑스
랑그독 루시옹

흔함
-
384㎢ /
38,370헥타르

튀니지

이탈리아

터키

기타

스페인
카스티야라만차, 갈리시아

추천 품종

 모나스트렐   시라   프티트 시라   진판델   🍷 토리가 나시오날

아린투 *Arinto*

◀)) "아ㅡ린ㅡ투"   💬 파데르나Paderna

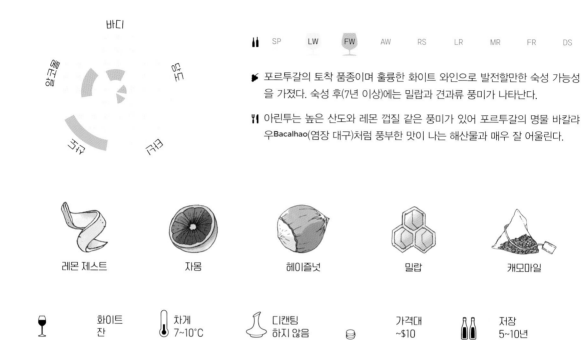

바디

향긋한 꽃

단맛

산도

타닌

SP	LW	FW	AW	RS	LR	MR	FR	DS

⚡ 포르투갈의 토착 품종이며 훌륭한 화이트 와인으로 발전할만한 숙성 가능성을 가졌다. 숙성 후(7년 이상)에는 밀랍과 견과류 풍미가 나타난다.

🍴 아린투는 높은 산도와 레몬 껍질 같은 풍미가 있어 포르투갈의 명물 바칼랴우Bacalhao(염장 대구)처럼 풍부한 맛이 나는 해산물과 매우 잘 어울린다.

레몬 제스트	자몽	헤이즐넛	밀랍	캐모마일

화이트 잔   차게 7~10°C   디캔팅 하지 않음   가격대 ~$10   저장 5~10년

재배 지역

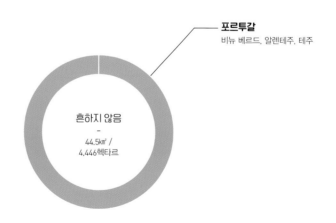

포르투갈
비뉴 베르드, 알렌테주, 테주

흔하지 않음
-
44.5㎢ /
4,446헥타르

추천 품종

가르가네가   팔랑기나   트레비아노 토스카노   그르나슈 블랑   세미용

76

아시르티코 *Assyrtiko*

◀)) "아~시르-티코"

SP	LW	FW	AW	RS	LR	MR	FR	DS

🍴 아시르티코는 재배 면적만 보면 희귀한 포도지만 나름 그리스를 대표하는 포도 품종에 속한다. 특히 산토리니섬에서 생산되는 와인이 맛있다.

🍴 아시르티코는 조개류, 갑각류와 완벽한 조화를 이루고, 유명한 그리스 요리인 토마토와 페타 치즈 샐러드와도 어울린다. 여러 나라의 요리와 다양하게 조합할 수 있어서 활용도가 매우 높은 품종이다.

라임	패션프루트	밀랍	부싯돌	염분

🍷 화이트 잔	🌡 아주 차게 3~7℃	디캔팅 하지 않음	가격대 ~$20	저장 5~10년

재배 지역

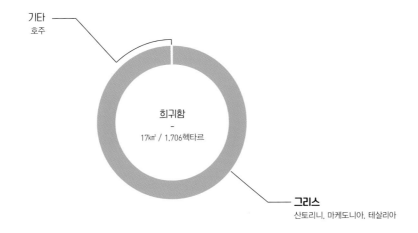

기타
호주

희귀함
-
17㎢ / 1,706헥타르

그리스
산토리니, 마케도니아, 테살리아

추천 품종

🍷 드라이 리슬링   🍷 알바리뇨   🍷 푸르민트   🍷 픽풀   🍷 아린투

바가 *Baga*

🔊 "바-가" 💬 틴타 바이하다Tinta Bairrada

바디

바디

무게감

당도

산도

타닌

알코올

| 💧 | SP | LW | FW | AW | RS | LR | MR | FR | DS |

🏹 바가 생산량의 상당 부분은 포르투갈의 대표적 저가 와인 마테우스 로제Mateus Rose에 사용된다. 하지만 바가는 숙성 가능성이 있는 레드와 복합미 있는 스파클링 로제로도 만들어진다.

🍴 바가가 진한 레드 와인으로 양조되면 자갈이나 타르 같은 강건한 풍미를 지니며, 양념해서 통으로 구운 기름진 육류와 어울린다.

블랙베리　　블랙커런트　　말린 체리　　코코아　　검은 자두

🍷 레드 잔　　🌡 저장고 13~16℃　　🍾 디캔팅 60+분　　🪙 가격대 ~$15　　🍾 저장 5~15년

재배 지역

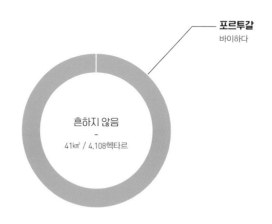

포르투갈
바이하다

흔하지 않음
-
41㎢ / 4,108헥타르

추천 품종

🍷 돌체토　　🍷 보나르다　　🍷 모나스트렐　　🍷 네그로아마로　　🍷 피노타주

바르베라 *Barbera*

◀) "바르−베−라"

바디

볼륨감

타닌

당도

산미

| SP | LW | FW | AW | RS | LR | MR | FR | DS |

🍖 바르베라는 이탈리아 피에몬테 지역에서 일상적으로 마시는 레드 와인이다. 마시기 편하고, 비싸지 않으면서 산도가 높아 입맛을 살려준다.

🍴 구이나 채소 요리와 함께 바르베라를 마셔보자. 요리에 체리, 세이지, 아니스, 계피, 백후추 또는 옻sumac을 사용하면 조합에 방점을 찍을 수 있다.

앵두　　감초　　블랙베리　　마른 허브　　흑후추

향을 모아주는 잔

실온 16~20℃

디캔팅 30분

가격대 ~$15

저장 3~7년

재배 지역

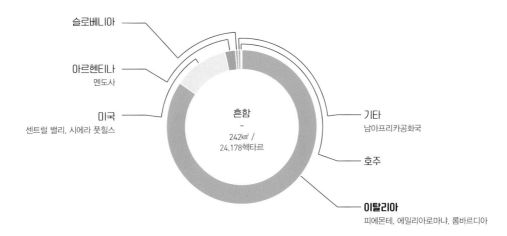

슬로베니아

아르헨티나
멘도사

미국
센트럴 밸리, 시에라 풋힐스

흔함
−
242㎢ /
24,178헥타르

기타
남아프리카공화국

호주

이탈리아
피에몬테, 에밀리아로마냐, 롬바르디아

추천 품종

🍷 아요르이티코　　🍷 멘시아　　🍷 돌체토　　🍷 블라우프랭키쉬　　🍷 몬테풀치아노

블라우프랭키쉬 *Blaufränkisch*

◀) "블라우–프랭–키쉬" 💬 렘베르거Lemberger, 케크프랑코쉬Kékfrankos

바디

SP　LW　FW　AW　**RS**　LR　**MR**　FR　DS

🍷 진한 후추 향과 검은 과일 풍미가 가득하고 짜릿한 산도가 살아있는 블라우 프랭키쉬는 음식에 곁들이기에 완벽한 레드 와인이다. 가메, 그리고 츠바이겔트와 모두 관련이 있는 품종이라는 사실도 재미있다.

🍴 이 포도가 많이 재배되는 지역만 보면 어떤 음식과 가장 잘 어울리는지 알 수 있다. 훈제 소시지, 붉은 감자 굴라쉬, 치즈 스페츨러 덤플링 등과 함께 즐길 수 있다.

블랙베리 덤불　블랙체리　올스파이스　다크 초콜릿　홍피망

레드 잔　실온 16~20°C　디캔팅 30분　가격대 ~$15　저장 3~7년

재배 지역

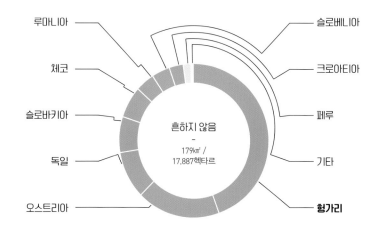

루마니아　슬로베니아
체코　크로아티아
슬로바키아　페루
독일　기타
오스트리아　**헝가리**

흔하지 않음
-
179㎢ /
17,887헥타르

추천 품종

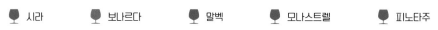

🍷 시라　🍷 보나르다　🍷 말벡　🍷 모나스트렐　🍷 피노타주

보발 *Bobal*

◀) "보-발"

바디

향긋함   달콤함

타닌   거칠

	SP	LW	FW	AW	RS	LR	**MR**	FR	DS

☛ 대중에게 잘 알려지지 않은 포도이지만 스페인에서 두 번째로 많이 심어진 적포도 품종이다. 와인은 과일 향이 풍부하고 타닌이 부드러우면서 피니시가 매끄러워 인기가 높다.

🍴 보발의 과일 풍미를 강조하려면 요리에도 같은 과일을 사용해보자. 오렌지 치킨 또는 석류와 당밀 소스를 곁들인 통닭처럼 말이다.

블랙베리   석류   감초   홍차   코코아 가루

레드   실온   디캔팅   가격대   저장
잔   16~20℃   30분   ~$10   3~7년

재배 지역

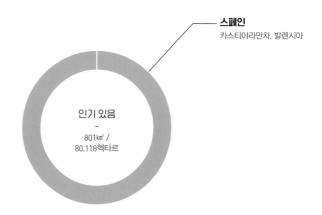

스페인
카스티아라만차, 발렌시아

인기 있음
-
801㎢ /
80,118헥타르

추천 품종

🍷 가메   🍷 도른펠더   🍷 돌체토   🍷 츠바이겔트   🍷 블라우프랭키쉬

81

보나르다 *Bonarda*

◀) "보-나르-다"   💬 두스 누아Douce Noir, 샤르보노Charbono

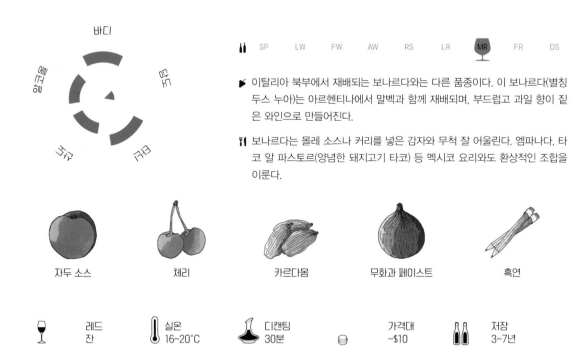

바디

알코올 함량

타닌

당도

산도

| | SP | LW | FW | AW | RS | LR | **MR** | FR | DS |

🎣 이탈리아 북부에서 재배되는 보나르다와는 다른 품종이다. 이 보나르다(별칭 두스 누아)는 아르헨티나에서 말벡과 함께 재배되며, 부드럽고 과일 향이 짙은 와인으로 만들어진다.

🍴 보나르다는 몰레 소스나 커리를 넣은 감자와 무척 잘 어울린다. 엠파나다, 타코 알 파스토르(양념한 돼지고기 타코) 등 멕시코 요리와도 환상적인 조합을 이룬다.

| 자두 소스 | 체리 | 카르다몸 | 무화과 페이스트 | 흑연 |

| 레드
잔 | 실온
16~20°C | 디캔팅
30분 | | 가격대
~$10 | 저장
3~7년 |

재배 지역

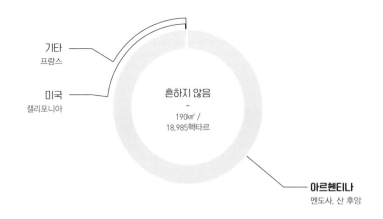

기타
프랑스

미국
캘리포니아

흔하지 않음
-
190㎢ /
18,985헥타르

아르헨티나
멘도사, 산 후앙

추천 품종

🍷 메를로   🍷 시라   🍷 돌체토   🍷 프티트 시라

보르도 블렌드(레드) *Bordeaux Blend(Red)*

◀) "보르-도"   💬 메리타주Meritage, 카베르네 메를로Cabernet-Merlot

	SP	LW	FW	AW	RS	LR	MR	FR	DS

🍷 카베르네 소비뇽과 메를로 위주로 혼합된 레드 와인이다. 프랑스의 보르도가 원산지인 품종 몇 가지가 블렌드에 들어갈 수 있다.

🍴 보르도 블렌드는 타닌 덕분에 스테이크 등 붉은 살코기와 매우 잘 어울린다. 양념은 소금과 후추 정도로 단순하게 한다.

블랙커런트	블랙체리	흑연	초콜릿	마른 허브

아주 큰 잔	실온 16~20°C	디캔팅 60+분	가격대 ~$25	저장 5~25년

블렌드에 포함되는 품종

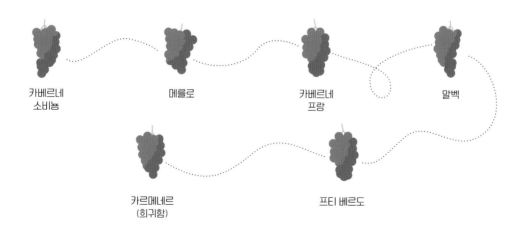

카베르네 소비뇽   메를로   카베르네 프랑   말벡

카르메네르 (희귀함)   프티 베르도

추천 품종

🍷 카베르네 소비뇽   🍷 메를로   🍷 카베르네 프랑   🍷 말벡   🍷 프티 베르도

보르도 블렌드
(레드)

추가 시음 노트

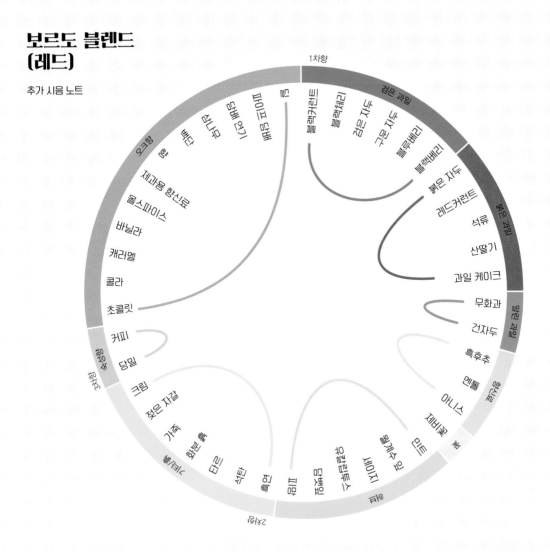

프랑스 보르도

보르도의 여름은 덥지만, 더위가 일찍 끝나버릴 때가 많다. 가을에는 기온이 떨어지기 때문에 와인의 과일 풍미가 절제되고 산도가 유지된다. 또한, 와인에서 허브 향도 난다. 메독과 그라브는 토양에 자갈과 점토 성분이 많아서 와인에서 타닌이 강하게 나타나고, 리부르네는 점토질 토양의 영향으로 와인에 과일 향이 두드러진다.

▶ 블랙커런트
▶ 아니스
▶ 담뱃잎
▶ 자두 소스
▶ 제과용 향신료

웨스턴오스트레일리아

호주 최고의 보르도 블렌드가 생산되는 서부 지역은 인도양에서 부는 서늘한 바람의 영향을 받는다. 그런 이유로 와인에서 우아한 붉은 과일 풍미가 나타난다. 한편, 세이지와 월계수 잎 향기를 이 지역 와인의 특징이라고 말하는데, 화강암이 풍화되어 생긴 자갈과 점토 토양에서 비롯되었다고 한다.

▶ 레드커런트
▶ 블랙체리
▶ 세이지
▶ 커피
▶ 월계수 잎

토스카나 볼게리

"수퍼 투스칸"이라는 명칭으로 잘 알려진 토스카나의 블렌드는 메를로와 카베르네 계열 위주이지만 산지오베제가 혼합될 때도 있다. 보르도 블렌드로 유명한 볼게리 지역에서 최고의 와인은 자갈이 많고 점토질로 된 비옥한 갈색 토양에서 생산되는데, 과일 향이 두드러지면서 오래된 가죽 냄새가 난다.

▶ 블랙체리
▶ 블랙베리
▶ 백단
▶ 가죽
▶ 아니스

브라케토 *Brachetto*

🔊 "브라–케–토" 💬 브라케토 다퀴Brachetto d'Acqui

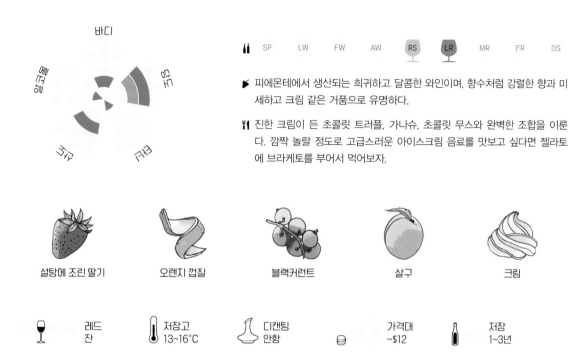

바디

알코올
향수

크림
과일

	SP	LW	FW	AW	RS	LR	MR	FR	DS

🍷 피에몬테에서 생산되는 희귀하고 달콤한 와인이며, 향수처럼 강렬한 향과 미세하고 크림 같은 거품으로 유명하다.

🍴 진한 크림이 든 초콜릿 트러플, 가나슈, 초콜릿 무스와 완벽한 조합을 이룬다. 깜짝 놀랄 정도로 고급스러운 아이스크림 음료를 맛보고 싶다면 젤라토에 브라케토를 부어서 먹어보자.

설탕에 조린 딸기	오렌지 껍질	블랙커런트	살구	크림

🍷 레드 잔	🌡️ 저장고 13~16°C	디캔팅 안함	가격대 ~$12	저장 1~3년

재배 지역

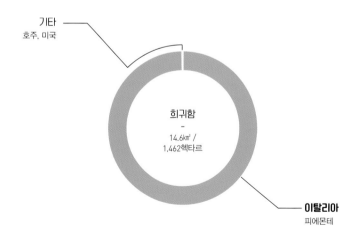

기타
호주, 미국

희귀함
–
14.6㎢ /
1,462헥타르

이탈리아
피에몬테

추천 품종

🍷 람브루스코   🍷 블랙 머스캣   🍷 프레이사 (이탈리아)   🍷 콩코드

카베르네 프랑 *Cabernet Franc*

◀) "카-베르-네 프-랑" 💬 브레통Breton, 쉬농Chinon, 부르게이으Bourgueil

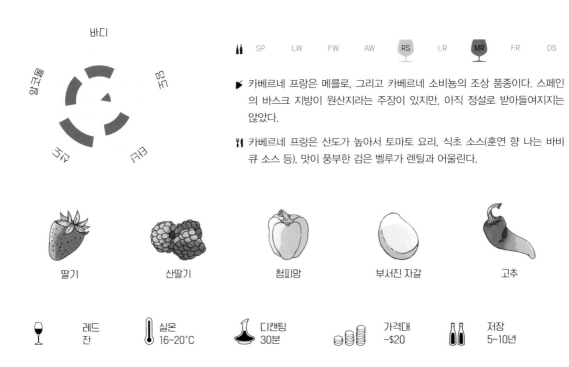

| | SP | LW | FW | AW | RS | LR | MR | FR | DS |

🍷 카베르네 프랑은 메를로, 그리고 카베르네 소비뇽의 조상 품종이다. 스페인의 바스크 지방이 원산지라는 주장이 있지만, 아직 정설로 받아들여지지는 않았다.

🍴 카베르네 프랑은 산도가 높아서 토마토 요리, 식초 소스(훈연 향 나는 바비큐 소스 등), 맛이 풍부한 검은 벨루가 렌틸과 어울린다.

바디

예리함

탄닌

산도

알코올

| 딸기 | 산딸기 | 청피망 | 부서진 자갈 | 고추 |

| 레드 잔 | 실온 16~20°C | 디캔팅 30분 | 가격대 ~$20 | 저장 5~10년 |

재배 지역

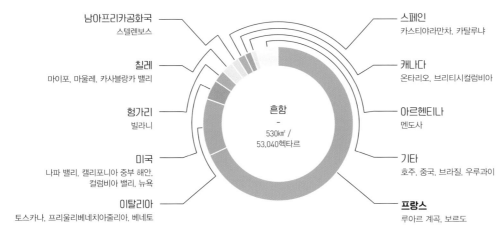

남아프리카공화국
스텔렌보스

칠레
마이포, 마울레, 카사블랑카 밸리

헝가리
빌라니

미국
나파 밸리, 캘리포니아 중부 해안,
컬럼비아 밸리, 뉴욕

이탈리아
토스카나, 프리울리베네치아줄리아, 베네토

스페인
카스티야라만차, 카탈루냐

캐나다
온타리오, 브리티시컬럼비아

아르헨티나
멘도사

기타
호주, 중국, 브라질, 우루과이

프랑스
루아르 계곡, 보르도

흔함
-
530㎢ /
53,040헥타르

추천 품종

🍷 카르메네르   🍷 산지오베제   🍷 템프라니요   🍷 진판델   🍷 카스텔라웅

카베르네 프랑

추가 시음 노트

1차향
검은 과일
블랙베리
블랙커런트
블루베리
까막까치밥

감초
커피
달콤한 담배
바닐라
오크

3차향

코코아
타르
오래된 가죽
토분
마른 잎
젖은 자갈
러비지

기타/흙

2차향

붉은 과일
기타
산딸기
앵두
붉은 자두
레드커런트
딸기잼
용과
말린 오디

향신료/허브

고춧가루
흑후추
홍제 피포리카 가루
감초
피망
민트
유칼립투스
호랑잎가시나무
월계수
깍지콩

프랑스 쉬농

루아르 계곡에서는 카베르네 프랑만으로 만든 개성 있는 와인을 생산하는데, 루아르 중부와 인근 지역(쉬농, 부르게이으, 앙주 등)의 와인이 유명하다. 서늘한 기후의 영향으로 색이 옅고, 무겁지 않으면서 산도가 높고 허브 풍미가 두드러지는 와인이 생산된다.

▶ 홍피망
▶ 고춧가루
▶ 산딸기 소스
▶ 젖은 자갈
▶ 마른 허브

이탈리아 토스카나

따뜻한 기후에 속하는 토스카나에서는 카베르네 프랑에서 진한 과일 풍미가 난다. 이 지역의 붉은 점토 토양은 타닌을 강하게 해주는 편이다. 카베르네 프랑은 이탈리아의 토착 품종이 아니기 때문에 와인은 IGP 등급(p.253 참고)으로 분류되며, 라벨에는 품종명 또는 지어낸 와인 이름이 기재된다.

▶ 체리
▶ 가죽
▶ 딸기
▶ 감초
▶ 커피

캘리포니아 시에라 풋힐스

셰난도아 밸리Shenandoah Valley, 엘 도라도El Dorado, 페어 플레이Fair Play, 피들타운Fiddletown 지방은 따뜻하고 안정적인 기후를 갖는다. 그 영향으로 잘 익어 달콤하면서 산도가 낮은 포도가 생산된다. 와인은 대체로 과일 풍미가 두드러지고 잼처럼 진하면서 알코올이 높고, 마른 잎 향이 살짝 난다.

▶ 말린 딸기
▶ 산딸기
▶ 담뱃잎
▶ 삼나무
▶ 바닐라

카베르네 소비뇽 *Cabernet Sauvignon*

🔊 "카-베르-네 소-비-뇽"

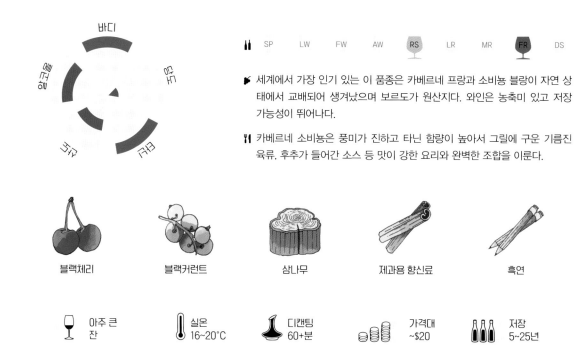

| 🍷🍷 | SP | LW | FW | AW | RS | LR | MR | FR | DS |

🍃 세계에서 가장 인기 있는 이 품종은 카베르네 프랑과 소비뇽 블랑이 자연 상태에서 교배되어 생겨났으며 보르도가 원산지다. 와인은 농축미 있고 저장 가능성이 뛰어나다.

🍴 카베르네 소비뇽은 풍미가 진하고 타닌 함량이 높아서 그릴에 구운 기름진 육류, 후추가 들어간 소스 등 맛이 강한 요리와 완벽한 조합을 이룬다.

| 블랙체리 | 블랙커런트 | 삼나무 | 제과용 향신료 | 흑연 |

| 🍷 아주 큰 잔 | 🌡️ 실온 16~20°C | 디캔팅 60+분 | 가격대 ~$20 | 저장 5~25년 |

재배 지역

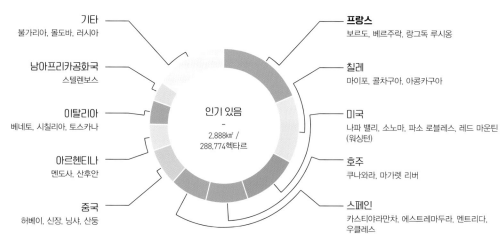

기타
불가리아, 몰도바, 러시아

남아프리카공화국
스텔렌보스

이탈리아
베네토, 시칠리아, 토스카나

아르헨티나
멘도사, 산후안

중국
허베이, 신장, 닝샤, 산둥

프랑스
보르도, 베르주락, 랑그독 루시옹

칠레
마이포, 콜차구아, 아콩카구아

미국
나파 밸리, 소노마, 파소 로블레스, 레드 마운틴 (워싱턴)

호주
쿠나와라, 마가렛 리버

스페인
카스티야라만차, 에스트레마두라, 멘트리다, 우클레스

인기 있음
-
2,888km² /
288,774헥타르

추천 품종

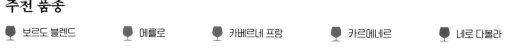

🍷 보르도 블렌드   🍷 메를로   🍷 카베르네 프랑   🍷 카르메네르   🍷 네로 다볼라

카베르네
소비뇽

추가 시음 노트

1차향

검은 과일
붉은 과일
말린 과일
향신료
꽃
채소
숙성
오크

블랙커런트
블루베리
블랙베리 잼
카시스(블랙커런트)
검은 자두
블랙베리
베리 잼
레드커런트
체리
산딸기
크랜베리
건자두
무화과
흑후추
아니스
박하
제비꽃
장미
민트
유칼립투스
녹색 후추
피망
할라피뇨
아스파라거스
그린올리브
연필심
흑연
크레오소트
젖은 자갈
연기
숯
점토 먼지
가죽
당밀
파이프 담배
삼나무
커피
모카
코코아 닙스
제과용 향신료
너트맥(육두구)
토피
바닐라

1차향
2차향
3차향

칠레

아콩카구아, 마이포, 카차포알, 콜차구아 밸리에서는 뛰어난 품질의 카베르네 소비뇽이 생산된다. 특히 마이포에는 태평양으로부터 서늘한 바람이 불어와서 이상적인 지중해성 기후가 나타나고, 그 덕분에 칠레 전체에서 가장 풀 바디인 카베르네 소비뇽이 난다. 알토 마이포는 카베르네 소비뇽 명산지로 알려진 소구역이다.

▶ 블랙베리
▶ 블랙체리
▶ 무화과 페이스트
▶ 제과용 향신료
▶ 녹색 후추

캘리포니아 나파 밸리

나파 밸리의 가장 큰 특징인 화산 토양은 와인에서 먼지 냄새와 미네랄 향으로 표현된다. 계곡 바닥에서 생산되는 와인은 블랙체리 풍미와 고급스러운 타닌이 풍부하다. 한편 산비탈에서 생산되는 와인은 산도가 더 높으며 블랙베리 향과 투박한 타닌이 나타난다.

▶ 블랙커런트
▶ 연필심
▶ 담배
▶ 블랙베리
▶ 민트

사우스오스트레일리아

호주 남부의 쿠나와라 지역은 기후가 따뜻하고 산화철 함량이 높은 붉은 점토질 토양(일명 "테라 로사")이 특징이다. 카베르네 소비뇽은 강건하고 과일 향이 풍부하면서도 균형이 잘 잡혀 있고, 타닌이 높으면서 백후추와 월계수 잎 등 소박한 향이 난다.

▶ 검은 자두
▶ 백후추
▶ 커런트 사탕
▶ 초콜릿
▶ 월계수 잎

카리냥 *Carignan*

🔊 "까-리-냥" 💬 마수엘로Mazuelo, 삼소Samsó, 카리냐노Carignano

바디

산도 | 타닌 | 알코올 | 무거움

SP　LW　FW　AW　**RS**　LR　**MR**　FR　DS

🏷 생산량이 많고 가뭄에 강한 이 품종이 예전에는 인기가 없었다. 하지만 요즘 들어 일부 생산자들이 오래된 포도밭에서 수확한 포도로 뛰어난 와인을 생산하면서 재조명되고 있다.

🍴 카리냥은 계피로 양념한 요리, 베리로 만든 소스, 훈제 육류와 잘 어울린다. 따라서 추수감사절이나 성탄절 음식과 환상적인 조합을 이룬다.

말린 크랜베리　　산딸기　　담뱃잎　　제과용 향신료　　훈제 육류

🍷 레드 잔　　🌡 실온 16~20°C　　🍶 디캔팅 30분　　🪙 가격대 ~$15　　🍾 저장 5~10년

재배 지역

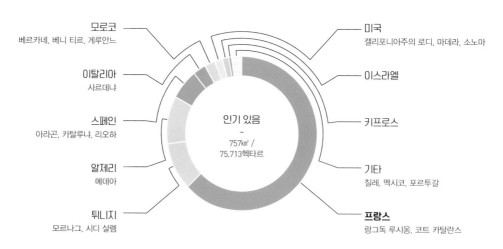

모로코
베르카네, 베니 티르, 게루안느

이탈리아
사르데냐

스페인
아라곤, 카탈루냐, 리오하

알제리
메데아

튀니지
모르나그, 시디 살렘

인기 있음
-
757km² /
75,713헥타르

미국
캘리포니아주의 로디, 마데라, 소노마

이스라엘

키프로스

기타
칠레, 멕시코, 포르투갈

프랑스
랑그독 루시옹, 코트 카탈란스

추천 품종

🍷 그르나슈　　🍷 산지오베제　　🍷 GSM/론 블렌드　　🍷 카스텔라웅　　🍷 진판델

카르메네르 *Carménère*

◀) "카르-메-네르" 💬 그랑드 비뒤르Grande Vidure, 카베르네 게르니슈트Cabernet Gernischt

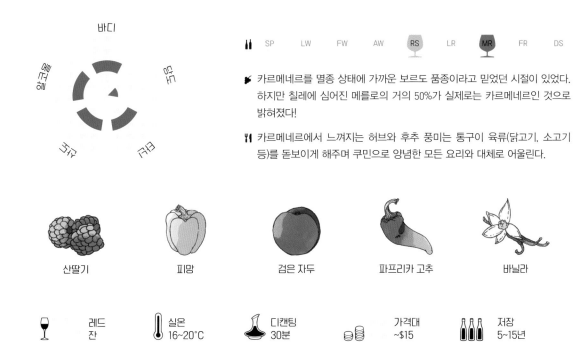

바디

향료
타닌
당분
산도

| SP | LW | FW | AW | **RS** | LR | **MR** | FR | DS |

🗡 카르메네르를 멸종 상태에 가까운 보르도 품종이라고 믿었던 시절이 있었다. 하지만 칠레에 심어진 메를로의 거의 50%가 실제로는 카르메네르인 것으로 밝혀졌다!

🍴 카르메네르에서 느껴지는 허브와 후추 풍미는 통구이 육류(닭고기, 소고기 등)를 돋보이게 해주며 쿠민으로 양념한 모든 요리와 대체로 어울린다.

산딸기 피망 검은 자두 파프리카 고추 바닐라

레드 잔

실온 16~20°C

디캔팅 30분

가격대 ~$15

저장 5~15년

재배 지역

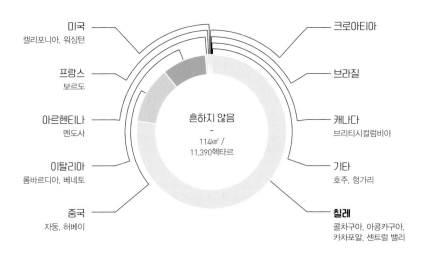

미국
캘리포니아, 워싱턴

프랑스
보르도

아르헨티나
멘도사

이탈리아
롬바르디아, 베네토

중국
자둥, 허베이

흔하지 않음
-
114km² /
11,390헥타르

크로아티아

브라질

캐나다
브리티시컬럼비아

기타
호주, 헝가리

칠레
콜차구아, 아콩카구아,
카차포알, 센트럴 밸리

추천 품종

 카베르네 프랑 🍷 카베르네 소비뇽 🍷 온다리비 벨차(스페인) 🍷 보르도 블렌드 🍷 메를로

카스텔라웅 *Castelão*

🔊 "카스–텔–라웅"   💬 페리키타Periquita

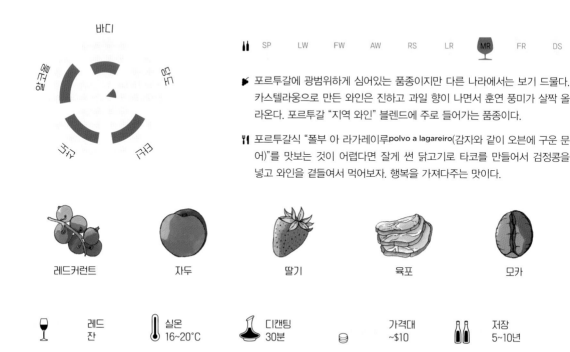

바디

| SP | LW | FW | AW | RS | LR | **MR** | FR | DS |

🍷 포르투갈에 광범위하게 심어있는 품종이지만 다른 나라에서는 보기 드물다. 카스텔라웅으로 만든 와인은 진하고 과일 향이 나면서 훈연 풍미가 살짝 올라온다. 포르투갈 "지역 와인" 블렌드에 주로 들어가는 품종이다.

🍴 포르투갈식 "폴부 아 라가레이루polvo a lagareiro(감자와 같이 오븐에 구운 문어)"를 맛보는 것이 어렵다면 잘게 썬 닭고기로 타코를 만들어서 검정콩을 넣고 와인을 곁들여서 먹어보자. 행복을 가져다주는 맛이다.

| 레드커런트 | 자두 | 딸기 | 육포 | 모카 |

| 레드 잔 | 실온 16~20°C | 디캔팅 30분 | | 가격대 ~$10 | 저장 5~10년 |

재배 지역

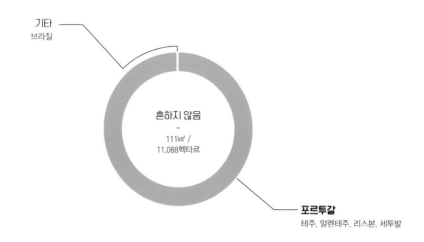

기타
브라질

흔하지 않음
~
111㎢ /
11,088헥타르

포르투갈
테주, 알렌테주, 리스본, 세투발

추천 품종

🍷 카리냥   🍷 진판델   🍷 그르나슈   🍷 생소

카바 *Cava*

◀) "카-바"

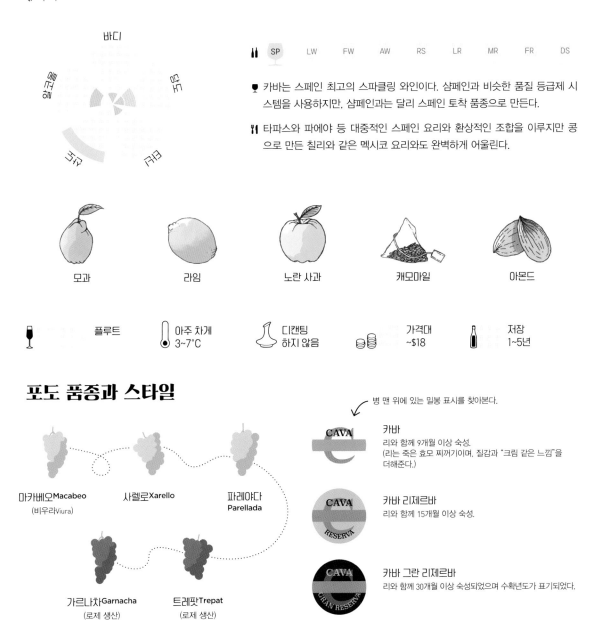

바디

예리함 염도

당도 거품

	SP	LW	FW	AW	RS	LR	MR	FR	DS

🍷 카바는 스페인 최고의 스파클링 와인이다. 샴페인과 비슷한 품질 등급제 시스템을 사용하지만, 샴페인과는 달리 스페인 토착 품종으로 만든다.

🍴 타파스와 파에야 등 대중적인 스페인 요리와 환상적인 조합을 이루지만 콩으로 만든 칠리와 같은 멕시코 요리와도 완벽하게 어울린다.

모과   라임   노란 사과   캐모마일   아몬드

플루트   아주 차게 3~7°C   디캔팅 하지 않음   가격대 ~$18   저장 1~5년

포도 품종과 스타일

병 맨 위에 있는 밀봉 표시를 찾아본다.

마카베오Macabeo
(비우라Viura)

사렐로Xarello

파레야다
Parellada

가르나차Garnacha
(로제 생산)

트레팟Trepat
(로제 생산)

CAVA

카바
리와 함께 9개월 이상 숙성.
(리는 죽은 효모 찌꺼기이며, 질감과 "크림 같은 느낌"을 더해준다.)

CAVA RESERVA

카바 리제르바
리와 함께 15개월 이상 숙성.

CAVA GRAN RESERVA

카바 그란 리제르바
리와 함께 30개월 이상 숙성되었으며 수확년도가 표기되었다.

추천 품종

크레망   샴페인   젝트 (오스트리아와 독일)   메토도 클라시코   캅 클라시크 (남아프리카공화국)

샴페인 *Champagne*

"샴-페인"

바디

묵직함

옅음

가벼움

무거움

| SP | LW | FW | AW | RS | LR | MR | FR | DS |

🍷 스파클링 와인의 상징인 샴페인은 샤르도네, 피노 누아, 피노 므니에로 만든다. 최상급은 3년 이상 숙성시킨다.

🍴 짜거나 튀긴 음식은 신기할 정도로 샴페인과 잘 어울린다. 샴페인을 식전주로만 마셔야 하는 것은 아니다. 메인 코스와도 조합해보자!

| 감귤류 | 노란 사과 | 크림 | 아몬드 | 토스트 |

🥂 플루트

🌡 아주 차게 3~7℃

디캔팅 하지 않음

가격대 ~$52

저장 5~20년

재배 지역

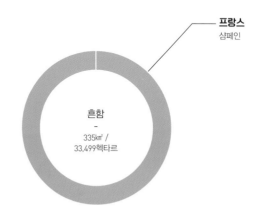

프랑스
샴페인

흔함
-
335㎢ /
33,499헥타르

추천 품종

🥂 크레망   🥂 카바   🥂 메토도 클라시코   🥂 젝트
(오스트리아와 독일)   🥂 캅 클라시크
(남아프리카공화국)

샴페인

추가 시음 노트

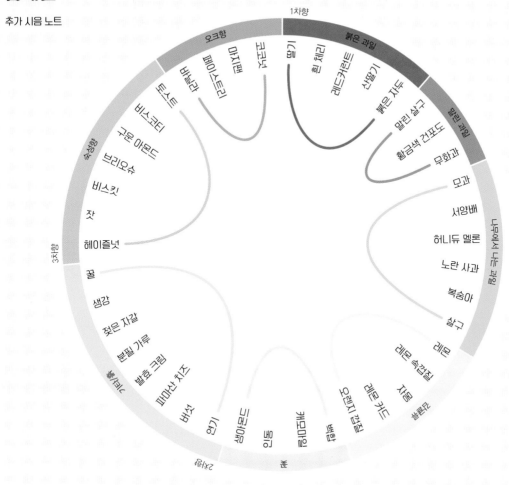

몽타뉴 드 랭스

햇빛이 잘 드는 랭스 언덕에서는 피노 누아와 피노 므니에가 잘 익는다. 블렌드에 적포도가 더 많이 들어간 스파클링 와인은 진하고 과일 향이 강한 편이다. 최고급 샴페인 하우스들은 주로 이곳 그랑 크뤼 포도밭 10군데에서 수확한 최상급 포도를 공급받는다.

► 흰 체리
► 황금색 건포도
► 레몬 껍질
► 파마산 치즈
► 브리오슈

코트 데 블랑

백악질 토양으로 덮인 동향의 언덕이며, 단일 품종으로 만든 샴페인 블랑 드 블랑으로 유명하다. 이 지역 포도밭에는 샤르도네가 98% 심어져 있고 그랑 크뤼 밭이 6개가 있다. 코트 데 블랑이 샴페인을 가장 순수하게 표현하는 생산지라고 생각하는 사람들도 많다.

► 노란 사과
► 레몬 커드
► 인동
► 발효 크림
► 마지팬

발레 드 라 마른

마른 강변 계곡에는 그랑 크뤼 밭이 하나밖에 없다. 아이Aÿ라는 이 밭은 에페르네 시 외곽에 면해 있고 피노 누아보다 쉽게 익는 피노 므니에를 집중적으로 생산한다. 풍부하고 유질감 있고, 연기와 버섯 향이 나는 스파클링 와인이 된다.

► 노란 자두
► 모과
► 발효 크림
► 버섯
► 연기

샤르도네 *Chardonnay*

◀) "샤르-도-네" 💬 샤블리Chablis, 모리용Morillion, 부르고뉴 블랑Bourgogne Blanc

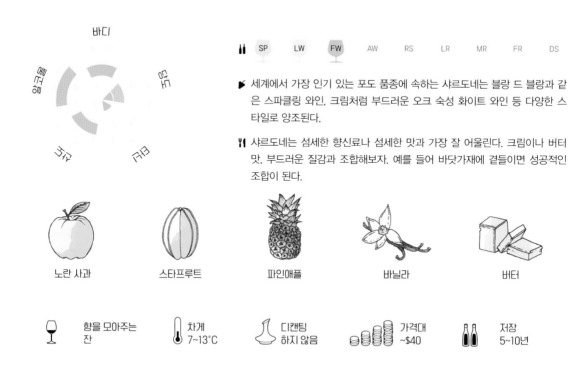

바디

SP LW **FW** AW RS LR MR FR DS

🏷 세계에서 가장 인기 있는 포도 품종에 속하는 샤르도네는 블랑 드 블랑과 같은 스파클링 와인, 크림처럼 부드러운 오크 숙성 화이트 와인 등 다양한 스타일로 양조된다.

🍴 샤르도네는 섬세한 향신료나 섬세한 맛과 가장 잘 어울린다. 크림이나 버터 맛, 부드러운 질감과 조합해보자. 예를 들어 바닷가재에 곁들이면 성공적인 조합이 된다.

노란 사과 스타프루트 파인애플 바닐라 버터

향을 모아주는 잔
차게 7~13°C
디캔팅 하지 않음
가격대 ~$40
저장 5~10년

재배 지역

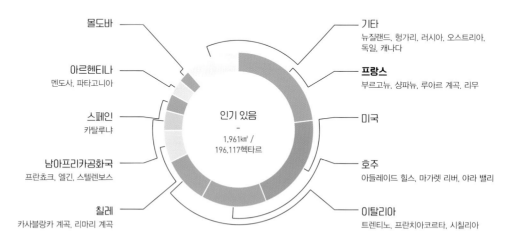

몰도바

아르헨티나
멘도사, 파타고니아

스페인
카탈루냐

남아프리카공화국
프란쇼크, 엘긴, 스텔렌보스

칠레
카사블랑카 계곡, 리마리 계곡

인기 있음
-
1,961㎢ /
196,117헥타르

기타
뉴질랜드, 헝가리, 러시아, 오스트리아, 독일, 캐나다

프랑스
부르고뉴, 샹파뉴, 루아르 계곡, 리무

미국

호주
아들레이드 힐스, 마가렛 리버, 야라 밸리

이탈리아
트렌티노, 프란치아코르타, 시칠리아

추천 품종

마르산 루산 비오니에 샤바티아노 트레비아노 토스카노

샤르도네

추가 시음 노트

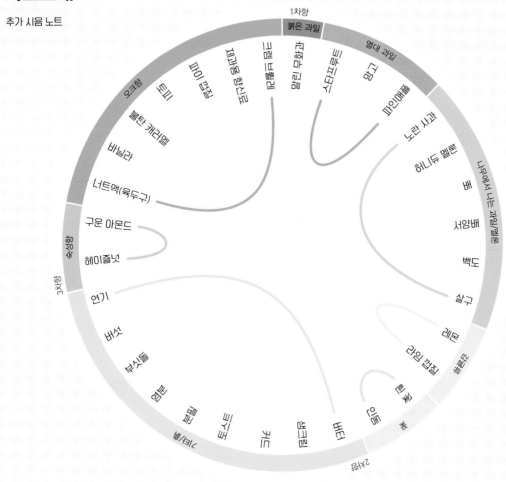

프랑스 샤블리

부르고뉴에서는 오크를 사용해서 향이 풍부한 스타일의 샤르도네를 주로 생산하는 반면, 샤블리에서는 대체로 가볍고 산도가 높으면서 오크를 사용하지 않은 스타일로 만든다. 깔끔하고 미네랄 향이 강한 샤블리 와인의 질감은 이 지역의 흰색 백악질 토양에서 비롯되는 것으로 알려져 있다.

▶ 모과
▶ 스타프루트
▶ 라임 껍질
▶ 흰 꽃
▶ 분필

캘리포니아 산타 바바라

산타 리타 힐스와 산타 마리아 지역은 상당히 서늘하고, 그 덕분에 고품질 샤르도네 생산이 가능하다. 잘 익은 사과와 열대 과일 풍미가 올라오는 농익은 스타일이다. 오크 숙성과 유산 발효 기법 사용으로 와인에서는 버터와 크림 같은 질감이 느껴지며 너트맥(육두구)과 제과용 향신료의 풍미도 나타난다.

▶ 노란 사과
▶ 파인애플
▶ 레몬 제스트
▶ 파이 껍질
▶ 너트맥(육두구)

웨스턴오스트레일리아

마가렛 리버 지역의 화강암 토양에서는 우아하고 향이 풍부한 샤르도네가 생산된다. 기후가 상당히 따뜻해서 잘 익은 과일 향도 나타난다. 오크 숙성한 와인 소량을 오크를 사용하지 않은 와인에 섞음으로써 과일 풍미와 크림 같은 질감의 환상적인 조화를 추구하는 생산자들도 있다.

▶ 백도
▶ 탕헤르 오렌지
▶ 인동
▶ 바닐라
▶ 레몬 커드

슈냉 블랑 *Chenin Blanc*

🔊 "슈–냉 블랑" 💬 스틴Steen, 피노 드 라 루아르Pineau de la Loire

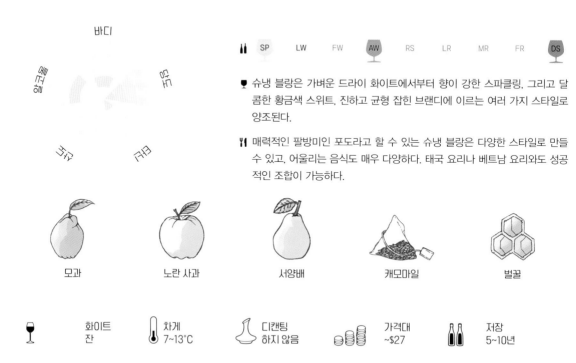

바디

| SP | LW | FW | AW | RS | LR | MR | FR | DS |

🍷 슈냉 블랑은 가벼운 드라이 화이트에서부터 향이 강한 스파클링, 그리고 달콤한 황금색 스위트, 진하고 균형 잡힌 브랜디에 이르는 여러 가지 스타일로 양조된다.

🍴 매력적인 팔방미인 포도라고 할 수 있는 슈냉 블랑은 다양한 스타일로 만들 수 있고, 어울리는 음식도 매우 다양하다. 태국 요리나 베트남 요리와도 성공적인 조합이 가능하다.

모과   노란 사과   서양배   캐모마일   벌꿀

화이트 잔 | 차게 7~13°C | 디캔팅 하지 않음 | 가격대 ~$27 | 저장 5~10년

재배 지역

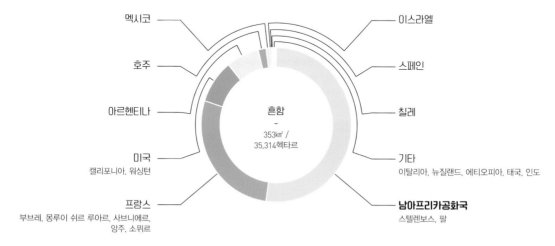

멕시코

호주

아르헨티나

미국
캘리포니아, 워싱턴

프랑스
부브레, 몽루이 쉬르 루아르, 사브니에르,
앙주, 소뮈르

이스라엘

스페인

칠레

기타
이탈리아, 뉴질랜드, 에티오피아, 태국, 인도

남아프리카공화국
스텔렌보스, 팔

흔함
-
353㎢ /
35,314헥타르

추천 품종

가르가네가   그레케토   🍷 샤르도네   🍷 말라구시아(그리스)

98

슈냉 블랑

추가 시음 노트

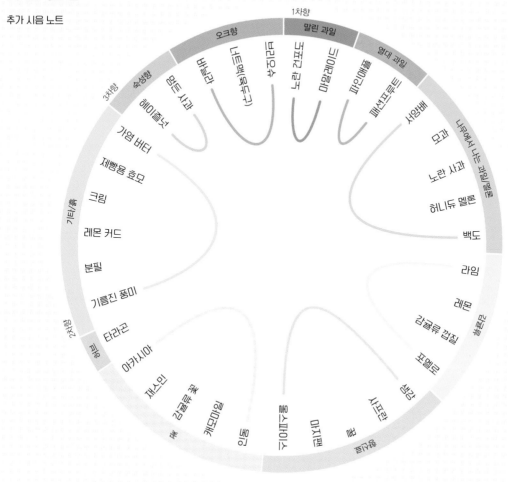

1차향
- 말린 과일
- 오크향
- 버터
- 너트맥(육두구)
- 부싯돌
- 구운 견과
- 캐러멜
- 파인애플
- 패션프루트
- 열대 과일
- 서양배
- 모과
- 노란 사과
- 허니듀 멜론
- 백도
- 라임
- 레몬
- 감귤류 껍질
- 포멜로
- 생강
- 나무에서 나는 과일/열매
- 불룬류
- 용과꽃류
- 사프란
- 꿀
- 미지판
- 기억프스통
- 인동
- 캐머마일
- 검귤류 꽃
- 재스민
- 꽃
- 아카시아
- 타라곤
- 기름진 풍미
- 분필
- 레몬 커드
- 크림
- 제빵용 효모
- 가염 버터
- 헤이즐넛
- 몰드 사과
- 숙성향
- 기타/흙
- 3차향
- 2차향
- 피망

진한 오프 드라이 스타일

슈냉 블랑을 집중적으로 재배하는 산지에서는 지역마다 각각 다른 스타일로 와인을 만든다. 가장 잘 익은 포도로 가장 진한 스타일을 만드는데, 강하고 달콤한 과일 향과 기름진 맛이 난다. 남아프리카공화국의 팔 등에서는 와인을 오크 숙성해서 올 스파이스 향이 살짝 올라오도록 만들기도 한다.

▶ 배
▶ 노란 사과
▶ 인동
▶ 오렌지꽃
▶ 올스파이스

가벼운 드라이 스타일

가볍고 드라이한 스타일은 약간 덜 익은 포도로 만들며, 루아르 계곡의 부브레처럼 서늘한 기후를 보이는 지역에서 흔하다. 또한, 남아프리카공화국의 저가 슈냉 블랑도 보통 이런 스타일이다. 와인에서는 새콤한 과일 향이 주로 나면서 산도가 높고 풀 향기가 살짝 올라온다.

▶ 모과
▶ 서양배
▶ 포멜로
▶ 생강
▶ 타라곤

스파클링 와인

슈냉 블랑으로 만드는 스파클링 와인은 주로 브륏(드라이) 또는 드미 섹(과일 향이 강한 오프 드라이)이다. 남아프리카공화국의 캅 클라시크, 루아르 부브레의 단일 품종 슈냉 블랑 스파클링 와인을 맛보는 것을 추천한다.

▶ 허니듀 멜론
▶ 레몬
▶ 재스민
▶ 레몬 커드
▶ 크림

생소 *Cinsault*

◀) "생–소"   🗨 생소Cinsaut

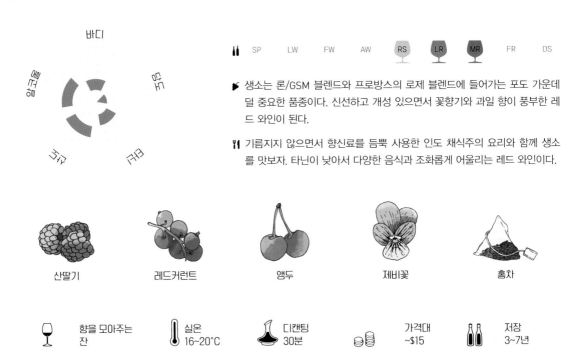

바디

SP   LW   FW   AW   RS   LR   MR   FR   DS

🗡 생소는 론/GSM 블렌드와 프로방스의 로제 블렌드에 들어가는 포도 가운데 덜 중요한 품종이다. 신선하고 개성 있으면서 꽃향기와 과일 향이 풍부한 레드 와인이 된다.

🍴 기름지지 않으면서 향신료를 듬뿍 사용한 인도 채식주의 요리와 함께 생소를 맛보자. 타닌이 낮아서 다양한 음식과 조화롭게 어울리는 레드 와인이다.

| 산딸기 | 레드커런트 | 앵두 | 제비꽃 | 홍차 |

| 향을 모아주는 잔 | 실온 16~20°C | 디캔팅 30분 | 가격대 ~$15 | 저장 3~7년 |

재배 지역

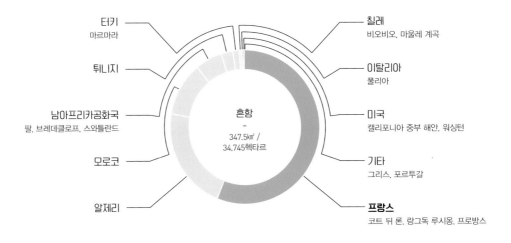

터키
마르마라

튀니지

남아프리카공화국
팔, 브레데클로프, 스와틀란드

모로코

알제리

흔함
-
347.5km² /
34,745헥타르

칠레
비오비오, 마울레 계곡

이탈리아
풀리아

미국
캘리포니아 중부 해안, 워싱턴

기타
그리스, 포르투갈

프랑스
코트 뒤 론, 랑그독 루시옹, 프로방스

추천 품종

🍷 피노 누아   🍷 츠바이겔트   🍷 가메   🍷 카르텔라웅

콜롱바르 *Colombard*

◀) "콜—롱—바르" 💬 콜롱바르Colombar

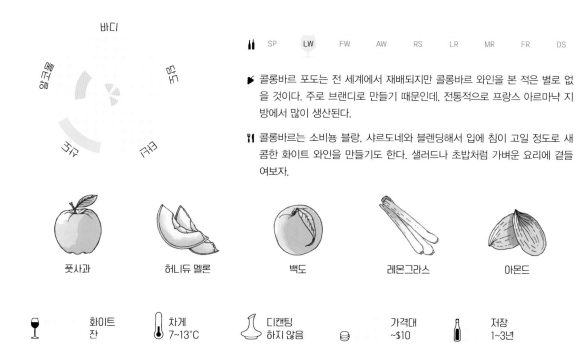

바디

향료 허브

과일

꽃 흙

| | SP | **LW** | FW | AW | RS | LR | MR | FR | DS |

✍ 콜롱바르 포도는 전 세계에서 재배되지만 콜롱바르 와인을 본 적은 별로 없을 것이다. 주로 브랜디로 만들기 때문인데, 전통적으로 프랑스 아르마냑 지방에서 많이 생산된다.

🍴 콜롱바르는 소비뇽 블랑, 샤르도네와 블렌딩해서 입에 침이 고일 정도로 새콤한 화이트 와인을 만들기도 한다. 샐러드나 초밥처럼 가벼운 요리에 곁들여보자.

| 풋사과 | 허니듀 멜론 | 백도 | 레몬그라스 | 아몬드 |

| 화이트 잔 | 차게 7~13℃ | 디캔팅 하지 않음 | 가격대 ~$10 | 저장 1~3년 |

재배 지역

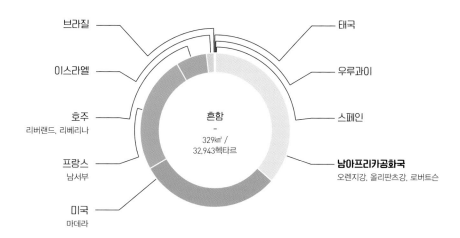

브라질

이스라엘

호주
리버랜드, 리베리나

프랑스
남서부

미국
마데라

태국

우루과이

스페인

흔함
-
329㎢ /
32,943헥타르

남아프리카공화국
오렌지강, 올리판츠강, 로버트슨

추천 품종

🍷 소비뇽 블랑   🍷 프리울라노   🍷 픽풀

콩코드 *Concord*

◀) "콩-코드"

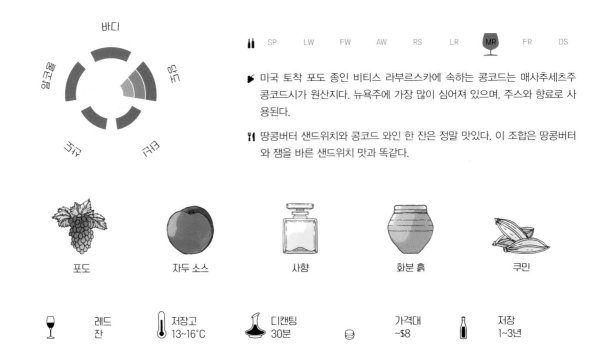

바디

알코올

도수

타닌

당도

| SP | LW | FW | AW | RS | LR | **MR** | FR | DS |

🍷 미국 토착 포도 종인 비티스 라부르스카에 속하는 콩코드는 매사추세츠주 콩코드시가 원산지다. 뉴욕주에 가장 많이 심어져 있으며, 주스와 향료로 사용된다.

🍴 땅콩버터 샌드위치와 콩코드 와인 한 잔은 정말 맛있다. 이 조합은 땅콩버터와 잼을 바른 샌드위치 맛과 똑같다.

포도   자두 소스   사향   화분 흙   쿠민

레드 잔 | 저장고 13~16℃ | 디캔팅 30분 | | 가격대 ~$8 | 저장 1~3년

재배 지역

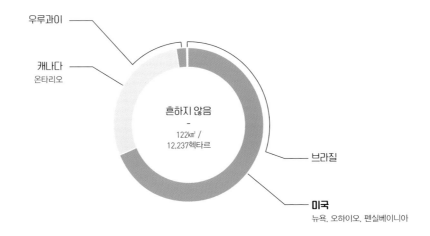

우루과이

캐나다
온타리오

흔하지 않음
-
122㎢ /
12,237헥타르

브라질

미국
뉴욕, 오하이오, 펜실베이니아

추천 품종

🍷 카토바(미국)   🍷 나이아가라(미국)   🍷 무스카딘(미국)   🍷 람부르스코

코르테제 *Cortese*

🔊 "코르-테-제" 💬 가비|Gavi

바디

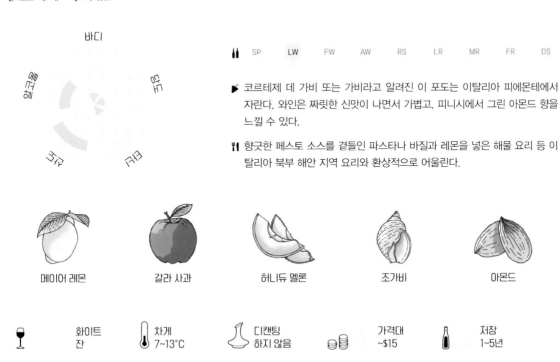

| SP | LW | FW | AW | RS | LR | MR | FR | DS |

🥂 코르테제 데 가비 또는 가비라고 알려진 이 포도는 이탈리아 피에몬테에서 자란다. 와인은 짜릿한 신맛이 나면서 가볍고, 피니시에서 그린 아몬드 향을 느낄 수 있다.

🍴 향긋한 페스토 소스를 곁들인 파스타나 바질과 레몬을 넣은 해물 요리 등 이탈리아 북부 해안 지역 요리와 환상적으로 어울린다.

| 메이어 레몬 | 갈라 사과 | 허니듀 멜론 | 조가비 | 아몬드 |

| 화이트 잔 | 차게 7~13℃ | 디캔팅 하지 않음 | 가격대 ~$15 | 저장 1~5년 |

재배 지역

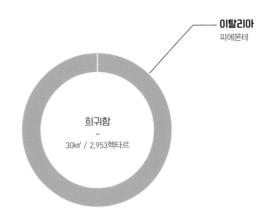

이탈리아
피에몬테

희귀함
-
30㎢ / 2,953헥타르

추천 품종

그레케토   가르가네가   아르네이스   그릴로(시칠리아)   팔랑기나

크레망 *Crémant*

◀) "크레–망"

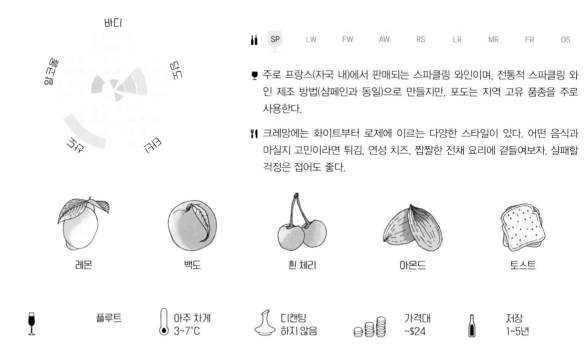

바디
여운의 길이
당도
타닌
산미

| SP | LW | FW | AW | RS | LR | MR | FR | DS |

🍷 주로 프랑스(자국 내)에서 판매되는 스파클링 와인이며, 전통적 스파클링 와인 제조 방법(샴페인과 동일)으로 만들지만, 포도는 지역 고유 품종을 주로 사용한다.

🍴 크레망에는 화이트부터 로제에 이르는 다양한 스타일이 있다. 어떤 음식과 마실지 고민이라면 튀김, 연성 치즈, 짭짤한 전채 요리에 곁들여보자. 실패할 걱정은 접어도 좋다.

| 레몬 | 백도 | 흰 체리 | 아몬드 | 토스트 |

| 플루트 | 아주 차게 3~7°C | 디캔팅 하지 않음 | 가격대 ~$24 | 저장 1~5년 |

인기 있는 스타일

크레망 달사스
피노 누아, 피노 블랑, 피노 그리, 샤르도네 등

크레망 드 리무
샤르도네, 슈냉 블랑, 모작 등

크레망 드 부르고뉴
샤르도네, 피노 누아 등

크레망 드 루아르
슈냉 블랑, 카베르네 프랑, 피노 누아

크레망 드 보르도
메를로 등

크레당 드 디
클래레트

크레망 드 사부아
자케르, 알테스, 샤슬라 등

크레망 뒤 쥐라
샤르도네, 피노 누아, 풀사르 등

추천 품종

🥂 샴페인　　🥂 카바　　🥂 젝트 (오스트리아와 독일)　　🥂 프란치아코르타　　🥂 메토도 클라시코

돌체토 *Dolcetto*

◀) "돌─체─토"

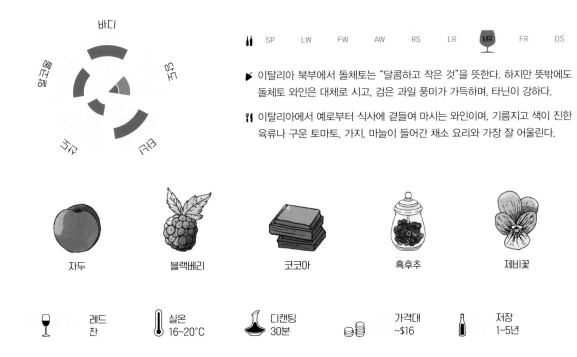

바디

향미

예리함

당도

타닌

| | SP | LW | FW | AW | RS | LR | **MR** | FR | DS |

🍖 이탈리아 북부에서 돌체토는 "달콤하고 작은 것"을 뜻한다. 하지만 뜻밖에도 돌체토 와인은 대체로 시고, 검은 과일 풍미가 가득하며, 타닌이 강하다.

🍴 이탈리아에서 예로부터 식사에 곁들여 마시는 와인이며, 기름지고 색이 진한 육류나 구운 토마토, 가지, 마늘이 들어간 채소 요리와 가장 잘 어울린다.

| 자두 | 블랙베리 | 코코아 | 흑후추 | 제비꽃 |

🍷 레드 잔 | 🌡️ 실온 16~20°C | 🍷 디캔팅 30분 | 🪙 가격대 ~$16 | 🍾 저장 1~5년

재배 지역

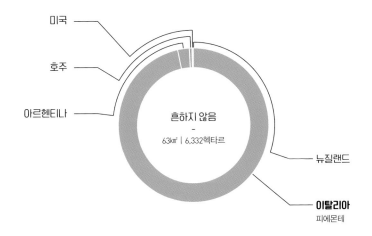

미국

호주

아르헨티나

흔하지 않음
-
63㎢ | 6,332헥타르

뉴질랜드

이탈리아
피에몬테

추천 품종

🍷 블라우프랭키쉬　　🍷 보나르다　　🍷 메를로　　🍷 몬테풀치아노　　🍷 말벡

팔랑기나 *Falanghina*

◀) "팔-랑-기-나"

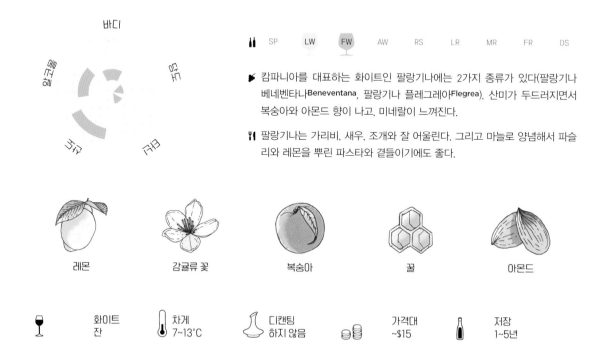

바디

SP　**LW**　**FW**　AW　RS　LR　MR　FR　DS

🍷 캄파니아를 대표하는 화이트인 팔랑기나에는 2가지 종류가 있다(팔랑기나 베네벤타나Beneventana, 팔랑기나 플레그레아Flegrea). 산미가 두드러지면서 복숭아와 아몬드 향이 나고, 미네랄이 느껴진다.

🍴 팔랑기나는 가리비, 새우, 조개와 잘 어울린다. 그리고 마늘로 양념해서 파슬리와 레몬을 뿌린 파스타와 곁들이기에도 좋다.

레몬　　감귤류 꽃　　복숭아　　꿀　　아몬드

화이트 잔　　차게 7~13℃　　디캔팅 하지 않음　　가격대 ~$15　　저장 1~5년

재배 지역

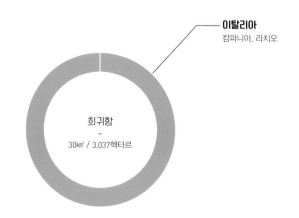

이탈리아
캄파니아, 라치오

희귀함
-
30㎢ / 3,037헥타르

추천 품종

마르산　　루산　　가르가네가　　샤르도네　　트레비아노 토스카노

페르낭 피레스 *Fernão Pires*

🔊 "페르-낭 피-레스" 💬 마리아 고메스Maria Gomes

바디

| SP | LW | FW | AW | RS | LR | MR | FR | DS |

🍃 포르투갈 최고의 청포도 페르낭 피레스는 강렬한 꽃향기가 나는 미디엄 바디 와인이 된다. 최근에는 비오니에와 혼합한 블렌드로 성공을 거두고 있다.

🍴 딜을 넣은 오이 샐러드, 정통 캘리포니아 롤, 월남쌈 등 허브 향이 나는 신선한 채소 요리와 잘 어울린다.

| 라임 | 복숭아 | 오렌지꽃 | 인동 | 정향 |

화이트 잔 · 차게 7~10°C · 디캔팅 하지 않음 · 가격대 ~$10 · 저장 1~3년

재배 지역

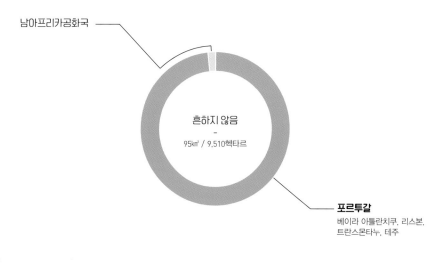

남아프리카공화국

흔하지 않음
-
95㎢ / 9,510헥타르

포르투갈
베이라 아틀란치쿠, 리스본,
트란스몬타누, 테주

추천 품종

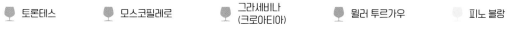

토론테스 · 모스코필레로 · 그라세비나 (크로아티아) · 뮐러 투르가우 · 피노 블랑

피아노 *Fiano*

🔊 "피-아-노" 💬 피아노 디 아벨리노Fiano di Avellino

바디

| SP | LW | FW | AW | RS | LR | MR | FR | DS |

🍷 이탈리아 남부의 청포도 품종이며 숙성 가능성이 있는 맛있는 화이트 와인이 된다. 맛이 풍부하면서 밀랍과도 같은 질감을 가졌다. 캄파니아에서 생산되는데, 피아노 디 아벨리노라는 라벨을 보고 쉽게 찾을 수 있다(그리고 놀라울 정도로 저렴하다).

🍴 피아노처럼 진하고 맛이 풍부한 화이트는 오렌지와 로즈마리를 넣은 통닭구이, 간장을 발라 구운 연어처럼 구수한 양념을 발라 구운 육류와 잘 어울린다.

| 허니듀 멜론 | 배 | 헤이즐넛 | 오렌지 껍질 | 소나무 |

 화이트
잔

 차게
7~13°C

 디캔팅
하지 않음

 가격대
~$18

 저장
5~10년

재배 지역

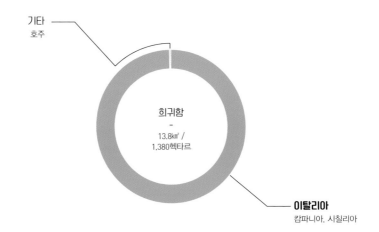

기타
호주

희귀함
–
13.8㎢ /
1,380헥타르

이탈리아
캄파니아, 시칠리아

추천 품종

 베르멘티노   르카치텔리   사바티아노   그르나슈 블랑   루산

프란치아코르타 *Franciacorta*

◀) "프란–치아–코르–타"

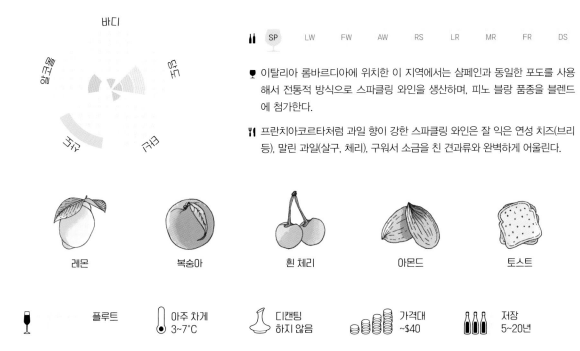

바디

향긋함

달콤함

타닌

산도

| | SP | LW | FW | AW | RS | LR | MR | FR | DS |

🍷 이탈리아 롬바르디아에 위치한 이 지역에서는 샴페인과 동일한 포도를 사용해서 전통적 방식으로 스파클링 와인을 생산하며, 피노 블랑 품종을 블렌드에 첨가한다.

🍴 프란치아코르타처럼 과일 향이 강한 스파클링 와인은 잘 익은 연성 치즈(브리 등), 말린 과일(살구, 체리), 구워서 소금을 친 견과류와 완벽하게 어울린다.

레몬   복숭아   흰 체리   아몬드   토스트

플루트 | 아주 차게 3~7°C | 디캔팅 하지 않음 | 가격대 ~$40 | 저장 5~20년

스타일

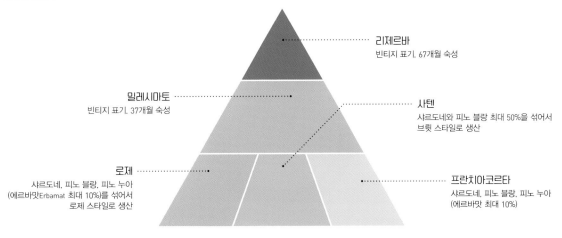

리제르바
빈티지 표기. 67개월 숙성

밀레시마토
빈티지 표기. 37개월 숙성

사텐
샤르도네와 피노 블랑 최대 50%을 섞어서 브륏 스타일로 생산

로제
샤르도네, 피노 블랑, 피노 누아 (에르바맛Erbamat 최대 10%)를 섞어서 로제 스타일로 생산

프란치아코르타
샤르도네, 피노 블랑, 피노 누아 (에르바맛 최대 10%)

추천 품종

🍷 샴페인   🍷 크레망   🍷 카바   🍷 메토도 클라시코   🍷 캅 클라시크

109

프라파토 *Frappato*

◀) "프라-파-토"

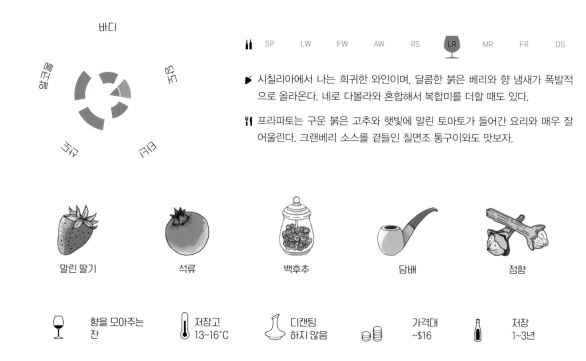

바디

향신료 / 산도 / 타닌 / 당도

SP　LW　FW　AW　RS　**LR**　MR　FR　DS

🍷 시칠리아에서 나는 희귀한 와인이며, 달콤한 붉은 베리와 향 냄새가 폭발적으로 올라온다. 네로 다볼라와 혼합해서 복합미를 더할 때도 있다.

🍴 프라파토는 구운 붉은 고추와 햇빛에 말린 토마토가 들어간 요리와 매우 잘 어울린다. 크랜베리 소스를 곁들인 칠면조 통구이와도 맛보자.

말린 딸기	석류	백후추	담배	정향

향을 모아주는 잔	저장고 13~16°C	디캔팅 하지 않음	가격대 ~$16	저장 1~3년

재배 지역

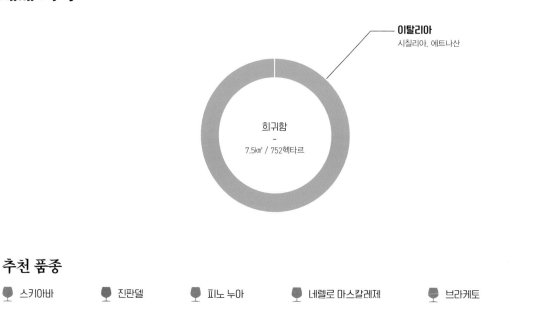

이탈리아
시칠리아, 에트나산

희귀함
–
7.5㎢ / 752헥타르

추천 품종

🍷 스키아바　🍷 진판델　🍷 피노 누아　🍷 네렐로 마스칼레제　🍷 브라케토

프리울라노 *Friulano*

🔊 "프리—을—라—노" 💬 소비뇽 베르Sauvignon Vert, 소비뇨나세Sauvignonasse

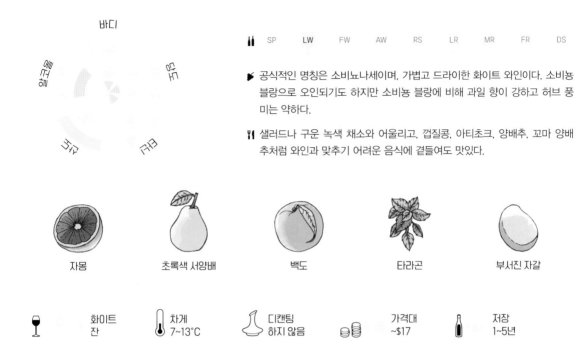

바디

가벼움 — 무거움

드라이 — 달콤

신맛 — 타닌

| | SP | **LW** | FW | AW | RS | LR | MR | FR | DS |

🍷 공식적인 명칭은 소비뇨나세이며, 가볍고 드라이한 화이트 와인이다. 소비뇽 블랑으로 오인되기도 하지만 소비뇽 블랑에 비해 과일 향이 강하고 허브 풍미는 약하다.

🍴 샐러드나 구운 녹색 채소와 어울리고, 껍질콩, 아티초크, 양배추, 꼬마 양배추처럼 와인과 맞추기 어려운 음식에 곁들여도 맛있다.

| 자몽 | 초록색 서양배 | 백도 | 타라곤 | 부서진 자갈 |

| 🍷 화이트 잔 | 🌡️ 차게 7~13℃ | 디캔팅 하지 않음 | 💰 가격대 ~$17 | 🍾 저장 1~5년 |

재배 지역

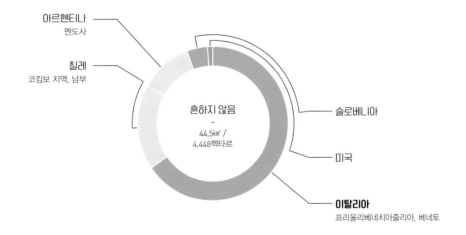

아르헨티나
멘도사

칠레
코킴보 지역, 남부

흔하지 않음
–
44.5㎢ /
4,448헥타르

슬로베니아

미국

이탈리아
프리울리베네치아줄리아, 베네토

추천 품종

소비뇽 블랑   믈롱   베르데호   알바리뇨   푸르민트

푸르민트 *Furmint*

🔊 "푸르–민트"   💬 토카이Tokay

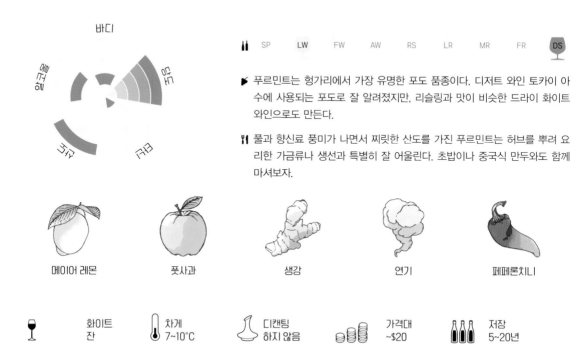

바디

향미료

산도

타닌

당도

| | SP | **LW** | FW | AW | RS | LR | MR | FR | **DS** |

🍾 푸르민트는 헝가리에서 가장 유명한 포도 품종이다. 디저트 와인 토카이 아수에 사용되는 포도로 잘 알려졌지만, 리슬링과 맛이 비슷한 드라이 화이트 와인으로도 만든다.

🍴 풀과 향신료 풍미가 나면서 찌릿한 산도를 가진 푸르민트는 허브를 뿌려 요리한 가금류나 생선과 특별히 잘 어울린다. 초밥이나 중국식 만두와도 함께 마셔보자.

| 메이어 레몬 | 풋사과 | 생강 | 연기 | 페페론치니 |

🍷 화이트 잔

🌡️ 차게 7~10℃

디캔팅 하지 않음

가격대 ~$20

저장 5~20년

재배 지역

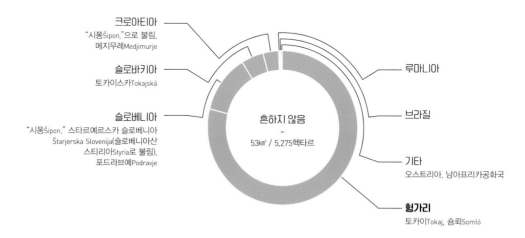

크로아티아
"시퐁Šipon."으로 불림,
메지무례Medjimurje

슬로바키아
토카이스카Tokajská

슬로베니아
"시퐁Šipon." 스타르예르스카 슬로베니아
Štarjerska Slovenija(슬로베니아산
스티리아Styria로 불림),
포드라브예Podravje

흔하지 않음
-
53㎢ / 5,275헥타르

루마니아

브라질

기타
오스트리아, 남아프리카공화국

헝가리
토카이Tokaj, 숌뢰Somló

추천 품종

🍷 리슬링   아시르티코   르카치텔리   로레이루(포르투갈)   알바리뇨

112

가메 *Gamay*

🔊 "가메"   💬 가메 누아Gamay Noir

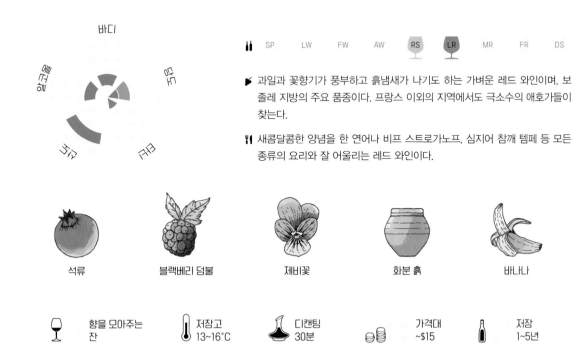

바디

달콤함   드라이

무게감   타닌

산도

| SP | LW | FW | AW | RS | LR | MR | FR | DS |

🍷 과일과 꽃향기가 풍부하고 흙냄새가 나기도 하는 가벼운 레드 와인이며, 보졸레 지방의 주요 품종이다. 프랑스 이외의 지역에서도 극소수의 애호가들이 찾는다.

🍴 새콤달콤한 양념을 한 연어나 비프 스트로가노프, 심지어 참깨 템페 등 모든 종류의 요리와 잘 어울리는 레드 와인이다.

석류   블랙베리 덤불   제비꽃   화분 흙   바나나

🍷 향을 모아주는 잔
🌡️ 저장고 13~16°C
🍾 디캔팅 30분
💰 가격대 ~$15
🍾 저장 1~5년

재배 지역

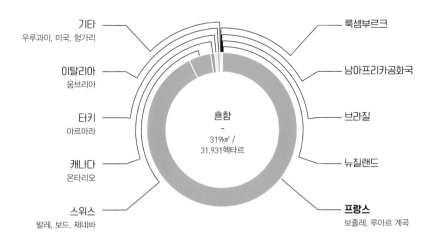

기타
우루과이, 미국, 헝가리

이탈리아
움브리아

터키
마르마라

캐나다
온타리오

스위스
발레, 보드, 제네바

룩셈부르크

남아프리카공화국

브라질

뉴질랜드

프랑스
보졸레, 루아르 계곡

흔함
-
319㎢ /
31,931헥타르

추천 품종

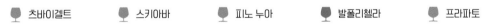

🍷 츠바이겔트   🍷 스키아바   🍷 피노 누아   🍷 발폴리첼라   🍷 프라파토

가르가네가 *Garganega*

🔊 "가르-가-네-가" 💬 그레카니코Grecanico, 수아베Soave, 감벨라라Gambellara

바디

항긋한꽃

신맛

타닌

바디

🍷	SP	LW	FW	AW	RS	LR	MR	FR	DS

🏹 가볍고 드라이한 스타일, 그리고 숙성 후 나타나는 진한 귤 향기와 구운 아몬드 향 덕분에 인기가 있으며, 이탈리아의 중요한 청포도다. 가르가네가는 수아베 와인의 주요 품종이다.

🍴 수아베를 기름지지 않은 육류나 두부, 생선과 곁들여 마셔보자. 요리에 감귤류, 그리고 타라곤처럼 향이 강한 초록색 허브를 넣으면 와인과 잘 어울린다.

복숭아	허니듀 멜론	탕헤르 오렌지	마조람	염분

🍷 화이트 잔	🌡 차게 7~10℃	🍶 디캔팅 하지 않음	🥞	가격대 ~$12	🍾 저장 3~7년

재배 지역

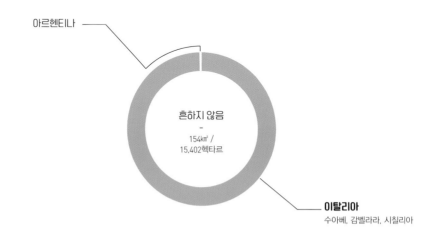

아르헨티나

흔하지 않음
-
154㎢ /
15,402헥타르

이탈리아
수아베, 감벨라라, 시칠리아

추천 품종

슈냉 블랑   그레케토   알바리뇨   프리울라노   아르네이스

게뷔르츠트라미너 *Gewürztraminer*

🔊 "게–뷔르츠–트라–미–너" 💬 트라미너Traminer

바디

🍷 SP   LW   FW   **AW**   RS   LR   MR   FR   DS

🏌 게뷔르츠트라미너의 강렬한 꽃향기는 여러 세기 전부터 유럽에서 인기가 있어서 많이 재배되었다. 와인은 어릴 때 산도가 가장 높고 가장 맛있다.

🍴 달콤한 꽃향기와 생강 같은 향신료 풍미, 풍부한 바디가 특징인 게뷔르츠트라미너는 인도, 모로코 요리와 매우 잘 어울린다.

리치

장미

자몽

탕헤르 오렌지

생강

🍷 화이트 잔

🌡 아주 차게 3~7℃

🏺 디캔팅 하지 않음

🪙 가격대 ~$15

🍾 저장 1~5년

재배 지역

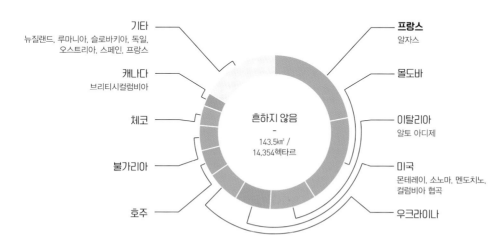

기타
뉴질랜드, 루마니아, 슬로바키아, 독일, 오스트리아, 스페인, 프랑스

캐나다
브리티시컬럼비아

체코

불가리아

호주

흔하지 않음
-
143.5㎢ /
14,354헥타르

프랑스
알자스

몰도바

이탈리아
알토 아디제

미국
몬테레이, 소노마, 멘도치노, 컬럼비아 협곡

우크라이나

추천 품종

🍷 모스코필레로   🍷 뮈스카 블랑   🍷 토론테스   🍷 체르세기 푸세레슈 (헝가리)   🍷 뮐러 투르가우

그레케토 *Grechetto*

◀) "그레–케토"   🗩 오르비에토Orvieto

바디

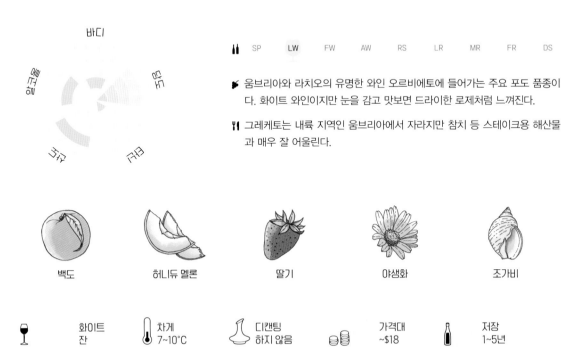

| | SP | **LW** | FW | AW | RS | LR | MR | FR | DS |

🍷 움브리아와 라치오의 유명한 와인 오르비에토에 들어가는 주요 포도 품종이다. 화이트 와인이지만 눈을 감고 맛보면 드라이한 로제처럼 느껴진다.

🍴 그레케토는 내륙 지역인 움브리아에서 자라지만 참치 등 스테이크용 해산물과 매우 잘 어울린다.

| 백도 | 허니듀 멜론 | 딸기 | 야생화 | 조가비 |

화이트 잔   차게 7~10°C   디캔팅 하지 않음   가격대 ~$18   저장 1~5년

재배 지역

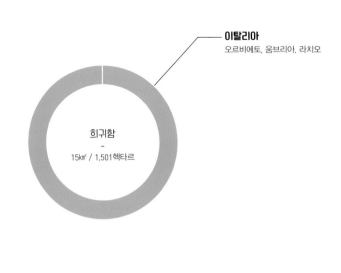

이탈리아
오르비에토, 움브리아, 라치오

희귀함
-
15㎢ / 1,501헥타르

추천 품종

프리울라노   알바리뇨   슈냉 블랑   가르가네가   믈롱

그르나슈 *Grenache*

🔊 "그르–나슈" 💬 가르나차Garnacha, 칸노나우Cannonau

바디

숙성

타닌

산도

향긋함

🍷 SP　LW　FW　AW　RS　LR　**MR**　FR　DS

🍾 그르나슈는 진하고 맛이 풍부한 레드 와인이 된다. 또한, 진한 루비색 로제로도 양조된다. 한편, 샤토뇌프 뒤 파프와 론/GSM 블렌드에서 가장 중요한 품종이기도 하다.

🍴 그르나슈의 강렬한 풍미는 쿠민, 올스파이스, 오향 등 이국적인 향신료로 양념해서 구운 육류나 채소와 어울린다.

설탕에 조린 딸기

구운 자두

가죽

마른 허브

붉은 오렌지

 레드
잔

🌡 실온
16~20°C

 디캔팅
30분

 가격대
~$23

 저장
5~10년

재배 지역

튀니지

미국
중부 해안, 캘리포니아, 파소 로블레스, 컬럼비아 밸리

알제리

이탈리아
사르데냐(칸노나우)

스페인
모든 곳

호주
바로사 밸리, 맥클라렌 베일

모로코

남아프리카공화국
스와틀란드

기타

프랑스
론 계곡, 랑그독 루시옹, 프로방스

인기 있음
-
1,814.8㎢ /
18,480.872헥타르

추천 품종

 카리냥　 진판델　 메를로　 발폴리첼라

그르나슈

추가 시음 노트

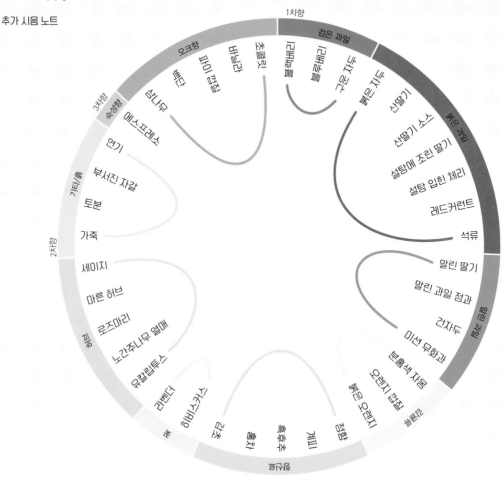

1차향

검은 과일

오크향 · 초콜릿 · 바닐라 · 초콜릿 · 블랙베리 · 블랙베리 · 블랙 자두 · 블랙 자두

백단 · 파이 껍질

삼나무

메스프레소

숙성향

3차향

연기

부서진 자갈

토분

가죽

세이지

마른 허브

로즈마리

노간주나무 열매

유칼립투스

라벤더

히비스커스

갈옷

홍차

흑후추

계피

정향

붉은 오렌지

오렌지 껍질

분홍색 자몽

미션 무화과

건자두

말린 과일 정과

말린 딸기

석류

레드커런트

설탕 입힌 체리

설탕에 조린 딸기

산딸기 소스

산딸기

붉은 과일

말린 과일

블러드

용암지대

기타/흙

2차향

꽃

피향

스페인 아라곤

스페인 북부 지역(소몬타노, 캄포 데 보르하, 카리녜냐, 칼라타유드)에서는 과일 향이 지배적이고 알코올이 높은 스타일의 환상적인 가르나차가 생산된다. 붉은 과일 풍미가 강하면서 분홍색 자몽과 히비스커스 향이 은은하게 나타난다.

▶ 산딸기
▶ 히비스커스
▶ 분홍색 자몽
▶ 마른 허브
▶ 정향

프랑스 론 계곡

론 남부와 샤토뇌프 뒤 파프는 그르나슈–시라–무르베드르 블렌드로 유명하다. 하지만 최고의 와인이라도 그르나슈 비중이 의외로 높다. 구수하면서 허브와 꽃 풍미가 있는 와인을 기대할 수 있다.

▶ 구운 자두
▶ 산딸기 소스
▶ 홍차
▶ 라벤더
▶ 부서진 자갈

사르데냐

사르데냐섬은 그르나슈를 주로 생산하고, 칸노나우라고 부른다. 비교적 라이트 바디 스타일이고 상당히 투박하다. 가죽, 말린 붉은 과일, 사냥 고기 풍미를 느낄 수 있다. 과일 향이 좀 더 강한 와인도 있지만 투박한 스타일도 한번 맛보기를 권한다.

▶ 가죽
▶ 붉은 자두
▶ 사냥 고기
▶ 붉은 오렌지
▶ 토분

그르나슈 블랑 *Grenache Blanc*

🔊 "그르–나슈 블랑"   💬 가르나차 블랑카Garnacha Blanca

바디

| SP | LW | FW | AW | RS | LR | MR | FR | DS |

☑ 그르나슈 블랑은 그르나슈와 색깔만 다른 돌연변이 품종이며, 풀 바디 화이트 와인이 된다. 토스트, 크림, 그리고 딜 같은 풍미가 나타나게 하기 위해 오크 숙성하기도 한다.

🍴 참치 스테이크, 황새치, 구운 도미, 마히마히 등 육류 질감의 생선과 잘 어울린다.

노란 자두 　서양배　레몬 껍질　인동　토스트

화이트 잔　차게 7~13°C　디캔팅 하지 않음　가격대 ~$22　저장 1~5년

재배 지역

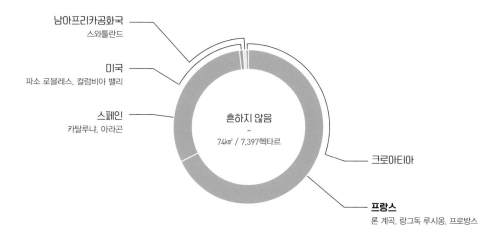

남아프리카공화국
스와틀란드

미국
파소 로블레스, 컬럼비아 밸리

스페인
카탈루냐, 아라곤

흔하지 않음
-
74㎢ / 7,397헥타르

크로아티아

프랑스
론 계곡, 랑그독 루시옹, 프로방스

추천 품종

루산　사바티아노　르카치텔리　비우라　가르가네가

그뤼너 펠트리너 *Grüner Veltliner*

◀) "그뤼-너 펠트-리-너"

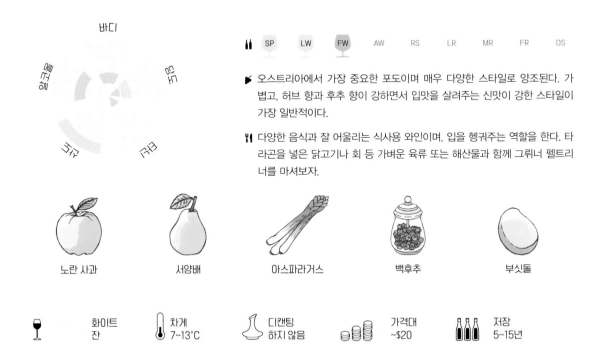

바디

향긋한 허브

후추

타민

과일

| | SP | LW | **FW** | AW | RS | LR | MR | FR | DS |

🍷 오스트리아에서 가장 중요한 포도이며 매우 다양한 스타일로 양조된다. 가볍고, 허브 향과 후추 향이 강하면서 입맛을 살려주는 신맛이 강한 스타일이 가장 일반적이다.

🍴 다양한 음식과 잘 어울리는 식사용 와인이며, 입을 헹궈주는 역할을 한다. 타라곤을 넣은 닭고기나 회 등 가벼운 육류 또는 해산물과 함께 그뤼너 펠트리너를 마셔보자.

| 노란 사과 | 서양배 | 아스파라거스 | 백후추 | 부싯돌 |

| 🍷 화이트 잔 | 🌡️ 차게 7~13°C | 디캔팅 하지 않음 | 가격대 ~$20 | 저장 5~15년 |

재배 지역

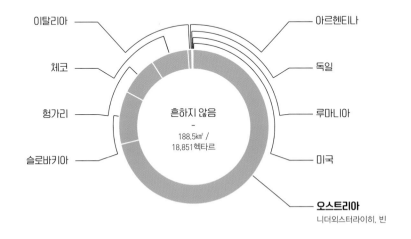

흔하지 않음
-
188.5㎢ /
18,851헥타르

이탈리아
체코
헝가리
슬로바키아

아르헨티나
독일
루마니아
미국
오스트리아
니더외스터라이히, 빈

추천 품종

소비뇽 블랑   비뉴 베르드   베르멘티노   프리울라노   베르데호

아이스 와인 *Ice Wine*

 아이스바인Eiswein

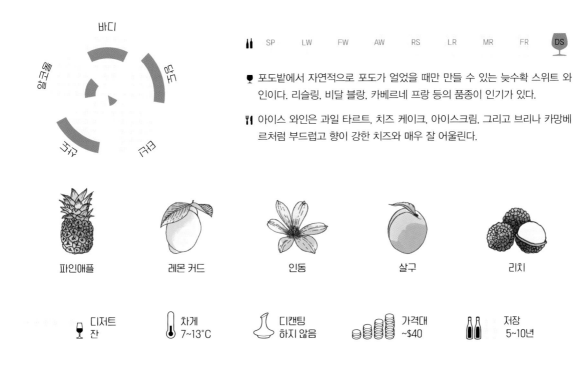

	SP	LW	FW	AW	RS	LR	MR	FR	DS

바디
산도
당도
타닌
알코올

🍷 포도밭에서 자연적으로 포도가 얼었을 때만 만들 수 있는 늦수확 스위트 와인이다. 리슬링, 비달 블랑, 카베르네 프랑 등의 품종이 인기가 있다.

🍴 아이스 와인은 과일 타르트, 치즈 케이크, 아이스크림, 그리고 브리나 카망베르처럼 부드럽고 향이 강한 치즈와 매우 잘 어울린다.

파인애플　　　레몬 커드　　　인동　　　살구　　　리치

🍷 디저트 잔 　🌡 차게 7~13°C 　⚗ 디캔팅 하지 않음 　🪙 가격대 ~$40 　🍾 저장 5~10년

포도와 스타일

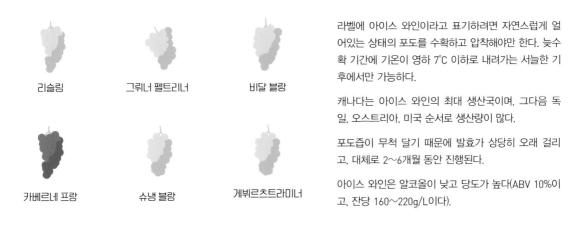

리슬링　　　그뤼너 펠트리너　　　비달 블랑

카베르네 프랑　　　슈냉 블랑　　　게뷔르츠트라미너

라벨에 아이스 와인이라고 표기하려면 자연스럽게 얼어있는 상태의 포도를 수확하고 압착해야만 한다. 늦수확 기간에 기온이 영하 7°C 이하로 내려가는 서늘한 기후에서만 가능하다.

캐나다는 아이스 와인의 최대 생산국이며, 그다음 독일, 오스트리아, 미국 순서로 생산량이 많다.

포도즙이 무척 달기 때문에 발효가 상당히 오래 걸리고, 대체로 2~6개월 동안 진행된다.

아이스 와인은 알코올이 낮고 당도가 높다(ABV 10%이고, 잔당 160~220g/L이다).

추천 품종

🍷 소테른　　　🍷 푸르민트(토카이 아수)　　　🍷 늦수확 리슬링

람부르스코 *Lambrusco*

◄) "람-부르스-코"

바디

향긋한꽃

탄닌

과즙

당도

| SP | LW | FW | AW | RS | LR | MR | FR | DS |

🍶 람부르스코는 "야생 포도"라는 뜻이며 이탈리아의 토착 포도 8가지가 같은 계보에 속한다. 일반적으로 스파클링 와인으로 만드는데, 드라이에서부터 스위트까지 다양하게 생산된다.

🍴 람부르스코는 음식친화적인 와인이어서 피자, 햄버거 등 어떤 음식과도 잘 어울린다. 파르마에서 만든 프로슈토나 파르마산 치즈와 조합하면 진짜 이탈리아 스타일을 맛볼 수 있다.

딸기   블랙베리   루바브   히비스커스   화분 흙

레드 잔 | 차게 7~13°C | 디캔팅 하지 않음 | 가격대 ~$10 | 저장 1~3년

재배 지역

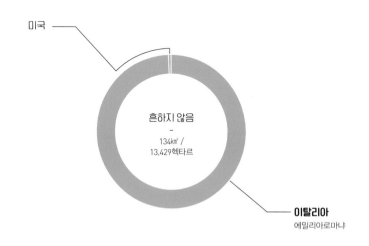

미국

흔하지 않음
-
134㎢ /
13,429헥타르

이탈리아
에밀리아로마냐

추천 품종

🍷 스키아바   🍷 브라케토 다키   🍷 츠바이겔트   🍷 콩코드

람부르스코

추가 시음 노트

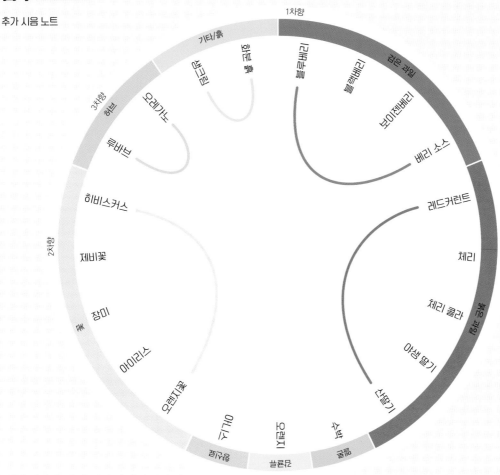

1차향
기타/흙
검은 과일
블랙베리
보이젠베리
베리 소스
레드커런트
체리
체리 콜라
야생 딸기
산딸기
굴

붉은 과일

2차향
3차향
허브
오레가노
루바브
히비스커스
제비꽃
장미
아이리스
오렌지꽃
꽃
아가위
오렌지
블러드
용과류
수박

감초
블랙베리
발사믹

람부르스코 디 소르바라

람부르스코 품종 중에서 가장 섬세하고 꽃향기가 풍부한 종류이며, 주로 옅은 분홍빛을 띤다. 최상급 와인은 드라이하고 상큼한 스타일로 달콤한 오렌지꽃 향과 귤, 체리, 제비꽃, 수박 향이 기분 좋게 느껴진다.

▶ 오렌지꽃
▶ 귤
▶ 체리
▶ 제비꽃
▶ 수박

람부르스코 그라스파로사

가장 강건한 람부르스코이며 블루베리와 블랙커런트 풍미가 두드러진다. 적당한 강도로 입안을 조이는 타닌도 느낄 수 있다. 탱크 발효 방식으로 만들어진 기포는 신기할 정도로 입안에서 균형을 유지하고 크림처럼 부드럽다! 라벨에는 람부르스코 그라스파로사 디 카스텔베트로Lambrusco Grasparossa di Castelvetro(포도의 85% 포함)라고 표기되어 있다.

▶ 블랙커런트
▶ 블루베리
▶ 오레가노
▶ 코코아 가루
▶ 발효 크림

당도 수준

람부르스코는 드라이 스타일에서부터 스위트 스타일까지 있는데 다음 용어로 구분된다.

- **세코**Secco : 꽃이나 허브 향이 나는 드라이 와인.
- **세미세코**Semisecco : 과일 풍미가 좀 더 있는 오프 드라이 스타일.
- **아마빌레**Amabile**와 돌체**Dolce : 매우 달콤한 스타일이며 디저트, 특히 밀크 초콜릿과 잘 어울린다.

마데이라 *Madeira*

◀) "마-데이-라"

🍷 산화된 주정강화 디저트 와인이며, 포르투갈의 마데이라섬에서만 만든다. 와인은 매우 안정적이라서 100년 넘게 숙성이 가능한 종류도 있다.

🍴 마데이라는 호두 풍미 때문에 조림 소스 재료로 자주 사용된다. 아티초크, 완두콩 수프, 아스파라거스와도 놀라울 정도로 잘 어울린다.

불탄 캐러멜

호두 기름

복숭아

헤이즐넛

오렌지 껍질

🍷 디저트 잔

🌡 저장고 13~16°C

디캔팅 하지 않음

가격대 ~$43

저장 5~100년

스타일

레인워터
흔한 스타일이며 틴타 네그라 몰레Tinta Negramole와 섞는다.

세르시알
가장 가벼운 스타일이며 세르시알 포도로 만든다.

베르델류
가볍고 향이 풍부한 스타일이며 베르델류 포도로 만든다.

보알
두 번째로 달콤한 스타일이며 말바시아 포도로 만든다.

맘시
가장 달콤한 스타일이며 말바시아 포도로 만든다.

당도 수준

○ 엑스트라 드라이 : 잔당 0~50g/L
◔ 드라이 : 잔당 50~65g/L
◑ 미디엄 드라이 : 잔당 65~80g/L
◕ 미디엄 리치 / 스위트 : 잔당 80~96g/L
● 리치 / 스위트 : 잔당 96+g/L

생산 방식

칸테이루 방식
오크통 또는 큰 유리병 안에 와인을 넣어 따뜻한 방이나 햇볕 아래에서 자연스럽게 숙성시킨다.

에스투파 방식
와인을 탱크에 넣고 짧은 기간 동안 데운다.

빈티지 스타일

콜예이타 / 수확
5년 이상 숙성시킨 단일 빈티지 마데이라. 일반적으로 단일 품종이다.

솔레라
여러 빈티지를 칸테이루에서 혼합한 스타일. 희귀하다.

프라스케이라 / 가하페이라
칸테이루 방식으로 20년 이상 숙성시킨 단일 빈티지 마데이라. 매우 희귀하다.

추천 품종
🍷 드라이 마르살라

논빈티지 스타일

파이니스트 / 초이스 / 셀렉트
에스투파에서 3년 숙성. 저가이며 요리에 적합. 틴타 네그라몰레.

레인워터
3년 숙성시킨 미디엄 드라이 스타일. 저가이며 요리에 좋음. 틴타 네그라몰레.

5년 / 리저브 / 숙성
5~10년 숙성. 마실 만한 품질.

10년 / 스페셜 리저브
칸테이루에서 10~15년 숙성. 일반적으로 단일 품종이다. 고품질.

15년 / 엑스트라 리저브
칸테이루에서 15~20년 숙성. 일반적으로 단일 품종이다. 고품질.

말벡 *Malbec*

◀) "말-벡"   💬 코 Côt

바디

SP　LW　FW　AW　RS　LR　MR　FR　DS

⚓ 아르헨티나에서 가장 중요한 품종으로 원산지인 프랑스에서는 흔히 "코"로 불린다. 풍부한 과일 풍미와 부드러운 초콜릿 향이 남는 피니시 덕분에 인기가 있는 와인이다.

🍴 카베르네 계열 포도와는 달리 말벡은 피니시가 길지 않다. 그러므로 지방이 적은 붉은 육류(혹시 타조 고기는 어떨까?)와 곁들이기 매우 좋고, 녹인 블루 치즈와도 환상적이다.

붉은 자두	블랙베리	바닐라	달콤한 담배	코코아

레드 잔	실온 16~20°C	디캔팅 30분	가격대 ~$15	저장 5~10년

재배 지역

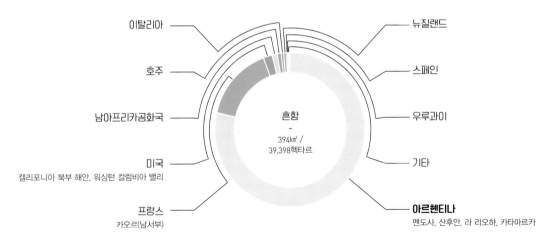

이탈리아

호주

남아프리카공화국

미국
캘리포니아 북부 해안, 워싱턴 컬럼비아 밸리

프랑스
카오르(남서부)

흔함
-
394km² /
39,398헥타르

뉴질랜드

스페인

우루과이

기타

아르헨티나
멘도사, 산후안, 라 리오하, 카타마르카

추천 품종

🍷 모나스트렐　🍷 시라　🍷 보나르다　🍷 프티 베르도　🍷 메를로

말벡

추가 시음 노트

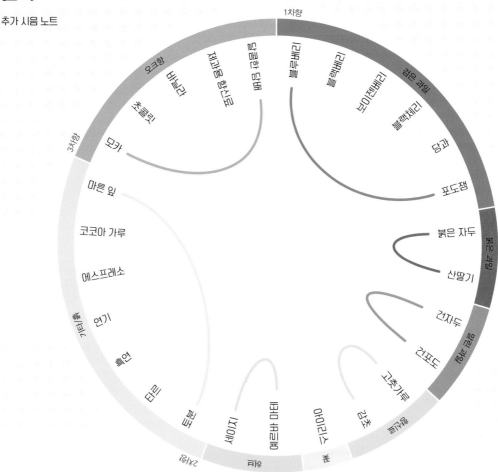

1차향

검은 과일
블랙베리
블루베리
블랙체리
당과
포도잼

붉은 과일
붉은 자두
산딸기
건자두
건포도
고춧가루
감초

향신료
후추
아이리스
제비꽃
유칼립투스
제라늄
타르

기타 향
흑연
연기
에스프레소
코코아 가루
마른 잎
모카

오크향
초콜릿
바닐라
재고운 향신료
달콤한 담배

꽃

달콤한 담배
블랙베리
블루베리

2차향

3차향

아르헨티나 멘도사

기본 등급 말벡 와인이며, 오크 숙성을 최소한으로 해서 신선하고 풍부한 과즙이 느껴지는 스타일이다. 대체로 붉은 과일 향(앵두, 산딸기, 붉은 자두)이 나고 부드러운 타닌과 산딸기 잎 또는 예르바 마테 향이 느껴진다.

▶ 붉은 자두
▶ 보이젠베리
▶ 고춧가루
▶ 건자두
▶ 산딸기 잎

멘도사 "레제르바"

고품질의 포도로 만든 고급 말벡이며, 주로 루한 데 쿠요, 우코 계곡에 있는 고산지대 포도밭의 오래된 수령의 나무에서 수확한다. 와인은 강건한 편이며 검은 과일 풍미가 있다. 오크 숙성의 영향으로 초콜릿, 모카, 블루베리 향이 나타난다.

▶ 블랙베리
▶ 당과
▶ 모카
▶ 고춧가루
▶ 달콤한 담배

프랑스 카오르

프랑스에서는 루아르 계곡(코라고 부른다)과 남서부의 카오르에서 말벡을 생산한다. 카오르 지방에서 나는 말벡은 아르헨티나의 말벡에 비해 흙과 베리 풍미가 강하면서 가볍고 산도가 높아서 좀 더 우아하다.

▶ 붉은 자두
▶ 마른 잎
▶ 보이젠베리
▶ 아이리스
▶ 코코아 가루

마르살라 *Marsala*

◀) "마르–살–라"

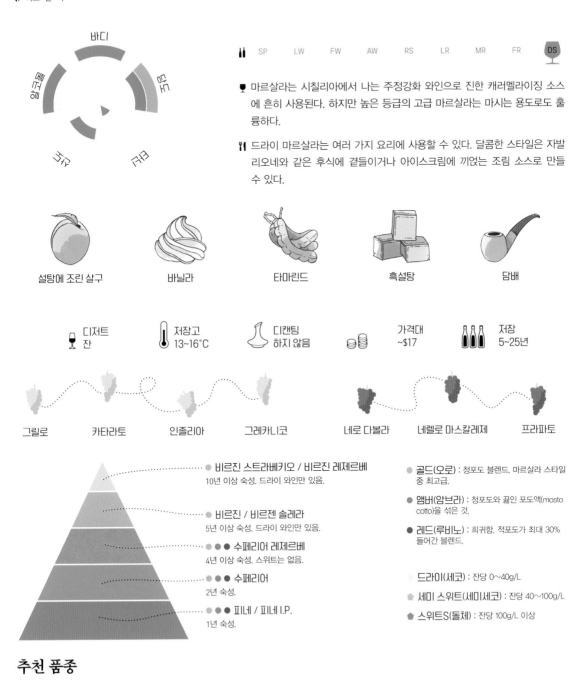

	SP	LW	FW	AW	RS	LR	MR	FR	DS

바디

메마른 맛

산도

과일

타닌

🍷 마르살라는 시칠리아에서 나는 주정강화 와인으로 진한 캐러멜라이징 소스에 흔히 사용된다. 하지만 높은 등급의 고급 마르살라는 마시는 용도로도 훌륭하다.

🍴 드라이 마르살라는 여러 가지 요리에 사용할 수 있다. 달콤한 스타일은 자발리오네와 같은 후식에 곁들이거나 아이스크림에 끼얹는 조림 소스로 만들 수 있다.

설탕에 조린 살구 · 바닐라 · 타마린드 · 흑설탕 · 담배

디저트 잔 · 저장고 13~16°C · 디캔팅 하지 않음 · 가격대 ~$17 · 저장 5~25년

그릴로 · 카타라토 · 인졸리아 · 그레카니코 · 네로 다볼라 · 네렐로 마스칼레제 · 프라파토

● 비르진 스트라베키오 / 비르진 레제르베
10년 이상 숙성. 드라이 와인만 있음.

● 비르진 / 비르젠 솔레라
5년 이상 숙성. 드라이 와인만 있음.

●●● 수페리어 레제르베
4년 이상 숙성. 스위트는 없음.

●●● 수페리어
2년 숙성.

●●● 피네 / 피네 I.P.
1년 숙성.

● 골드(오로) : 청포도 블렌드. 마르살라 스타일 중 최고급.

● 앰버(암브라) : 청포도와 끓인 포도액(mosto cotto)을 섞은 것.

● 레드(루비노) : 희귀함. 적포도가 최대 30% 들어간 블렌드.

○ 드라이(세코) : 잔당 0~40g/L

● 세미 스위트(세미세코) : 잔당 40~100g/L

● 스위트S(돌체) : 잔당 100g/L 이상

추천 품종

🍷 마데이라 · 🍷 팔로 코르타도 셰리 · 🍷 아몬티야도 셰리

마르산 *Marsanne*

◀) "마르–산" 💬 샤토뇌프 뒤 파프 블랑Châteauneuf-du-Pape Blanc, 코트 뒤 론 블랑Côtes du Rhone Blanc

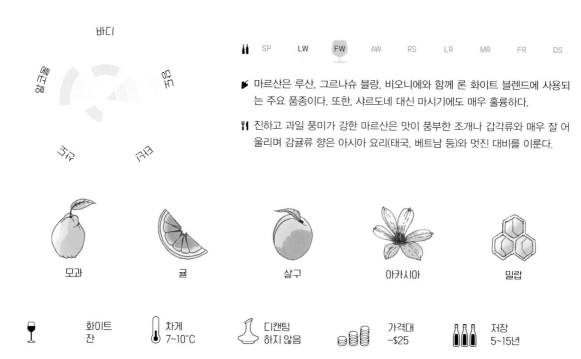

바디

SP LW **FW** AW RS LR MR FR DS

🍷 마르산은 루산, 그르나슈 블랑, 비오니에와 함께 론 화이트 블렌드에 사용되는 주요 품종이다. 또한, 샤르도네 대신 마시기에도 매우 훌륭하다.

🍴 진하고 과일 풍미가 강한 마르산은 맛이 풍부한 조개나 갑각류와 매우 잘 어울리며 감귤류 향은 아시아 요리(태국, 베트남 등)와 멋진 대비를 이룬다.

모과　　　　　굴　　　　　살구　　　　　아카시아　　　　　밀랍

화이트 잔　　　차게 7~10°C　　　디캔팅 하지 않음　　　가격대 ~$25　　　저장 5~15년

재배 지역

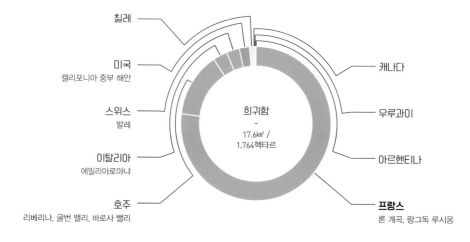

칠레

미국
캘리포니아 중부 해안

스위스
발레

이탈리아
에밀리아로마냐

호주
리베리나, 굴번 밸리, 바로사 밸리

희귀함
–
17.6㎢ /
1,764헥타르

캐나다

우루과이

아르헨티나

프랑스
론 계곡, 랑그독 루시옹

추천 품종

🍷 루산　　　🍷 샤르도네　　　🍷 비오니에

믈롱 _Melon_

◀) "믈-롱"   💬 뮈스카데Muscadet, 믈롱 드 부르고뉴Melon de Bourgogne

바디

예리함

산도

당도

타닌

	SP	**LW**	FW	AW	RS	LR	MR	FR	DS

🍷 믈롱 혹은 믈롱 드 부르고뉴는 프랑스의 뮈스카데 지방의 포도다. 해산물과 잘 어울리는 것으로 유명한 화이트 와인이며 가볍고 미네랄 향이 풍부하다.

🍴 팬에 조개나 홍합, 그리고 마늘 약간, 파슬리, 버터를 넣은 다음 믈롱을 좀 부어보자. 믈롱이 해산물과 완벽한 조합을 이루는 이유를 맛으로 느낄 수 있다.

라임   조가비   풋사과   초록색 서양배   빵 반죽

화이트 잔   아주 차게 3~7°C   디캔팅 하지 않음   가격대 ~$14   저장 1~5년

재배 지역

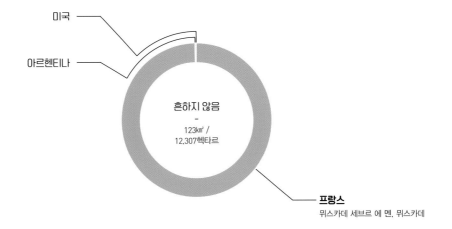

미국

아르헨티나

흔하지 않음
-
123km² /
12,307헥타르

프랑스
뮈스카데 세브르 에 멘, 뮈스카데

추천 품종

프리울라노   그레케토   베르데호   샤슬라(스위스)

멘시아 *Mencía*

◀) "멘-시-아"   💬 하엔Jaen, 비에르소Bierzo, 리베리아 사크라Riberia Sacra

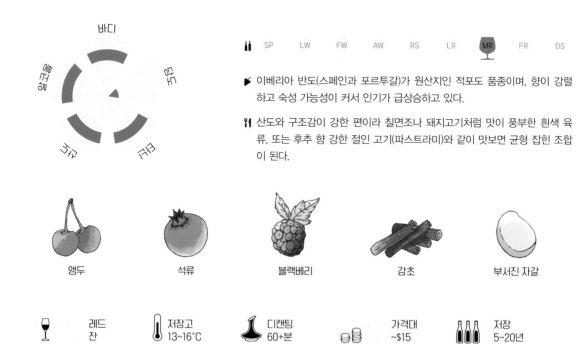

| | SP | LW | FW | AW | RS | LR | MR | FR | DS |

🍷 이베리아 반도(스페인과 포르투갈)가 원산지인 적포도 품종이며, 향이 강렬하고 숙성 가능성이 커서 인기가 급상승하고 있다.

🍴 산도와 구조감이 강한 편이라 칠면조나 돼지고기처럼 맛이 풍부한 흰색 육류, 또는 후추 향 강한 절인 고기(파스트라미)와 같이 맛보면 균형 잡힌 조합이 된다.

앵두   석류   블랙베리   감초   부서진 자갈

레드 잔   저장고 13~16℃   디캔팅 60+분   가격대 ~$15   저장 5~20년

재배 지역

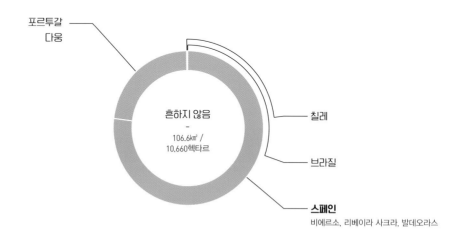

포르투갈 다웅

흰하지 않음
-
106.6㎢ /
10,660헥타르

칠레

브라질

스페인
비에르소, 리베이라 사크라, 발데오라스

추천 품종

🍷 시노마브로   🍷 네로 다볼라   🍷 바르베라   🍷 시라

메를로 *Merlot*

◀ "메를―로"

바디

향신료 ➡

무거움

타닌 ➡

드라이

| SP | LW | FW | AW | **RS** | LR | **MR** | **FR** | DS |

🐟 메를로는 화사한 블랙체리 풍미, 매끄러운 타닌, 연기 냄새나 초콜릿 향 나는 피니시 덕분에 인기가 많은 품종이다. 카베르네 프랑과 함께 보르도 블렌드에 들어간다.

🍴 돼지 목살, 구운 버섯 등 구이나 갈비찜에 곁들이면 정말 맛있다. 또한, 과일 향이 풍성해서 치미추리 소스와도 잘 어울린다.

| 체리 | 자두 | 초콜릿 | 마른 허브 | 바닐라 |

| 🍷 아주 큰 잔 | 🌡 실온 16~20℃ | 디캔팅 30분 | 🪙 가격대 ~$15 | 🍾 저장 5~20년 |

재배 지역

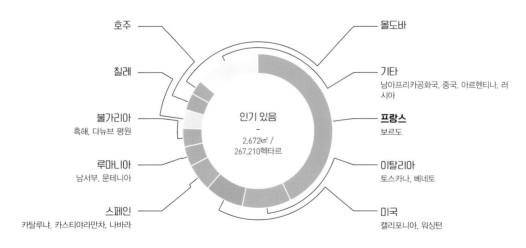

호주

칠레

불가리아
흑해, 다뉴브 평원

루마니아
남서부, 문테니아

스페인
카탈루냐, 카스티야라만차, 나바라

인기 있음
-
2,672㎢ /
267,210헥타르

몰도바

기타
남아프리카공화국, 중국, 아르헨티나, 러시아

프랑스
보르도

이탈리아
토스카나, 베네토

미국
캘리포니아, 워싱턴

추천 품종

🍷 카베르네 소비뇽　🍷 말벡　🍷 프티 베르도　🍷 몬테풀치아노　🍷 발폴리첼라

메를로

추가 시음 노트

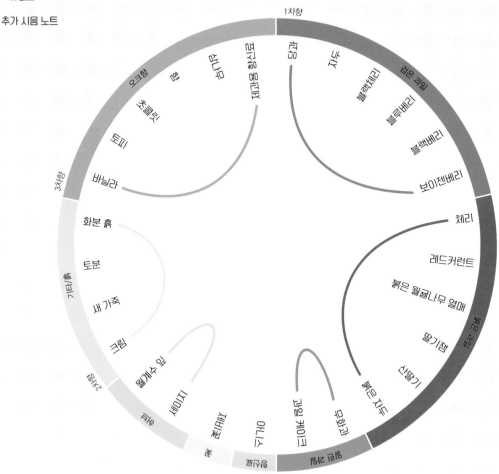

1차향

당밀
자두
블랙커런트
블루베리
검은 과일
블랙베리
보이젠베리
체리
레드커런트
붉은 월귤나무 열매
딸기잼
산딸기
붉은 자두
붉은 과일
말린 향신료
리코리스 캔디
민트
유칼립투스
허브
향신료
박하
계피
후추
월계수 잎
계피
2차향
재스민
바이올렛
크림
꽃
새 가죽
토분
기타/흙
화분 흙
3차향
바닐라
토피
초콜릿
오크향
흙
삼나무
재떨이 흙 냄새

보르도 "우안"

보르도 지역에 있는 도르도뉴강 북동부 기슭 포므롤과 생테밀리옹에는 메를로와 카베르네 프랑이 잘 익기에 적합한 토양이 군데군데 있다. 점토 성분이 풍부한 이상적인 토양이다. 최상급 와인에서는 진한 체리 풍미와 삼나무, 가죽, 그리고 향 냄새가 균형을 이룬다.

▶ 체리
▶ 새 가죽
▶ 삼나무
▶ 향
▶ 월계수 잎

워싱턴 컬럼비아 밸리

이 지역은 낮에는 무덥지만, 밤에는 기온이 20도 이상 떨어지기도 한다. 그 결과 와인에서 달콤한 과일 향이 나면서도 산도는 높게 유지된다. 메를로는 워싱턴의 토양에 가장 적합한 품종이며, 체리 향과 꽃, 민트 풍미가 어우러지는 상큼한 라이트 바디 와인이 된다.

▶ 블랙체리
▶ 보이젠베리
▶ 초콜릿 크림
▶ 제비꽃
▶ 민트

캘리포니아 북서부

북부 해안 안쪽으로 나파 밸리와 소노마가 있다. 믿거나 말거나 그 동네에서는 메를로가 카베르네 소비뇽보다 저평가되고 있다. 이 지역 메를로는 화사하고 달콤한 블랙체리 풍미에 결이 고운 타닌이 적당하게 입혀져 있고, 제과용 초콜릿 향이 은은하게 풍기는 와인이 된다.

▶ 달콤한 체리
▶ 당과
▶ 제과용 초콜릿
▶ 바닐라
▶ 사막의 먼지

모나스트렐 *Monastrell*

🔊 "모-나-스트렐" 💬 무르베드르Mourvèdre, 마타로Mataro

바디
향 풍부함
타닌
당도
산도

| SP | LW | FW | AW | RS | LR | MR | FR | DS |

🍖 스페인 중부 지방에서 많이 생산되는 어둡고, 강하고, 훈연 향이 강한 레드 와인이다. 프랑스 남부에서는 무르베드르라고 부르며 론/GSM 블렌드에 필수적으로 들어가는 품종이다.

🍴 훈제 육류나 바비큐와 조합하면 와인의 후추, 야생 고기 풍미가 약해지면서 겹쳐져 있던 검은 과일과 초콜릿 향이 드러난다.

블랙베리　　흑후추　　코코아　　담배　　구운 고기

🍷 레드 잔 ｜ 🌡️ 실온 16~20°C ｜ 🍾 디캔팅 60+분 ｜ 🪙 가격대 ~$14 ｜ 🍾 저장 5~15년

재배 지역

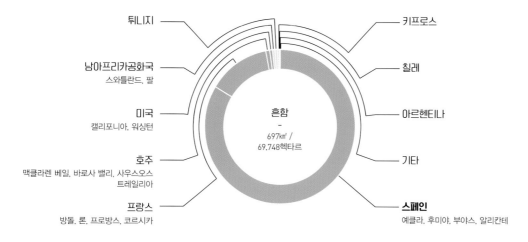

튀니지

남아프리카공화국
스와틀란드, 팔

미국
캘리포니아, 워싱턴

호주
맥클라렌 베일, 바로사 밸리, 사우스오스트레일리아

프랑스
방돌, 론, 프로방스, 코르시카

흔함
-
697㎢ /
69,748헥타르

키프로스

칠레

아르헨티나

기타

스페인
예클라, 후미야, 부야스, 알리칸테

추천 품종

🍷 프티트 시라　　🍷 타낫　　🍷 시라　　🍷 프티 베르도　　🍷 알리칸테 부셰

모나스트렐

추가 시음 노트

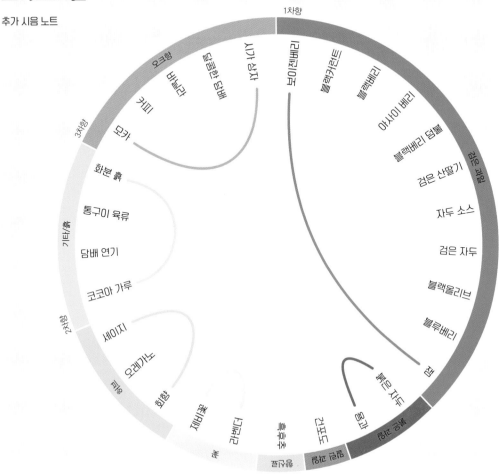

1차향 · 2차향 · 3차향 · 기타/흙

레드와인 · 블랙커런트 · 블랙베리 · 아사이 베리 · 블랙베리 덤불 · 검은 산딸기 · 자두 소스 · 검은 자두 · 블랙올리브 · 블루베리 · 잼 · 검은 과일 · 말린 자두 · 용과 · 말린 과일 향 · 건포도 · 흑후추 · 검은 후추 · 라벤더 · 제비꽃 · 꽃 · 백도 · 오레가노 · 세이지 · 코코아 가루 · 담배 연기 · 통구이 육류 · 화분 흙 · 모카 · 커피 · 바닐라 · 배럴숙성 담배 · 시가 상자 · 오크향 · 배럴숙성 향 · 허브

프랑스 방돌

무르베드르("Mourvèdre" – 프랑스식 명칭)는 머리에 햇볕을 쬐면서 발을 바다에 담그고 있어야 잘 자란다는 말이 있다. 그러므로 프로방스의 방돌 지방 남향 경사지에서 번성하는 것이 당연하다. 이 지역 와인 법규에 따라 와인을 18개월 이상 오크통에서 숙성시켜야 하며, 그 결과 투박하면서도 우아함이 느껴지는 와인이 된다.

▶ 검은 자두
▶ 통구이 육류
▶ 흑후추
▶ 코코아 가루
▶ 에르브 드 프로방스

스페인 남동부

후미야, 예클라, 알리칸테, 부야스 등 대부분의 지역에서 모나스트렐이라고 부른다. 따뜻하고 건조한 기후 덕분에 와인에서 과일 풍미가 풍성하게 나고, 타르와 블랙올리브 향이 나기도 한다! 이런 특별한 매력만으로도 마셔볼 가치가 있다.

▶ 블랙베리
▶ 검은 건포도
▶ 모카
▶ 담배 연기
▶ 흑후추

방돌 로제

모나스트렐로 깊은 맛이 나는 레드 와인을 주로 만들지만, 로제로도 양조한다. 로제는 놀라울 정도로 가벼우면서, 신선한 딸기와 같은 섬세한 풍미를 지니고, 분홍색 장밋빛을 띤다. 섬세한 과일 향과 함께 제비꽃, 백후추, 또는 흑후추 향이 은은하게 느껴진다.

▶ 딸기
▶ 백도
▶ 백후추
▶ 흰 꽃
▶ 제비꽃

몬테풀치아노 *Montepulciano*

◀) "몬−테−풀−치−아노"

| | SP | LW | FW | AW | RS | LR | MR | FR | DS |

🥩 이탈리아 아부르초에서 주로 나는 고급 적포도이며, 검은 과일 풍미가 나는 와인이 된다. 잘 만들면 피니시에서 달콤한 훈연 향을 느낄 수 있다.

🍴 몬테풀치아노는 모든 소시지 종류와 잘 어울리는 멋진 와인이다. 훈제 앙두이유, 그리고 달콤한 회향이 들어간 살시치아가 떠오르는 맛이다.

| 붉은 자두 | 블랙베리 | 마른 타임 | 제과용 향신료 | 메스키트 |

| 아주 큰 잔 | 실온 16~20°C | 디캔팅 60+분 | 가격대 ~$15 | 저장 5~15년 |

재배 지역

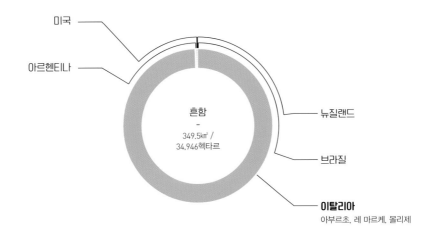

미국

아르헨티나

흔함
–
349.5㎢ /
34,946헥타르

뉴질랜드

브라질

이탈리아
아부르초, 레 마르케, 몰리제

추천 품종

🍷 네그로아마로　　🍷 메를로　　🍷 보르도 블렌드　　🍷 아요르이티코　　🍷 네로 다볼라

모스카테우 데 세투발 *Moscatel de Setúbal*

◀) "모스–카–테우 데 세–투–발"   💬 모스카테우 호슈Moscatel Roxo

	SP	LW	FW	AW	RS	LR	MR	FR	DS

🍷 포르투갈 남부 세투발 반도에서 자라는 알렉산드리아 머스캣으로 주로 만들며, 진하고 꿀처럼 달콤한 주정강화 디저트 와인이다.

🍴 모스카테우 데 세투발에 케이주 데 오벨랴Queijo de Ovelha처럼 속이 끈적끈적한 포르투갈 전통 치즈를 곁들이면 놀라운 맛을 느낄 수 있다. 또, 캐러멜 토핑을 끼얹은 디저트와 곁들여보자.

귤   포도   말린 살구   꿀   캐러멜

🍷 디저트 잔   🌡 저장고 13~16°C   디캔팅 하지 않음   ◎ 가격대 ~$13   🍾 저장 1~5년

포도와 스타일

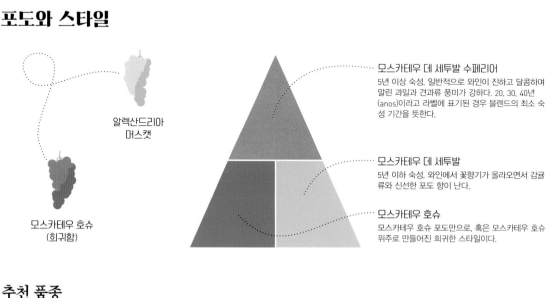

알렉산드리아 머스캣

모스카테우 호슈 (희귀함)

모스카테우 데 세투발 수페리어
5년 이상 숙성. 일반적으로 와인이 진하고 달콤하며 말린 과일과 견과류 풍미가 강하다. 20, 30, 40년 (anos)이라고 라벨에 표기된 경우 블렌드의 최소 숙성 기간을 뜻한다.

모스카테우 데 세투발
5년 이하 숙성. 와인에서 꽃향기가 올라오면서 감귤류와 신선한 포도 향이 난다.

모스카테우 호슈
모스카테우 호슈 포도만으로, 혹은 모스카테우 호슈 위주로 만들어진 희귀한 스타일이다.

추천 품종

🍷 토니 포트   🍷 빈 산토   🍷 알렉산드리아 머스캣   🍷 뮈스카 드 리브잘트   🍷 사모스 머스캣(그리스)

모스코필레로 *Moschofilero*

◀) "모스-코-필-레-로"

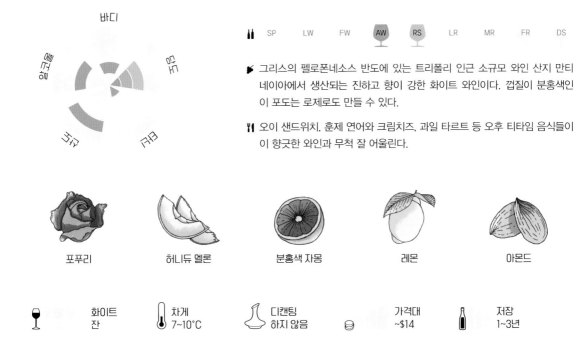

바디

SP　LW　FW　**AW**　**RS**　LR　MR　FR　DS

🥩 그리스의 펠로폰네소스 반도에 있는 트리폴리 인근 소규모 와인 산지 만티네이아에서 생산되는 진하고 향이 강한 화이트 와인이다. 껍질이 분홍색인 이 포도는 로제로도 만들 수 있다.

🍴 오이 샌드위치, 훈제 연어와 크림치즈, 과일 타르트 등 오후 티타임 음식들이 이 향긋한 와인과 무척 잘 어울린다.

| 포푸리 | 허니듀 멜론 | 분홍색 자몽 | 레몬 | 아몬드 |

| 화이트 잔 | 차게 7~10℃ | 디캔팅 하지 않음 | 가격대 ~$14 | 저장 1~3년 |

재배 지역

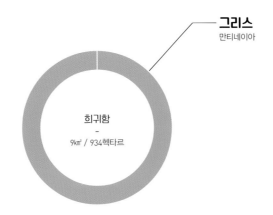

그리스
만티네이아

희귀함
-
9㎢ / 934헥타르

추천 품종

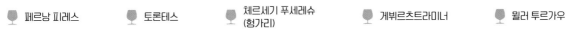

🍷 페르낭 피레스　🍷 토론테스　🍷 체르세기 푸세레슈 (헝가리)　🍷 게뷔르츠트라미너　🍷 뮐러 투르가우

뮈스카 블랑 *Muscat Blanc*

◀) "뮈스-카 블랑" 💬 모스카토 비앙코Moscato Bianco, 모스카텔Moscatel, 뮈스카 블랑 아 프티 그랭Muscat Blanc a Petit Grains, 무스카텔러Muskateller

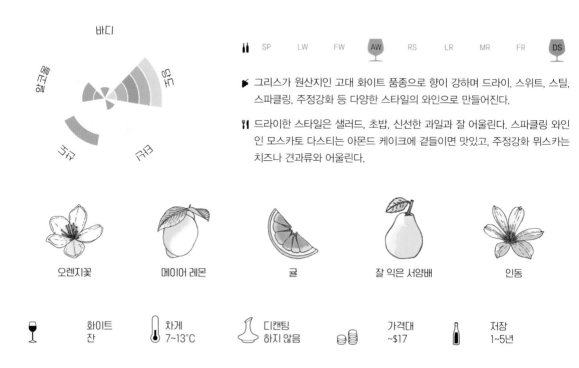

바디

| SP | LW | FW | AW | RS | LR | MR | FR | DS |

🗡 그리스가 원산지인 고대 화이트 품종으로 향이 강하며 드라이, 스위트, 스틸, 스파클링, 주정강화 등 다양한 스타일의 와인으로 만들어진다.

🍴 드라이한 스타일은 샐러드, 초밥, 신선한 과일과 잘 어울린다. 스파클링 와인인 모스카토 다스티는 아몬드 케이크에 곁들이면 맛있고, 주정강화 뮈스카는 치즈나 견과류와 어울린다.

오렌지꽃   메이어 레몬   귤   잘 익은 서양배   인동

화이트 잔 | 차게 7~13°C | 디캔팅 하지 않음 | 가격대 ~$17 | 저장 1~5년

재배 지역

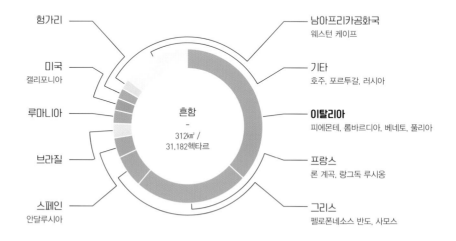

헝가리

미국
캘리포니아

루마니아

브라질

스페인
안달루시아

남아프리카공화국
웨스턴 케이프

기타
호주, 포르투갈, 러시아

이탈리아
피에몬테, 롬바르디아, 베네토, 풀리아

프랑스
론 계곡, 랑그독 루시옹

그리스
펠로폰네소스 반도, 사모스

흔함
-
312km² /
31,182헥타르

추천 품종

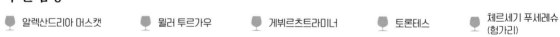

🍷 알렉산드리아 머스캣   🍷 뮐러 투르가우   🍷 게뷔르츠트라미너   🍷 토론테스   🍷 체르세기 푸세레슈 (헝가리)

뮈스카 블랑

추가 시음 노트

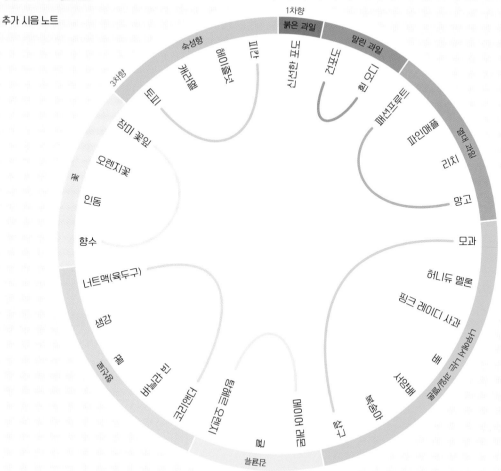

1차향
붉은 과일
말린 과일
신선한 포도
건포도
말린 모과
패션프루트
열대 과일
파인애플
리치
망고
모과
허니듀 멜론
핑크 레이디 사과
나린저(그레이프 프루트)
배
자몽
배꽃
서양배
복숭아
레몬
라임
라임 제스트
메이어 레몬
벌꿀
감귤류
코리앤더
바닐라 빈
물
생강
너트맥(육두구)
향수
인동
꽃
오렌지꽃
장미 꽃잎
토피
바닐라
꿀잼
숙성향
캐러멜
넛멜이크림
피칸
3차향

모스카토 다스티

이탈리아 피에몬테의 아스티 지방에서 나는 뮈스카 블랑으로 만드는 매우 가볍고 섬세한 스파클링 와인이다. 모스카토 다스티는 알코올이 가장 낮은 와인에 속하고 (5.5% ABV), 포도의 잔당이 남아있어서 달콤하며 향이 강렬한 화이트 와인이다.

▶ 귤
▶ 인동
▶ 메이어 레몬
▶ 장미 꽃잎
▶ 바닐라 빈

알자스 뮈스카

프랑스에서는 여러 가지 스타일의 뮈스카가 생산되는데 가벼운 알자스 뮈스카, 진한 주정강화 디저트 와인인 뮈스카 드 리브잘트와 뮈스카 드 봄 드 베니스가 있다. 알자스의 뮈스카는 라이트 바디이며 단맛이 아주 약간 나는 오프 드라이 스타일이다. 향수와 레몬그라스 향이 나면서 열대 향신료 향도 확 올라온다.

▶ 신선한 포도
▶ 향수
▶ 레몬그라스
▶ 코리앤더
▶ 너트맥(육두구)

루더글렌 머스캣

세계에서 가장 달콤한 디저트 와인(호주에서는 "끈적이Stickies"라고 부른다)은 호주 빅토리아주에서 생산된다. 이 끈적끈적하고 신기한 와인은 뮈스카 블랑의 변종인 "적포도"로 만든다. 와인은 호박색에서 금빛 나는 갈색을 띠며 캐러멜 입힌 체리, 커피, 사사프라스, 바닐라 향이 난다.

▶ 캐러멜
▶ 설탕에 절인 체리
▶ 커피
▶ 사사프라스
▶ 바닐라 빈

알렉산드리아 머스캣 *Muscat of Alexandria*

💬 하네풋Hanepoot, 모스카텔Moscatel

바디

예민함

드라이

구조

타닌

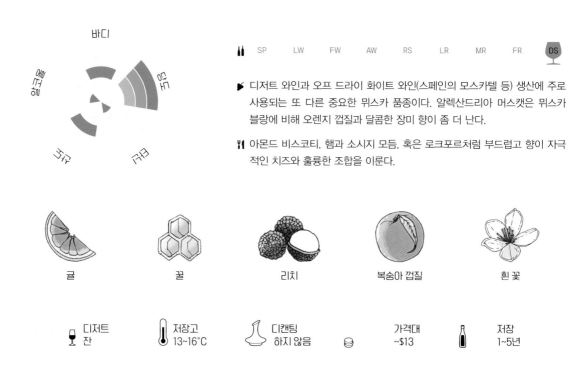

| | SP | LW | FW | AW | RS | LR | MR | FR | DS |

🍷 디저트 와인과 오프 드라이 화이트 와인(스페인의 모스카텔 등) 생산에 주로 사용되는 또 다른 중요한 뮈스카 품종이다. 알렉산드리아 머스캣은 뮈스카 블랑에 비해 오렌지 껍질과 달콤한 장미 향이 좀 더 난다.

🍴 아몬드 비스코티, 햄과 소시지 모듬, 혹은 로크포르처럼 부드럽고 향이 자극적인 치즈와 훌륭한 조합을 이룬다.

| 귤 | 꿀 | 리치 | 복숭아 껍질 | 흰 꽃 |

| 디저트 잔 | 저장고 13~16℃ | 디캔팅 하지 않음 | | 가격대 ~$13 | 저장 1~5년 |

재배 지역

미국

이탈리아

호주

남아프리카공화국

프랑스
루시옹(리브잘트)

칠레

기타
포르투갈, 이스라엘, 키프로스

스페인
발렌시아, 안달루시아(모스카텔 셰리)

모로코

아르헨티나

흔함
-
265㎢ /
26,515헥타르

추천 품종

🍷 뮈스카 블랑　　🍷 모스카테우 데 세투발　　🍷 루더글렌 머스캣　　🍷 블랙 뮈스카

네비올로 *Nebbiolo*

◀) "네비―올―로" 💬 바롤로Barolo, 바르바레스코Barbaresco, 스판나Spanna, 키아벤나스카Chiavennasca

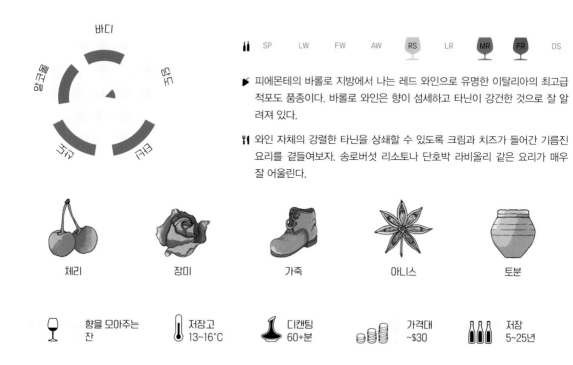

바디

예산 향료

당도

산도

타닌

| | SP | LW | FW | AW | RS | LR | MR | FR | DS |

🥄 피에몬테의 바롤로 지방에서 나는 레드 와인으로 유명한 이탈리아의 최고급 적포도 품종이다. 바롤로 와인은 향이 섬세하고 타닌이 강건한 것으로 잘 알려져 있다.

🍴 와인 자체의 강렬한 타닌을 상쇄할 수 있도록 크림과 치즈가 들어간 기름진 요리를 곁들여보자. 송로버섯 리소토나 단호박 라비올리 같은 요리가 매우 잘 어울린다.

체리   장미   가죽   아니스   토분

향을 모아주는 잔   저장고 13~16°C   디캔팅 60+분   가격대 ~$30   저장 5~25년

재배 지역

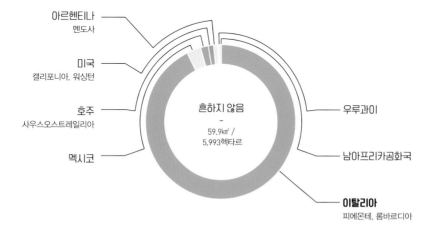

아르헨티나
멘도사

미국
캘리포니아, 워싱턴

호주
사우스오스트레일리아

멕시코

흔하지 않음
-
59.9㎢ /
5,993헥타르

우루과이

남아프리카공화국

이탈리아
피에몬테, 롬바르디아

추천 품종

🍷 시노마브로   🍷 알리아니코   🍷 템프라니요   🍷 산지오베제

141

네비올로

추가 시음 노트

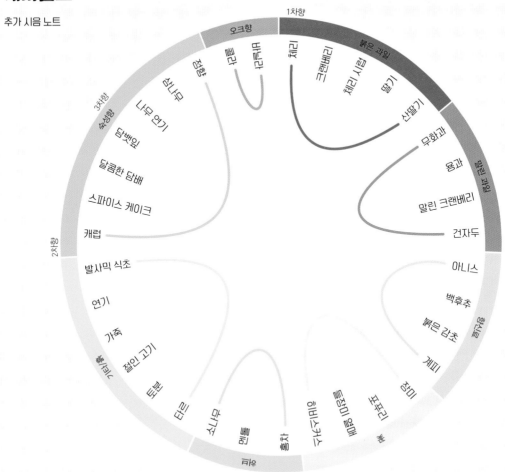

전체 향 휠 (원형 아로마 휠):

1차향 / 붉은 과일: 체리, 크랜베리, 체리 시럽, 딸기, 산딸기

말린 과일: 무화과, 용과, 말린 크랜베리, 건자두

향신료: 아니스, 백후추, 붉은 감초, 계피, 정향

꽃: 제비꽃, 근대근, 밀랍/말린 꽃, 라벤더

식물: 홍차, 펜넬, 소나무, 타르

2차향: 발사믹 식초, 연기, 가죽, 절인 고기, 토분

숙성향 / 3차향: 삼나무, 나무 연기, 담뱃잎, 달콤한 담배, 스파이스 케이크, 캐럽

오크향: 정향, 코코넛, 바닐라

피에몬테 남부

바롤로, 바르바레스코, 그리고 로에로에서 가장 대담하고 타닌이 강한 네비올로 포도가 생산된다. 지방마다 더욱 농밀한 와인인 "리제르바"도 만드는데, 숙성 기간이 더 길고 생산 기준이 더 까다롭다. 이 중에서도 바롤로의 타닌이 가장 높다.

▶ 블랙체리
▶ 스파이스 케이크/타르
▶ 장미
▶ 감초
▶ 캐럽

피에몬테 북부

겜메와 가티나라, 그리고 바롤로 인근 북향 포도밭(바롤로보다 낮은 등급인 랑게 Langhe로 분류)을 말한다. 피에몬테에서 나는 네비올로로 만들었더라도 이 지방 와인은 약간 가볍고 우아한 스타일이며 타닌도 더 부드럽다. 빈티지에 따라서 과일 향 또는 허브 향이 나타날 수 있다.

▶ 앵두
▶ 들장미 열매
▶ 담뱃잎
▶ 가죽
▶ 홍차

이탈리아 발텔리나

피에몬테와 인접한 롬바르디아의 코모 호수 인근 알프스 북쪽 계곡에서도 네비올로가 자란다. 기온이 낮은 지역이기 때문에 허브와 꽃향기가 나면서 무척 우아한 네비올로가 생산된다. 타닌은 중간 정도이며 서늘한 기후에서 나는 피노 누아와 비슷하다.

▶ 크랜베리
▶ 히비스커스
▶ 모란
▶ 마른 허브
▶ 정향

네그로아마로 *Negroamaro*

◀) "네그-로-아마로"

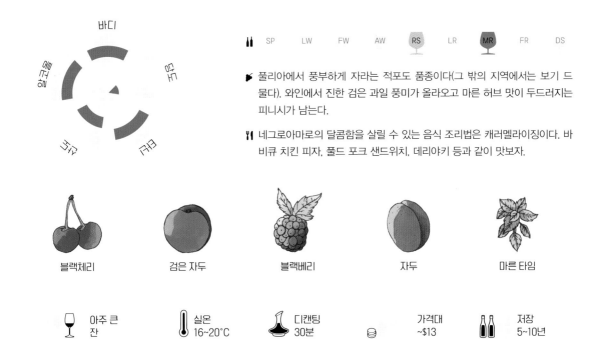

바디

| SP | LW | FW | AW | RS | LR | MR | FR | DS |

🍷 풀리아에서 풍부하게 자라는 적포도 품종이다(그 밖의 지역에서는 보기 드물다). 와인에서 진한 검은 과일 풍미가 올라오고 마른 허브 맛이 두드러지는 피니시가 남는다.

🍴 네그로아마로의 달콤함을 살릴 수 있는 음식 조리법은 캐러멜라이징이다. 바비큐 치킨 피자, 풀드 포크 샌드위치, 데리야키 등과 같이 맛보자.

| 블랙체리 | 검은 자두 | 블랙베리 | 자두 | 마른 타임 |

| 아주 큰 잔 | 실온 16~20℃ | 디캔팅 30분 | | 가격대 ~$13 | 저장 5~10년 |

재배 지역

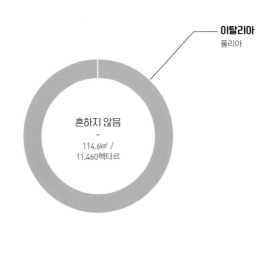

이탈리아
풀리아

흔하지 않음
-
114.6㎢ /
11,460헥타르

추천 품종

몬테풀치아노   메를로   네로 다볼라   바가

네렐로 마스칼레제 *Nerello Mascalese*

◀) "네–렐로 마스–칼–레–제"

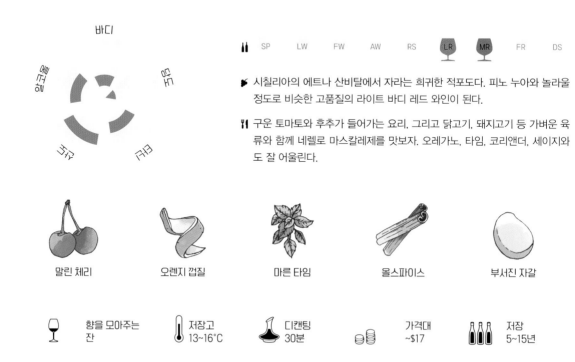

바디

SP LW FW AW RS **LR** **MR** FR DS

❦ 시칠리아의 에트나 산비탈에서 자라는 희귀한 적포도다. 피노 누아와 놀라울 정도로 비슷한 고품질의 라이트 바디 레드 와인이 된다.

🍴 구운 토마토와 후추가 들어가는 요리, 그리고 닭고기, 돼지고기 등 가벼운 육류와 함께 네렐로 마스칼레제를 맛보자. 오레가노, 타임, 코리앤더, 세이지와도 잘 어울린다.

| 말린 체리 | 오렌지 껍질 | 마른 타임 | 올스파이스 | 부서진 자갈 |

| 향을 모아주는 잔 | 저장고 13~16°C | 디캔팅 30분 | 가격대 ~$17 | 저장 5~15년 |

재배 지역

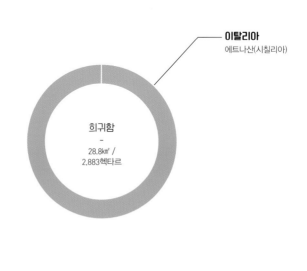

이탈리아
에트나산(시칠리아)

희귀함
-
28.8㎢ /
2,883헥타르

추천 품종

🍷 피노 누아   🍷 그르나슈   🍷 프라파토   🍷 카리냥

네로 다볼라 *Nero d'Avola*

🔊 "네-로 다볼-라" 💬 칼라브레제Calabrese

바디

당도

타닌

산도

향의 강도

| 🍷 | SP | LW | FW | AW | RS | LR | MR | **FR** | DS |

🍖 시칠리아에서 가장 중요한 적포도 품종이다. 풀 바디 스타일, 그리고 블랙체리와 담배 풍미 때문에 카베르네 소비뇽과 자주 비교된다.

🍴 네로 다볼라는 풍성한 과일 향과 강건한 타닌을 지녀서 기름진 육류에 곁들이면 훌륭한 조합이 된다. 전통적으로 소꼬리 수프나 비프 스튜를 곁들인다.

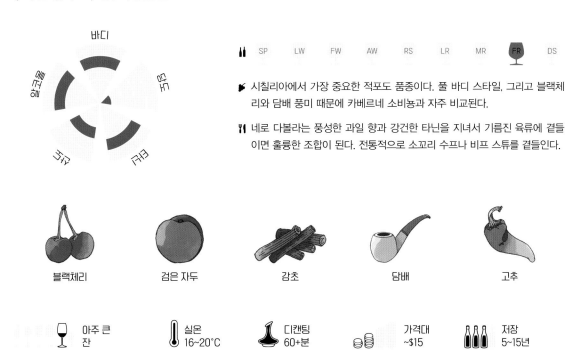

블랙체리   검은 자두   감초   담배   고추

🍷 아주 큰 잔 | 🌡️ 실온 16~20°C | 🍶 디캔팅 60+분 | 🪙 가격대 ~$15 | 🍾 저장 5~15년

재배 지역

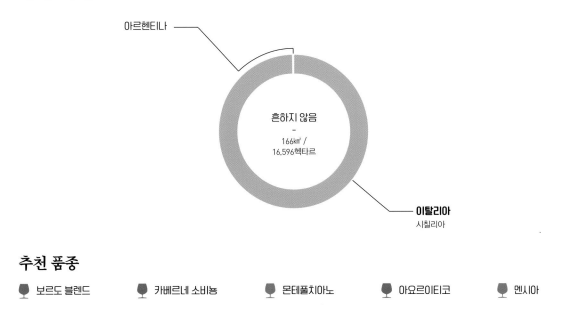

아르헨티나

흔하지 않음
-
166km² /
16,596헥타르

이탈리아
시칠리아

추천 품종

🍷 보르도 블렌드   🍷 카베르네 소비뇽   🍷 몬테풀치아노   🍷 아요르이티코   🍷 멘시아

프티 베르도 *Petit Verdot*

◀) "프-티 베르-도"

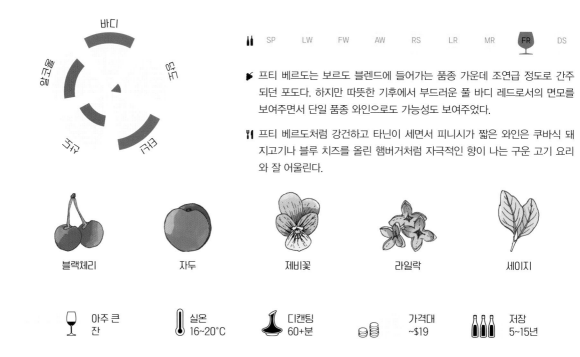

바디
당도
타닌
산도
알코올

| SP | LW | FW | AW | RS | LR | MR | FR | DS |

프티 베르도는 보르도 블렌드에 들어가는 품종 가운데 조연급 정도로 간주되던 포도다. 하지만 따뜻한 기후에서 부드러운 풀 바디 레드로서의 면모를 보여주면서 단일 품종 와인으로도 가능성도 보여주었다.

프티 베르도처럼 강건하고 타닌이 세면서 피니시가 짧은 와인은 쿠바식 돼지고기나 블루 치즈를 올린 햄버거처럼 자극적인 향이 나는 구운 고기 요리와 잘 어울린다.

블랙체리　　　자두　　　제비꽃　　　라일락　　　세이지

아주 큰 잔　　　실온 16~20℃　　　디캔팅 60+분　　　가격대 ~$19　　　저장 5~15년

재배 지역

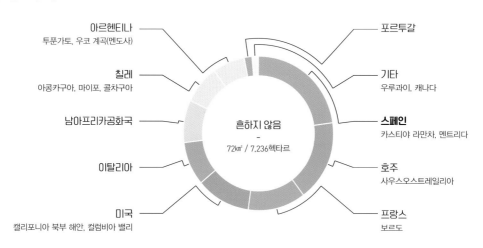

아르헨티나
투푼가토, 우코 계곡(멘도사)

칠레
아콩카구아, 마이포, 콜차구아

남아프리카공화국

이탈리아

미국
캘리포니아 북부 해안, 컬럼비아 밸리

포르투갈

기타
우루과이, 캐나다

스페인
카스티야 라만차, 멘트리다

호주
사우스오스트레일리아

프랑스
보르도

흔하지 않음
–
72㎢ / 7,236헥타르

추천 품종

토리가 나시오날　　　프티트 시라　　　사그란티노　　　타낫　　　보나르다

프티트 시라 *Petite Sirah*

◀) "프-티트 시-라" 💬 뒤리프Durif, 프티트 시라Petite Syrah

바디
알코올
당도
타닌
산도

| 🍾 | SP | LW | FW | AW | RS | LR | MR | **FR** | DS |

🍷 프티트 시라로 만든 와인은 색이 짙고, 검은 과일 풍미가 진하게 올라오면서 타닌이 강건하다. 그것이 매력이다. 시라, 그리고 프랑스의 알프스 지역에서 자라는 희귀한 포도 펠루르생Peloursin과 관련 있는 품종이다.

🍴 타닌이 부담스러울 수도 있기 때문에 최상의 조합을 원한다면 그릴에 구운 스테이크나 비프 스트로가노프 등 기름지고 감칠맛이 풍부한 요리를 곁들여 보자.

| 당과 | 블루베리 | 다크 초콜릿 | 흑후추 | 홍차 |

| 레드 잔 | 실온 16~20℃ | 디캔팅 60+분 | 가격대 ~$18 | 저장 5~15년 |

재배 지역

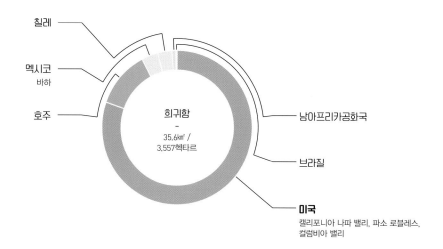

칠레

멕시코
바하

호주

희귀함
-
35.6㎢ /
3,557헥타르

남아프리카공화국

브라질

미국
캘리포니아 나파 밸리, 파소 로블레스,
컬럼비아 밸리

추천 품종

🍷 시라   🍷 돌체토   🍷 토리가 나시오날   🍷 사그란티노   🍷 타낫

피노 블랑 *Pinot Blanc*

🔊 "피-노 블랑" 💬 바이스부르군더Weissburginder, 클레브너Klevner

바디

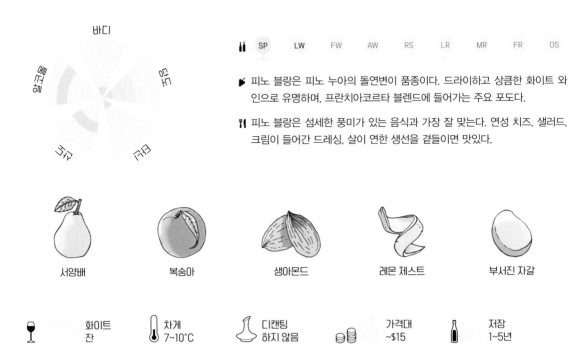

| SP | LW | FW | AW | RS | LR | MR | FR | DS |

🍶 피노 블랑은 피노 누아의 돌연변이 품종이다. 드라이하고 상큼한 화이트 와인으로 유명하며, 프란치아코르타 블렌드에 들어가는 주요 포도다.

🍴 피노 블랑은 섬세한 풍미가 있는 음식과 가장 잘 맞는다. 연성 치즈, 샐러드, 크림이 들어간 드레싱, 살이 연한 생선을 곁들이면 맛있다.

| 서양배 | 복숭아 | 생아몬드 | 레몬 제스트 | 부서진 자갈 |

| 화이트 잔 | 차게 7~10°C | 디캔팅 하지 않음 | 가격대 ~$15 | 저장 1~5년 |

재배 지역

기타
터키, 미국, 그루지야, 크로아티아

독일
바덴, 팔츠

이탈리아
롬바르디아(프란치아코르타), 알토 아디제

오스트리아
니더외스터라이히(오스트리아 북동부),
슈타이어마르크(스티리아)

프랑스
알자스

몰도바

슬로바키아

슬로베니아

러시아

체코

흔하지 않음
-
147.9km² /
14,792헥타르

추천 품종

피노 그리   오세루아   질바너   베르디키오   페르낭 피레스

피노 그리 *Pinot Gris*

◀) "피-노 그리" 💬 피노 그리지오Pinot Grigio, 그라우부르군더Grauburgunder

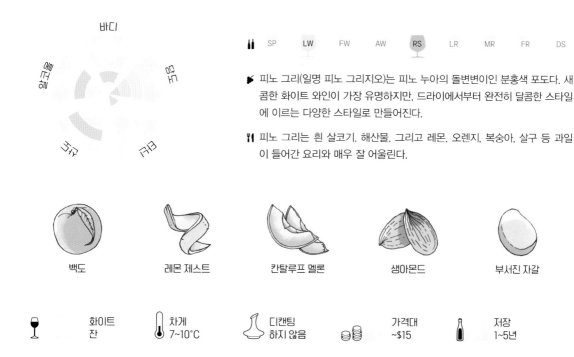

바디

| SP | **LW** | FW | AW | **RS** | LR | MR | FR | DS |

🐚 피노 그리(일명 피노 그리지오)는 피노 누아의 돌변변이인 분홍색 포도다. 새콤한 화이트 와인이 가장 유명하지만, 드라이에서부터 완전히 달콤한 스타일에 이르는 다양한 스타일로 만들어진다.

🍴 피노 그리는 흰 살코기, 해산물, 그리고 레몬, 오렌지, 복숭아, 살구 등 과일이 들어간 요리와 매우 잘 어울린다.

| 백도 | 레몬 제스트 | 칸탈루프 멜론 | 생아몬드 | 부서진 자갈 |

🍷 화이트 잔

🌡️ 차게 7~10℃

디캔팅 하지 않음

가격대 ~$15

저장 1~5년

재배 지역

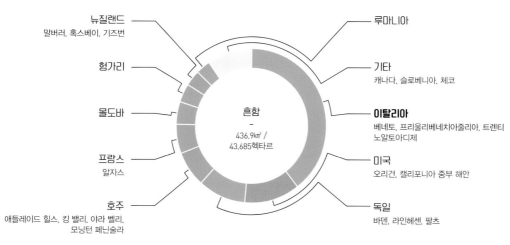

뉴질랜드
말버러, 혹스베이, 기즈번

헝가리

몰도바

프랑스
알자스

호주
애들레이드 힐스, 킹 밸리, 야라 벨리, 모닝턴 페닌슐라

흔함
-
436.9㎢ /
43,685헥타르

루마니아

기타
캐나다, 슬로베니아, 체코

이탈리아
베네토, 프리울리베네치아줄리아, 트렌티노알토아디제

미국
오리건, 캘리포니아 중부 해안

독일
바덴, 라인헤센, 팔츠

추천 품종

🍷 피노 블랑 🍷 알바리뇨 🍷 그레케토 🍷 아르네이스 🍷 프리울라노

피노 누아 *Pinot Noir*

🔊 "피-노-누아"   💬 슈패트부르군더Spätburgunder

바디

향긋한 꽃

과일

단맛

타닌

산도

| 🍷 | SP | LW | FW | AW | RS | LR | MR | FR | DS |

🍖 세계에서 가장 인기 있는 라이트 바디 레드 와인인 피노 누아는 붉은 과일, 향신료 풍미, 부드러운 타닌, 그리고 매끄럽게 이어지는 긴 피니시가 매력이다.

🍴 산도가 높고 타닌이 낮아서 다양한 음식 조합이 가능하다. 피노 누아는 오리고기, 닭고기, 돼지고기, 버섯을 위해 존재한다고 말할 정도로 잘 어울린다.

체리   산딸기   정향   버섯   바닐라

향을 모아주는 잔 | 저장고 13~16°C | 디캔팅 30분 | 가격대 ~$30 | 저장 5~15년

재배 지역

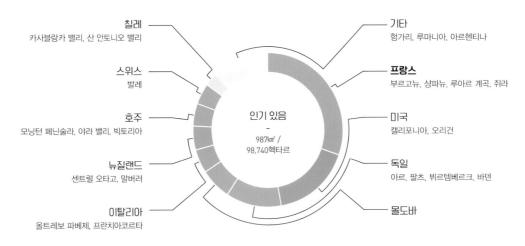

칠레
카사블랑카 밸리, 산 안토니오 밸리

스위스
발레

호주
모닝턴 페닌슐라, 야라 밸리, 빅토리아

뉴질랜드
센트럴 오타고, 말버러

이탈리아
올트레보 파베제, 프란치아코르타

기타
헝가리, 루마니아, 아르헨티나

프랑스
부르고뉴, 샹파뉴, 루아르 계곡, 쥐라

미국
캘리포니아, 오리건

독일
아르, 팔츠, 뷔르템베르크, 바덴

몰도바

인기 있음
-
987km² /
98,740헥타르

추천 품종

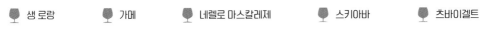

🍷 생 로랑   🍷 가메   🍷 네렐로 마스칼레제   🍷 스키아바   🍷 츠바이겔트

피노 누아

추가 시음 노트

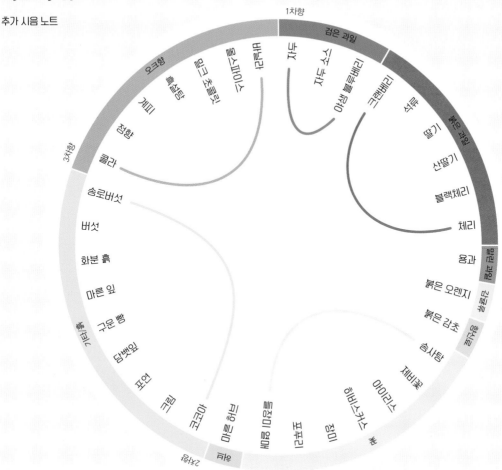

1차향

검은 과일

오크향

제피

정향

시나몬

밀크 초콜릿

다크 초콜릿

베이킹 스파이스

자두

자두 소스

야생 블랙베리

크랜베리

석류

붉은 과일

딸기

산딸기

블랙체리

체리

용과

열대 과일

붉은 오렌지

꽃향기

붉은 감초

솜사탕

제비꽃

아이리스

씀

해비스커스

장미

솔잎

메이플 시럽

볶은 허브

코코아

흙

버섯

송로버섯

콜라

3차향

화분 흙

마른 잎

구운 빵

담뱃잎

표연

젖은

2차향

프랑스 부르고뉴

코트 도르라고 불리는 좁고 긴 땅에 27개의 와인 생산지appellation(뉘 생 조르주, 주브레 샹베르탱 등)가 있다. 그리고 이 27개 산지에는 세계 최고의 피노 누아 포도밭들이 자리 잡고 있다. 서늘한 기후대에 속하는 코트 도르에서 나는 와인은 흙냄새 밴 과일 향과 꽃향기가 올라오면서 산도가 높다.

▶ 버섯
▶ 크랜베리
▶ 자두 소스
▶ 정제 사탕
▶ 히비스커스

캘리포니아 중부 해안

더운 기후에 속하는 지역이지만 태평양의 영향으로 아침마다 안개가 두텁게 낀다. 그래서 피노 누아가 자라기에 적합할 정도로 서늘해진다. 그럼에도 불구하고 와인은 피노 누아 중에서는 푹 익은 느낌이 가장 강한 편이며 달콤한 과일과 부드러운 산미를 갖는다.

▶ 산딸기 소스
▶ 자두
▶ 포연
▶ 바닐라
▶ 올스파이스

기타 지역

다른 지역에서 생산되는 다양한 스타일도 맛보자.

서늘한 기후

오리건, 브리티시컬럼비아, 캘리포니아; 호주의 태즈메이니아; 뉴질랜드의 말버러; 이탈리아의 올트레보 파베제, 그리고 서늘한 기후를 대표하는 독일에서는 새콤한 과일 풍미가 강한 피노 누아가 생산된다.

따뜻한 기후

호주의 모닝턴 페닌술라와 야라 밸리; 캘리포니아의 소노마; 뉴질랜드의 센트럴 오타고; 칠레의 카사블랑카 밸리, 아르헨티나의 파타고니아의 피노 누아는 잘 익어서 화려한 과일 향이 풍부하다.

피노타주 *Pinotage*

◀ "피-노-타주"

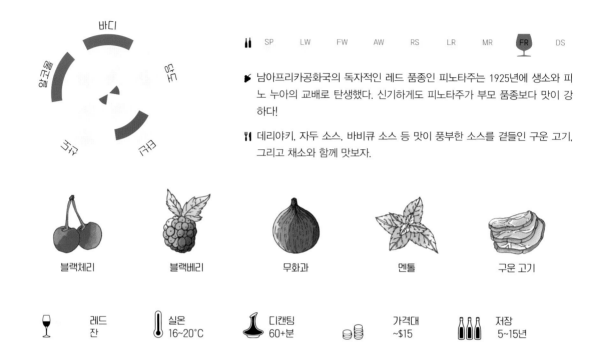

	SP	LW	FW	AW	RS	LR	MR	**FR**	DS

🍷 남아프리카공화국의 독자적인 레드 품종인 피노타주는 1925년에 생소와 피노 누아의 교배로 탄생했다. 신기하게도 피노타주가 부모 품종보다 맛이 강하다!

🍴 데리야키, 자두 소스, 바비큐 소스 등 맛이 풍부한 소스를 곁들인 구운 고기, 그리고 채소와 함께 맛보자.

바디 / 당도 / 타닌 / 산도 / 알코올

블랙체리	블랙베리	무화과	멘톨	구운 고기

레드 잔	실온 16~20°C	디캔팅 60+분	가격대 ~$15	저장 5~15년

재배 지역

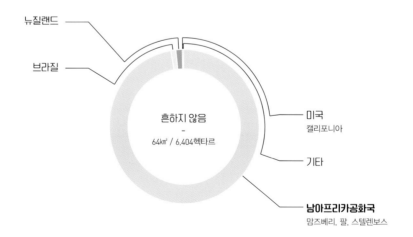

뉴질랜드

브라질

흔하지 않음
-
64㎢ / 6,404헥타르

미국
캘리포니아

기타

남아프리카공화국
맘즈베리, 팔, 스텔렌보스

추천 품종

🍷 알리칸테 부셰　　🍷 시라　　🍷 프티트 시라　　🍷 모나스트렐　　🍷 타낫

픽풀 *Picpoul*

◀) "픽-풀" 💬 픽풀 블랑Picpoul Blanc, 피크풀 블랑Piquepoul Blanc, 픽풀 드 피네Picpoul de Pinet

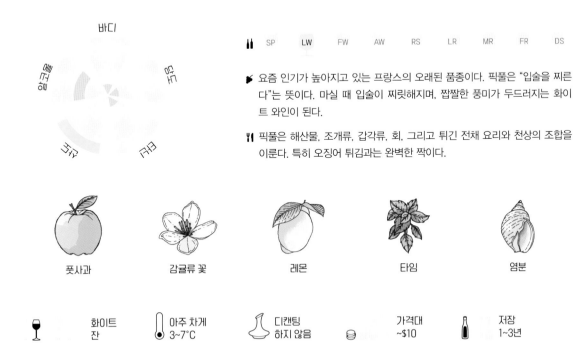

바디

SP **LW** FW AW RS LR MR FR DS

🗡 요즘 인기가 높아지고 있는 프랑스의 오래된 품종이다. 픽풀은 "입술을 찌른
다"는 뜻이다. 마실 때 입술이 찌릿해지며, 짭짤한 풍미가 두드러지는 화이
트 와인이 된다.

🍴 픽풀은 해산물, 조개류, 갑각류, 회, 그리고 튀긴 전채 요리와 천상의 조합을
이룬다. 특히 오징어 튀김과는 완벽한 짝이다.

| 풋사과 | 감귤류 꽃 | 레몬 | 타임 | 염분 |

| 화이트 잔 | 아주 차게 3~7°C | 디캔팅 하지 않음 | 가격대 ~$10 | 저장 1~3년 |

재배 지역

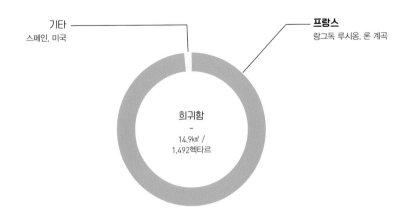

기타
스페인, 미국

프랑스
랑그독 루시옹, 론 계곡

희귀함
-
14.9㎢ /
1,492헥타르

추천 품종

아시르티코   뮈스카데(믈롱)   비뉴 베르드   알바리뇨   그릴로(시칠리아)

포트 *Port*

🔊 "포트"　💬 포르토Porto

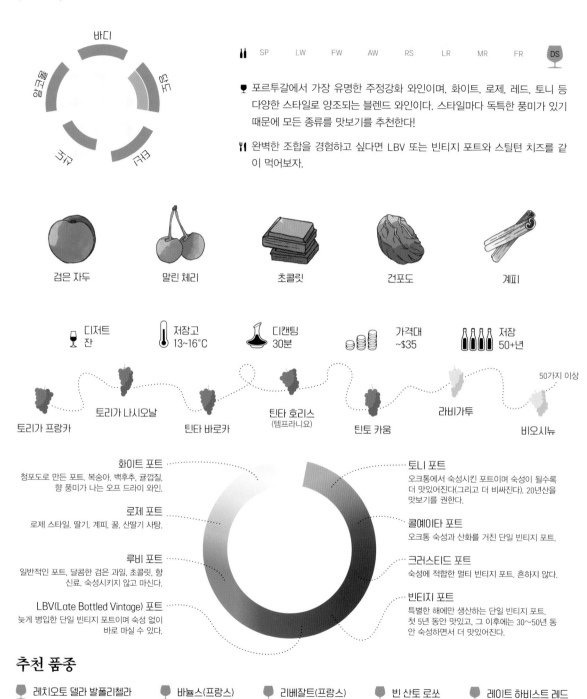

| 🍾 | SP | LW | FW | AW | RS | LR | MR | FR | **DS** |

🍷 포르투갈에서 가장 유명한 주정강화 와인이며, 화이트, 로제, 레드, 토니 등 다양한 스타일로 양조되는 블렌드 와인이다. 스타일마다 독특한 풍미가 있기 때문에 모든 종류를 맛보기를 추천한다!

🍴 완벽한 조합을 경험하고 싶다면 LBV 또는 빈티지 포트와 스틸턴 치즈를 같이 먹어보자.

바디 / 단맛 / 타닌 / 산도 / 알코올

검은 자두　　말린 체리　　초콜릿　　건포도　　계피

🍷 디저트 잔　🌡️ 저장고 13~16℃　디캔팅 30분　가격대 ~$35　저장 50+년

토리가 프랑카　토리가 나시오날　틴타 바로카　틴타 호리스(템프라니요)　틴토 카웅　라비가투　비오시뉴　50가지 이상

화이트 포트
청포도로 만든 포트, 복숭아, 백후추, 귤껍질, 향 풍미가 나는 오프 드라이 와인.

로제 포트
로제 스타일. 딸기, 계피, 꿀, 산딸기 사탕.

루비 포트
일반적인 포트, 달콤한 검은 과일, 초콜릿, 향신료, 숙성시키지 않고 마신다.

LBV(Late Bottled Vintage) 포트
늦게 병입한 단일 빈티지 포트이며 숙성 없이 바로 마실 수 있다.

토니 포트
오크통에서 숙성시킨 포트이며 숙성이 될수록 더 맛있어진다(그리고 더 비싸진다). 20년산을 맛보기를 권한다.

콜예이타 포트
오크통 숙성과 산화를 거친 단일 빈티지 포트.

크러스티드 포트
숙성에 적합한 멀티 빈티지 포트, 흔하지 않다.

빈티지 포트
특별한 해에만 생산하는 단일 빈티지 포트. 첫 5년 동안 맛있고, 그 이후에는 30~50년 동안 숙성하면서 더 맛있어진다.

추천 품종

🍷 레치오토 델라 발폴리첼라　🍷 바뉼스(프랑스)　🍷 리베잘트(프랑스)　🍷 빈 산토 로쏘　🍷 레이트 하비스트 레드

프로세코 *Prosecco*

◀) "프로-세-코"

바디

가벼움 — 진함

드라이 — 타닌

| | SP | LW | FW | AW | RS | LR | MR | FR | DS |

🍷 이탈리아에서 가장 인기 있는 스파클링 와인 프로세코는 베네토와 프리울리 베네치아줄리아에서 재배되는 글레라Glera 품종으로 만든다. 최상급 프로세코는 발도비아데네Valdobbiadene에서 생산된다.

🍴 이탈리아에서는 전통적으로 전채 요리, 절인 고기, 아몬드와 곁들이지만 색다른 조합을 원한다면 매콤한 아시아 음식을 곁들여보자.

풋사과   허니듀 멜론   서양배   라거 맥주   크림

🍷 플루트   🌡️ 아주 차게 3~7°C   디캔팅 하지 않음   가격대 ~$15   저장 1~3년

품질 등급

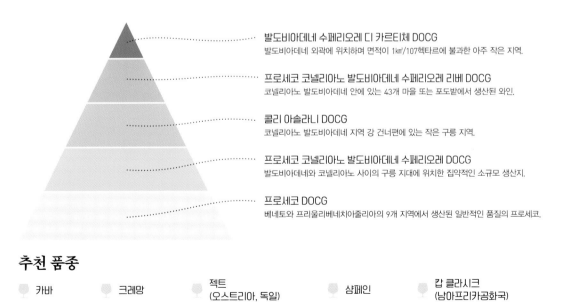

발도비아데네 수페리오레 디 카르티체 DOCG
발도비아데네 외곽에 위치하며 면적이 1㎢/107헥타르에 불과한 아주 작은 지역.

프로세코 코넬리아노 발도비아데네 수페리오레 리베 DOCG
코넬리아노 발도비아데네 안에 있는 43개 마을 또는 포도밭에서 생산된 와인.

콜리 아솔라니 DOCG
코넬리아노 발도비아데네 지역 강 건너편에 있는 작은 구릉 지역.

프로세코 코넬리아노 발도비아데네 수페리오레 DOCG
발도비아데네와 코넬리아노 사이의 구릉 지대에 위치한 집약적인 소규모 생산지.

프로세코 DOCG
베네토와 프리울리베네치아줄리아의 9개 지역에서 생산된 일반적인 품질의 프로세코.

추천 품종

🍷 카바   🍷 크레망   🍷 젝트 (오스트리아, 독일)   🍷 샴페인   🍷 캅 클라시크 (남아프리카공화국)

론/GSM 블렌드 *Rhône / GSM Blend*

◀) "론"　💬 그르나슈-시라-무르베드르Grenache-Syrah-Mourvedre, 코트 뒤 론Cotes du Rhone

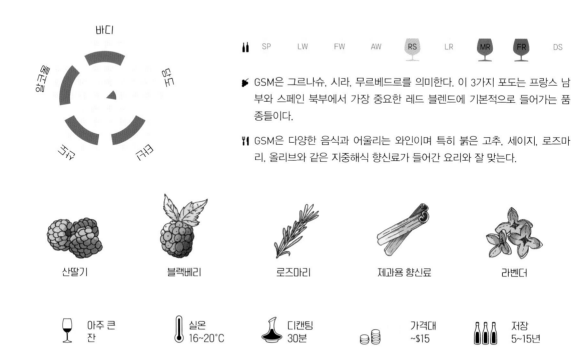

바디

드라이 ↔ 달달함

타닌

산도

알코올

	SP	LW	FW	AW	RS	LR	MR	FR	DS

🍷 GSM은 그르나슈, 시라, 무르베드르를 의미한다. 이 3가지 포도는 프랑스 남부와 스페인 북부에서 가장 중요한 레드 블렌드에 기본적으로 들어가는 품종들이다.

🍴 GSM은 다양한 음식과 어울리는 와인이며 특히 붉은 고추, 세이지, 로즈마리, 올리브와 같은 지중해식 향신료가 들어간 요리와 잘 맞는다.

산딸기　블랙베리　로즈마리　제과용 향신료　라벤더

아주 큰 잔	실온 16~20℃	디캔팅 30분	가격대 ~$15	저장 5~15년

블렌드
론/GSM 블렌드에는 다음 중 몇 가지 혹은 전부가 들어갈 수 있다!

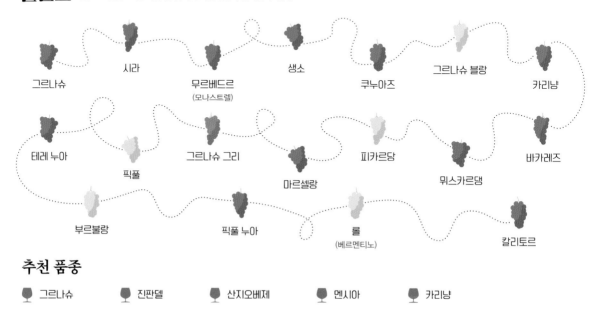

그르나슈　시라　무르베드르 (모나스트렐)　생소　쿠누아즈　그르나슈 블랑　카리냥

테레 누아　픽풀　그르나슈 그리　마르셀랑　피카르당　뮈스카르댕　바카레즈

부르불랑　픽풀 누아　롤 (베르멘티노)　칼리토르

추천 품종
🍷 그르나슈　🍷 진판델　🍷 산지오베제　🍷 멘시아　🍷 카리냥

론/
GSM 블렌드

추가 시음 노트

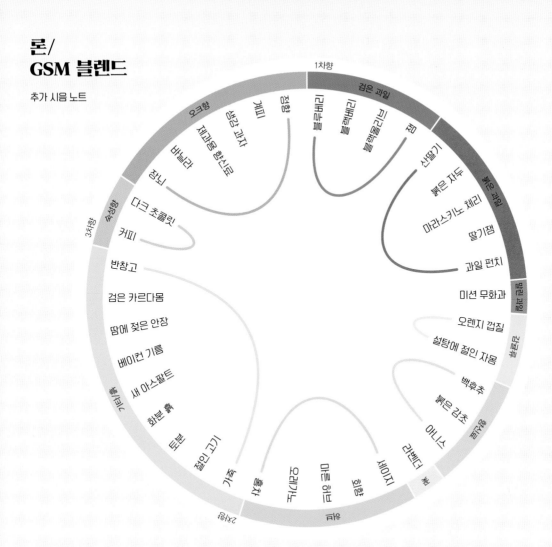

코트 뒤 론

론/GSM 블렌드는 론, 그리고 코토 드 랑그독Coteaux de Languedoc과 프로방스 등 프랑스 남부가 원산지다. 이 지역 블렌드는 덤불에서 나는 검은 과일과 붉은 과일의 풍미가 흑후추, 올리브, 프로방스 허브, 갈색 제과용 향신료의 감칠맛과 어우러져 균형을 이룬다.

▶ 블랙올리브
▶ 말린 크랜베리
▶ 마른 허브
▶ 계피
▶ 가죽

캘리포니아 파소 로블레스

파소 로블레스는 미국에서 가장 먼저 론 품종들을 전폭적으로 받아들인 지역이다. 덥고 건조한 기후 덕분에 엄청나게 강하고 훈연 향 나는 와인이 생산되는데, 특히 시라와 무르베드르(모나스트렐)가 많이 들어간다.

▶ 검은 산딸기
▶ 미션 무화과
▶ 생강 과자
▶ 베이컨 기름
▶ 장뇌

프로방스 로제

론/GSM 블렌드를 로제로 만들면 맛이 완전히 달라진다. 로제는 프로방스와 남프랑스의 특산품이다. 론 블렌드에 롤(일명 베르멘티노)이 추가되면서 산뜻한 산미와 개운한 쌉싸름함이 더해져 상쾌한 와인이 된다.

▶ 딸기
▶ 허니듀 멜론
▶ 분홍색 후추
▶ 셀러리
▶ 오렌지 껍질

리슬링 *Riesling*

◀) "리슬─링"

바디

당도

알코올

타닌

산도

SP　LW　FW　AW　RS　LR　MR　FR　DS

🍷 향이 풍부한 화이트 품종이며 완전히 드라이한 스타일에서부터 매우 달콤한 스타일에 이르는 다양한 와인으로 만들어진다. 세계에서 가장 중요한 리슬링 생산국은 독일이다.

🍴 오프 드라이 리슬링은 양념이 강한 인도나 아시아 요리와 매우 잘 어울리며 오리고기, 돼지고기, 베이컨, 새우, 게 요리에 곁들여도 훌륭하다.

| 라임 | 풋사과 | 밀랍 | 재스민 | 휘발유 |

화이트 잔 · 차게 7~10°C · 디캔팅 하지 않음 · 가격대 ~$26 · 저장 5~10년

재배 지역

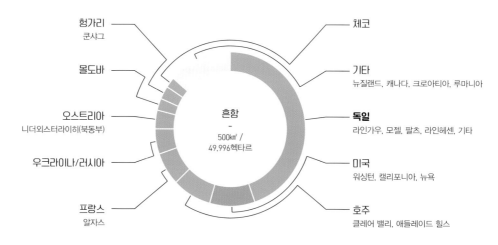

헝가리
쿤샤그

몰도바

오스트리아
니더외스터라이히(북동부)

우크라이나/러시아

프랑스
알자스

흔함
-
500km² /
49,996헥타르

체코

기타
뉴질랜드, 캐나다, 크로아티아, 루마니아

독일
라인가우, 모젤, 팔츠, 라인헤센, 기타

미국
워싱턴, 캘리포니아, 뉴욕

호주
클레어 밸리, 애들레이드 힐스

추천 품종

푸르민트　　아시르티코　　로레이루(포르투갈)　　뮐러 투르가우

리슬링

추가 시음 노트

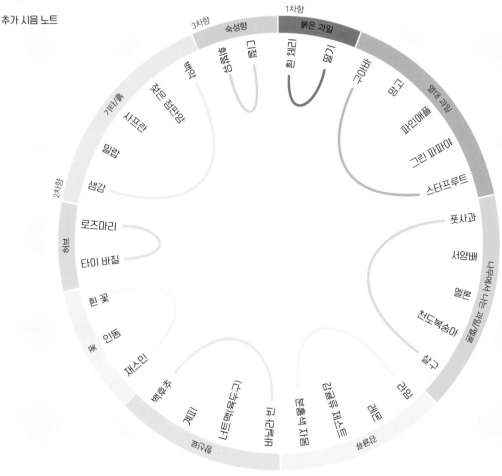

중앙 원형 다이어그램 내 라벨:

- 1차향
- 3차항
- 숙성향
- 붉은 과일
- 흰 체리 / 라임
- 바닐라 / 디젤 / 휘발유
- 뽀얀 / 젖은 점판암 / 꿀 / 밀랍 / 생강 / 기타/흙 / 사프란
- 로즈마리 / 타이 바질 / 흰 꽃 / 인동 / 재스민 / 백후추 / 커피 / 유칼립투스 / 녹나무(장뇌) / 바닐라 꽃
- 2차항 / 피망
- 감귤류 제스트 / 오렌지 껍질 / 레몬 / 블러드 / 라임 / 살구 / 천도복숭아 / 멜론 / 서양배 / 풋사과 / 스타프루트 / 그린 파파야 / 파인애플 / 망고 / 열대 과일 / 바나나
- 나무에서 자란 과일

독일

리슬링은 독일을 대표하는 와인이다. 라인가우, 팔츠, 모젤에서는 세계 최고의 리슬링이 생산된다. 어마어마한 산도, 극도로 풍부하고 강렬한 향, 미네랄, 그리고 균형 잡힌 오프 드라이 스타일 와인이 유명하다.

▶ 살구
▶ 메이어 레몬
▶ 밀랍
▶ 휘발유
▶ 젖은 점판암

프랑스 알자스

알자스는 독일과 인접한 지역이며 독일처럼 리슬링으로 유명하다. 알자스는 독일과 마찬가지로 라벨에 품종을 표기한다. 알자스 리슬링은 가볍고, 미네랄이 강하며 상당히 드라이하다! 가장 맛있는 리슬링은 남부 지역에서 찾을 수 있는데, 보주산맥의 낮은 경사지에 위치한 51개의 공식 그랑 크뤼 밭에서 생산된다.

▶ 풋사과
▶ 라임
▶ 레몬
▶ 연기
▶ 타이 바질

사우스오스트레일리아

호주 남부의 서늘한 지역(에덴 밸리, 클레어 밸리, 애들레이드 힐스)에서는 휘발유 같은 향이 확연하게 나는, 매우 독특한 스타일의 리슬링이 생산된다. 맛은 드라이하고 향에서는 미네랄과 감귤류, 열대 과일 풍미를 느낄 수 있다.

▶ 라임 껍질
▶ 풋사과
▶ 그린 파파야
▶ 재스민
▶ 디젤

루산 *Roussanne*

◀) "루−산" 💬 베르주롱Bergeron, 프로망탈Fromental

바디

| SP | LW | **FW** | AW | RS | LR | MR | FR | DS |

🦪 루산은 귀하고 매력적인 풀 바디 화이트 와인이다. 대부분이 프랑스 남부에서 생산되는 청포도이며 그르나슈 블랑, 마르산, 그리고 간혹 비오니에를 섞어서 만든 화이트 와인 블렌드에 주로 들어간다.

🍴 미국 생산자들은 오크를 사용해서 루산을 생산하는데, 버터에 조리한 랍스터, 게, 푸아 그라, 파테와 상당히 잘 어울리는 와인이다.

메이어 레몬 　　　 살구 　　　 밀랍 　　　 캐모마일 　　　 브리오슈

🍷 향을 모아주는 잔
🌡 차게 7~13°C
디캔팅 하지 않음
가격대 ~$30
저장 5~7년

재배 지역

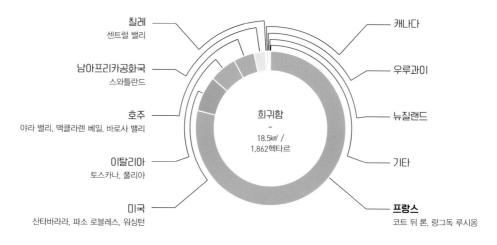

칠레
센트럴 밸리

남아프리카공화국
스와틀란드

호주
야라 밸리, 맥클라렌 베일, 바로사 밸리

이탈리아
토스카나, 풀리아

미국
산타바라라, 파소 로블레스, 워싱턴

희귀함
-
18.5㎢ /
1,862헥타르

캐나다

우루과이

뉴질랜드

기타

프랑스
코트 뒤 론, 랑그독 루시옹

추천 품종

마르산　　샤르도네　　그르나슈 블랑　　사바티아노　　비우라

160

사그란티노 *Sagrantino*

◀) "사–그란–티–노"

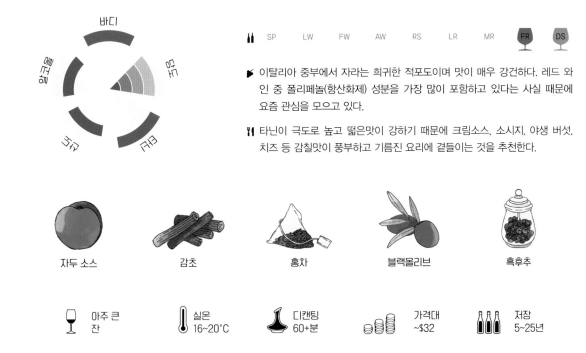

	SP	LW	FW	AW	RS	LR	MR	FR	DS

바디 / 당도 / 산도 / 타닌 / 알코올

☙ 이탈리아 중부에서 자라는 희귀한 적포도이며 맛이 매우 강건하다. 레드 와인 중 폴리페놀(항산화제) 성분을 가장 많이 포함하고 있다는 사실 때문에 요즘 관심을 모으고 있다.

🍴 타닌이 극도로 높고 떫은맛이 강하기 때문에 크림소스, 소시지, 야생 버섯, 치즈 등 감칠맛이 풍부하고 기름진 요리에 곁들이는 것을 추천한다.

자두 소스 · 감초 · 홍차 · 블랙올리브 · 흑후추

🍷 아주 큰 잔 · 🌡 실온 16~20℃ · 🍶 디캔팅 60+분 · 🪙 가격대 ~$32 · 🍾 저장 5~25년

재배 지역

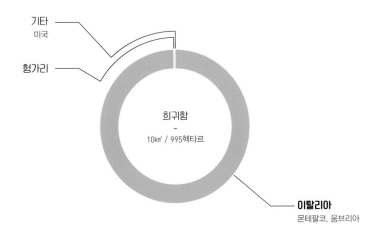

기타
미국

헝가리

희귀함
-
10㎢ / 995헥타르

이탈리아
몬테팔코, 움브리아

추천 품종

🍷 타낫 · 🍷 프티트 시라 · 🍷 토리가 나시오날 · 🍷 모나스트렐 · 🍷 보르도 블렌드

산지오베제 *Sangiovese*

◀) "산−지오−베−제" 💬 프루뇰로 젠틸레Prugnolo Gentile, 니엘루치오Nielluccio, 모렐리노Morellino, 브루넬로Brunello

SP   LW   FW   AW   **RS**   LR   **MR**   FR   DS

🥩 산지오베제는 이탈리아에서 가장 많이 재배되는 포도이며, 토스카나의 유명한 와인인 키안티에 들어가는 주요 품종이다. 포도가 환경에 민감한 편이라 생산 지역에 따라 맛이 상당히 달라진다.

🍴 산지오베제 포도는 산도가 높아 양념이 강한 음식과 두루두루 어울리는 와인이 된다. 토마토소스를 곁들였을 때 맛이 죽지 않는 와인이 있다면 산지오베제가 대표적이다.

체리	구운 토마토	달콤한 발사믹 식초	오레가노	에스프레소

레드잔	저장고 13~16°C	디캔팅 30분	가격대 ~$18	저장 5~25년

재배 지역

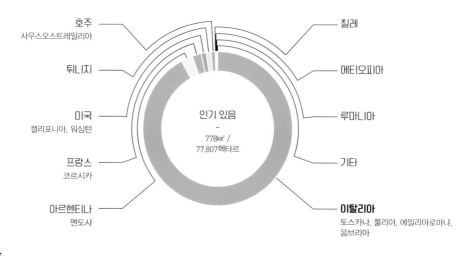

호주 사우스오스트레일리아
튀니지
미국 캘리포니아, 워싱턴
프랑스 코르시카
아르헨티나 멘도사

칠레
에티오피아
루마니아
기타
이탈리아 토스카나, 풀리아, 에밀리아로마냐, 움브리아

인기 있음
−
778km² / 77,807헥타르

추천 품종

🍷 네비올로   🍷 템프라니요   🍷 아요르이티코   🍷 알리아니코   🍷 멘시아

162

산지오베제

추가 시음 노트

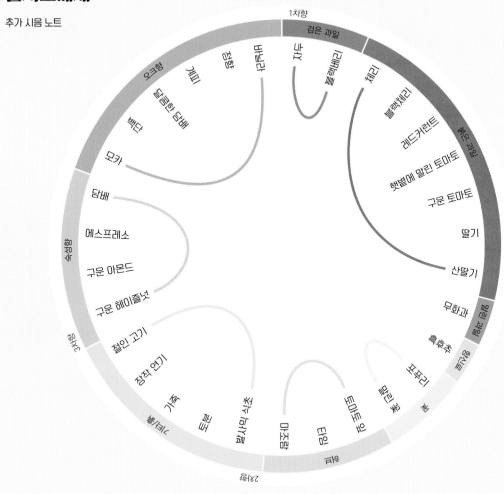

키안티

키안티는 산지오베제를 주로 생산하는 토스카나 지방의 지역 이름이다. 키안티 안에는 8개의 소지역이 있으며, 원조 격인 키안티 클라시코도 키안티에 속한다. 키안티에서는 지역, 품질, 그리고 숙성 기간에 따라서 와인의 등급을 나눈다.

▶ "그란 셀레치오네" – 2.5년
▶ "리제르바" – 2년
▶ "수페리오레" – 1년
▶ 키안티 클라시코, 키안티 콜리 피오렌티니, 키안티 루피나 – 1년
▶ 키안티 몬테스페르톨리 – 9개월
▶ 키안티 등 – 6개월

몬탈치노

토스카나의 몬탈치노 지역에서는 산지오베제 그로소 혹은 브루넬로라고 하는 산지오베제의 특별한 클론이 자란다. 몬탈치노에는 100% 산지오베제로 만든 와인이 3가지 있다.

▶ 브루넬로 디 몬탈치노 "리제르바": 오크 숙성 2년, 이후 4년 추가 숙성
▶ 브루넬로 디 몬탈치노 : 오크 숙성 2년, 이후 3년 추가 숙성
▶ 로쏘 디 몬탈치노 : 1년 숙성

지역 명칭

산지오베제 포도는 지역에 따라 여러 가지 다른 이름으로 불린다. 덜 알려진 지역의 산지오베제는 가성비가 매우 높다.

▶ 카르미냐뇨
▶ 키안티
▶ 몬테팔코 로쏘
▶ 모렐리노 디 스칸사노
▶ 로쏘 코네로
▶ 로쏘 디 몬탈치노
▶ 토르지아노 로쏘
▶ 비노 노빌레 디 몬테풀치아노

소테르네 *Sauternais*

◀) "소-테르-네" 💬 소테른Sauternes, 바르삭Barsac, 세롱Cérons

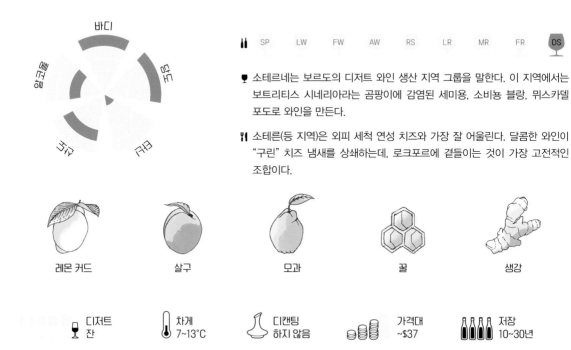

바디

알코올

단맛

산도

타닌

| 🍷 | SP | LW | FW | AW | RS | LR | MR | FR | DS |

🍷 소테르네는 보르도의 디저트 와인 생산 지역 그룹을 말한다. 이 지역에서는 보트리티스 시네리아라는 곰팡이에 감염된 세미용, 소비뇽 블랑, 뮈스카델 포도로 와인을 만든다.

🍴 소테른(등 지역)은 외피 세척 연성 치즈와 가장 잘 어울린다. 달콤한 와인이 "구린" 치즈 냄새를 상쇄하는데, 로크포르에 곁들이는 것이 가장 고전적인 조합이다.

레몬 커드   살구   모과   꿀   생강

| 🍷 디저트 잔 | 🌡 차게 7~13°C | 🍶 디캔팅 하지 않음 | 🪙 가격대 ~$37 | 🍾 저장 10~30년 |

소테르네 원산지 명칭

보르도시

도르도뉴강

프르미에르 코트 드 보르도

그라브 쉬페리외르

보르도 오 베노주

카디약

루피악

샌트 크루아 뒤 몽

보르도의 소테르네 지역은 가론강을 따라 자리 잡고 있다. 강에서 올라오는 안개 덕분에 보트리티스 시네리아 생성에 이상적인 환경이 조성된다.

세롱

바르작

소테른

가론강

추천 품종

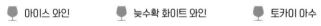

🍷 아이스 와인   🍷 늦수확 화이트 와인   🍷 토카이 아수

소비뇽 블랑 *Sauvignon Blanc*

🔊 "소-비-뇽 블랑" 💬 퓌메 블랑Fumé Blanc

바디

| SP | LW | FW | AW | RS | LR | MR | FR | DS |

🥩 독특한 맛이 나는 화이트 와인이며 메톡시피라진(피망에도 있는 성분!)이라는 화합물에서 비롯되는 강렬한 풀 향기를 느낄 수 있다.

🍴 소비뇽 블랑은 허브가 들어간 소스, 짭짤한 치즈, 흰 살코기, 그리고 특히 아시아 음식과 환상적인 조합을 이룬다.

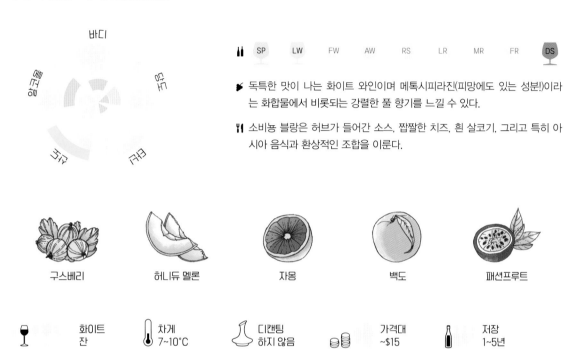

| 구스베리 | 허니듀 멜론 | 자몽 | 백도 | 패션프루트 |

🍷 화이트 잔　🌡 차게 7~10°C　🫗 디캔팅 하지 않음　🪙 가격대 ~$15　🍾 저장 1~5년

재배 지역

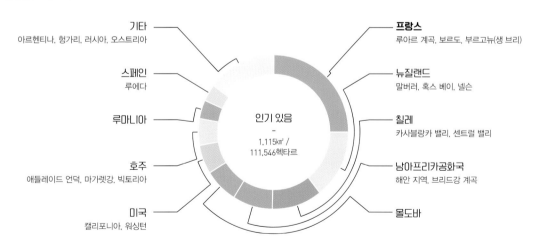

기타
아르헨티나, 헝가리, 러시아, 오스트리아

스페인
루에다

루마니아

호주
애들레이드 언덕, 마가렛강, 빅토리아

미국
캘리포니아, 워싱턴

인기 있음
-
1,115㎢ /
111,546헥타르

프랑스
루아르 계곡, 보르도, 부르고뉴(생 브리)

뉴질랜드
말버러, 혹스 베이, 넬슨

칠레
카사블랑카 밸리, 센트럴 밸리

남아프리카공화국
해안 지역, 브리드강 계곡

몰도바

추천 품종

⚪ 그뤼너 펠트리너　⚪ 베르멘티노　⚪ 슈냉 블랑　⚪ 콜롱바르　⚪ 베르데호

소비뇽 블랑

추가 시음 노트

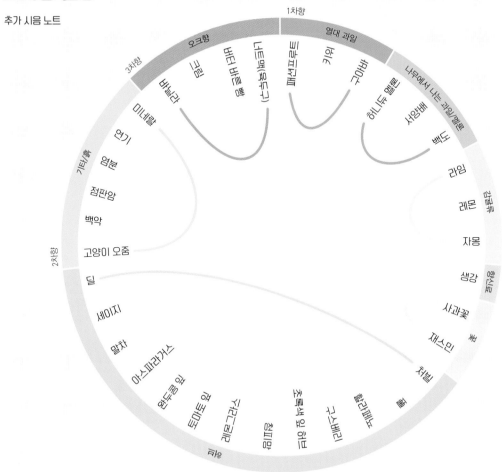

프랑스 루아르 계곡

루아르 계곡의 자랑거리인 소비뇽 블랑은 주로 상트르 지역에서 나고, 투렌 지역도 중요하다. 와인은 가볍고 상큼하면서 허브 풍미, 미네랄, 그리고 연기 냄새가 느껴지는데, 대체로 오크는 사용하지 않는다. 루아르에서 가장 인기 있는 산지는 상세르다.

▶ 라임
▶ 구스베리
▶ 자몽
▶ 점판암
▶ 연기

뉴질랜드

소비뇽 블랑은 뉴질랜드에서 가장 중요한 포도이며 말버러는 소비뇽 블랑의 메카다. 와인에서는 초록색 열대 과일 향이 많이 나타난다. 높은 산도를 상쇄하기 위해 잔당을 약간 남겨둘 때가 많다.

▶ 패션프루트
▶ 키위
▶ 완두콩 싹
▶ 재스민
▶ 익은 서양배

캘리포니아 북부 해안

소노마와 나파의 서늘한 지역에서는 잘 익은 풍미가 있는 소비뇽 블랑이 나는데, 보르도의 화이트 와인처럼 세미용과 혼합한 블렌드로 생산될 때가 많다. 샤르도네처럼 오크 숙성하는 와인도 있다.

▶ 백도
▶ 말차 가루
▶ 레몬그라스
▶ 버터 바른 빵
▶ 염분

사바티아노 *Savatiano*

◀) "사–바–티–아노"

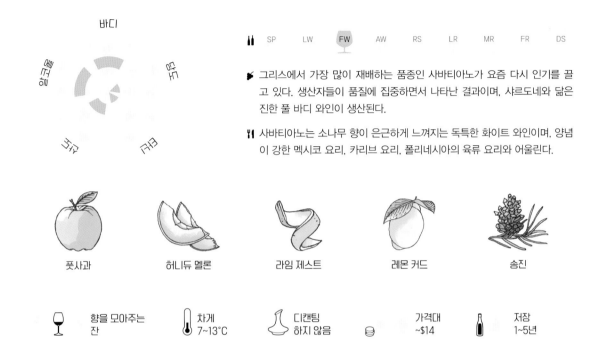

	SP	LW	FW	AW	RS	LR	MR	FR	DS

바디

향긋한 꽃내음

단맛

신맛

타닌

✎ 그리스에서 가장 많이 재배하는 품종인 사바티아노가 요즘 다시 인기를 끌고 있다. 생산자들이 품질에 집중하면서 나타난 결과이며, 샤르도네와 닮은 진한 풀 바디 와인이 생산된다.

🍴 사바티아노는 소나무 향이 은근하게 느껴지는 독특한 화이트 와인이며, 양념이 강한 멕시코 요리, 카리브 요리, 폴리네시아의 육류 요리와 어울린다.

풋사과	허니듀 멜론	라임 제스트	레몬 커드	송진

향을 모아주는 잔	차게 7~13℃	디캔팅 하지 않음	가격대 ~$14	저장 1~5년

재배 지역

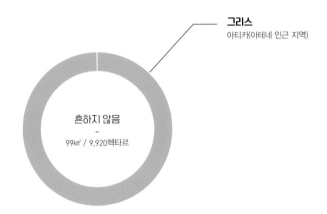

그리스
아티카(아테네 인근 지역)

흔하지 않음
-
99㎢ / 9,920헥타르

추천 품종

🍷 트레비아노 토스카노　🍷 샤르도네　🍷 팔랑기나　🍷 피아노　🍷 세미용

스키아바 *Schiava*

◀) "스키-아-바" 💬 베르나취Vernatsch, 트롤링거Trollinger, 블랙 함부르크Black Hamburg

바디

| SP | LW | FW | AW | RS | LR | MR | FR | DS |

🍖 스키아바는 몇 가지 품종을 통칭하는 명칭이며, 그중에서 스키아바 젠틸레가 가장 고급이다. 달콤한 향이 나는 라이트 바디 와인이며, 체리 사탕과 비슷한 향을 느낄 수 있다.

🍴 새우, 닭고기, 두부, 그리고 특히 바질, 생강, 양강근 등 향기로운 허브를 넣은 동남아시아 요리와 환상적으로 어울린다.

딸기   산딸기   장미 사탕   레몬   연기

향을 모아주는 잔   저장고 13~16°C   디캔팅 30분   가격대 ~$15   저장 1~3년

재배 지역

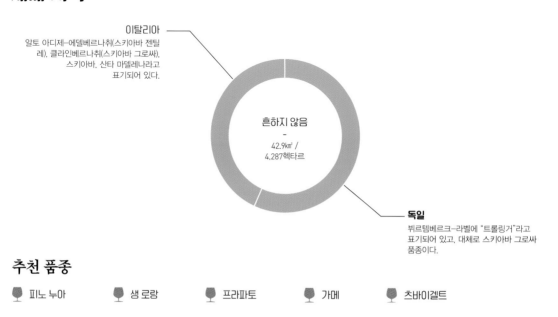

이탈리아
알토 아디제–에델베르나취(스키아바 젠틸레), 클라인베르나취(스키아바 그로싸), 스키아바, 산타 마델레나라고 표기되어 있다.

흔하지 않음
-
42.9㎢ /
4,287헥타르

독일
뷔르템베르크–라벨에 "트롤링거"라고 표기되어 있고, 대체로 스키아바 그로싸 품종이다.

추천 품종

🍷 피노 누아   🍷 생 로랑   🍷 프라파토   🍷 가메   🍷 츠바이겔트

세미용 *Sémillon*

◀) "세─미─용" 💬 헌터 밸리 리슬링Hunter Valley Riesling

바디

SP	LW	FW	AW	RS	LR	MR	FR	DS

☙ 보르도의 최고급 디저트 와인인 소테른의 주요 포도 품종이다. 오크를 사용한 드라이 세미용은 놀라울 정도로 맛이 진하고, 샤르도네와 비슷한 맛이 난다.

🍴 세미용은 맛이 풍부한 생선 요리(은대구)나 흰 살코기(닭고기, 포크찹)와 가장 잘 어울린다. 신선한 회향이나 딜로 양념해보자.

레몬　　밀랍　　황도　　캐모마일　　염분

🍷 화이트 잔　🌡 차게 7~10℃　디캔팅 하지 않음　⊜ 가격대 ~$14　🍾 저장 5~10년

재배 지역

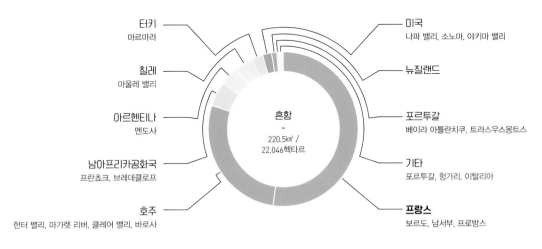

터키
마르마라

칠레
마울레 밸리

아르헨티나
멘도사

남아프리카공화국
프란쵸크, 브레데클로프

호주
헌터 밸리, 마가렛 리버, 클레어 밸리, 바로사

미국
나파 밸리, 소노마, 야키마 밸리

뉴질랜드

포르투갈
베이라 아틀란치쿠, 트라스우스몽트스

기타
포르투갈, 헝가리, 이탈리아

프랑스
보르도, 남서부, 프로방스

흔함
-
220.5km² /
22,046헥타르

추천 품종

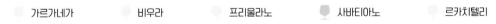

가르가네가　비우라　프리울라노　사바티아노　르카치텔리

셰리 *Sherry*

◀)) "셰-리"   헤레스Jerez, 세레스Xérés

바디

🍷 셰리는 스페인 최고의 주정강화 와인이다. 팔로미노 피노 포도 위주로 만들며 장기간에 걸쳐 산화 숙성시킨다. 여러 가지 스타일로 양조되는데 완전히 드라이한 셰리가 있는가 하면 매우 달콤한 셰리도 있다.

🍴 피노 또는 만사니야 셰리에 훈제하거나 튀기거나 구운 생선, 또는 채소를 곁들여 먹어보자. 아몽티야도 셰리는 바비큐와 같이 맛보자. 그리고 PX나 크림 셰리는 끈적끈적한 치즈를 곁들여보자.

잭프루트

염분

레몬 절임

브라질넛

아몬드

🍷 디저트 잔

🌡 저장고 13~16°C

디캔팅 안함

💰 가격대 ~$25

저장 1~5년

셰리 양조 방식

셰리는 솔레라solera라는 방식으로 만든다. 솔레라는 여러 층으로 쌓은 오크통을 말하며 크리아데라criadera 또는 "단계"라고 부르는 층이 3~9개 있다.

4-크리아데라 솔레라

꼭대기 층에는 새로 만든 와인을 넣고, 가장 아래층에서 완성된 와인을 빼낸다. 와인은 최소한 2년 이상 숙성시킨다(50년 이상 숙성시키는 와인도 있다!). 단일 빈티지 셰리도 있는데, 희귀하며, 아냐다Anada라고 부른다.

추천 품종

 세르시알 마데이라   드라이 마르살라

드라이 스타일

피노 & 만사니야
헤레즈와 산루카르 데 바라메다에서 생산되며 가장 가벼운 스타일이다. 짭짤한 과일 풍미가 있고 차게 마시면 맛있다.

아몽티야도
맛이 약간 강하고 견과류 풍미가 있는 스타일이며 피노와 올로로소의 중간 정도다.

팔로 코르타도
커피와 당밀 비슷한 불에 구운 풍미가 느껴지는 진한 스타일이다.

올로로소
산화를 유도하는 오크 숙성 방식으로 만들며 가장 강한 스타일이다. 사용하고 난 올로로소 오크통은 위스키 제조용으로 수요가 매우 높다.

달콤한 스타일

P.X.(페드로 히메네스)
가장 달콤한 스타일이며 리터 당 잔당이 600g 이상이다. 와인은 진한 갈색이고 무화과와 대추야자 풍미가 난다.

모스카텔
알렉산드리아 머스캣으로 만드는 향기로운 스타일이며 캐러멜 맛이 난다.

가당 셰리
가장 저렴한 스타일이며 보통 P.X.와 올로로소를 섞어서 만든다. 와인은 당도 수준에 따라 표기된다.

- 드라이 : 잔당 5~45g/L
- 미디엄 : 잔당 5~115g/L
- 페일 크림 : 잔당 45~115g/L
- 크림 : 잔당 115~140g/L
- 돌체 : 잔당 160+g/L

질바너 *Silvaner*

🔊 "질-바-너"   💬 그뤼너 질바너Gruner Silvaner, 질바너Sylvaner

바디

| | SP | LW | FW | AW | RS | LR | MR | FR | DS |

🖋 저평가된 화이트 품종으로, 주로 독일에서 재배된다. 강렬한 복숭아 향과 대비되는 은은한 허브, 미네랄 향이 매력적이다.

🍴 야외에서 식사하면서 마시면 정말 맛있다. 과일이 들어간 샐러드, 그리고 가벼운 육류, 두부, 생선 요리. 특히 신선하고 향이 강한 허브를 사용한 요리와 잘 어울린다.

복숭아

패션프루트

오렌지꽃

타임

부서진 자갈

화이트
잔

아주 차게
3~7°C

디캔팅
하지 않음

가격대
~$18

저장
1~5년

재배 지역

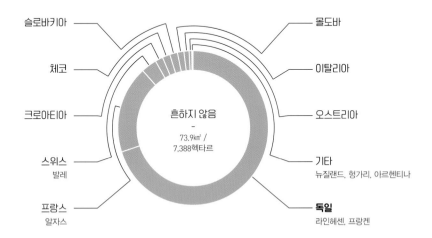

슬로바키아

체코

크로아티아

스위스
발레

프랑스
알자스

몰도바

이탈리아

오스트리아

기타
뉴질랜드, 헝가리, 아르헨티나

독일
라인헤센, 프랑켄

흔하지 않음
-
73.9㎢ /
7,388헥타르

추천 품종

 피노 블랑   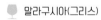 말라구시아(그리스)   피노 그리   베르디키오   페르낭 피레스

시라 *Syrah*

◀) "시−라"　💬 시라즈Shiraz, 에르미타주Hermitage

| SP | LW | FW | AW | RS | LR | MR | FR | DS |

🍷 프랑스의 론 계곡이 원산지이며 강렬하고 고기 맛이 나기도 하는 진한 와인이 된다. 호주에 가장 많이 식재된 포도이기도 하며, 호주에서는 시라즈Shiraz라고 불린다.

🍴 짙은 색 육류와 이국적인 향신료는 시라의 과일 향을 부각시킨다. 양고기 샤와르마, 지로, 오향으로 양념한 돼지고기, 탄두리와 함께 맛보자.

블루베리　자두　밀크 초콜릿　담배　녹색 후추

레드 잔　실온 16~20℃　디캔팅 60+분　가격대 ~$25　저장 5~15년

재배 지역

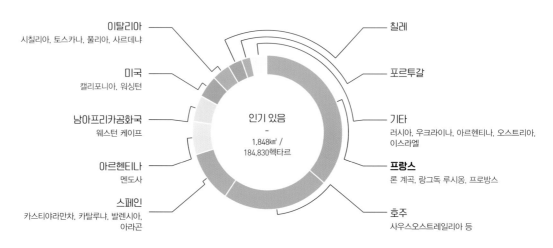

이탈리아
시칠리아, 토스카나, 풀리아, 사르데냐

미국
캘리포니아, 워싱턴

남아프리카공화국
웨스턴 케이프

아르헨티나
멘도사

스페인
카스티야라만차, 카탈루냐, 발렌시아, 아라곤

인기 있음
-
1,848km² /
184,830헥타르

칠레

포르투갈

기타
러시아, 우크라이나, 아르헨티나, 오스트리아, 이스라엘

프랑스
론 계곡, 랑그독 루시옹, 프로방스

호주
사우스오스트레일리아 등

추천 품종

🍷 토리가 나시오날　🍷 모나스트렐　🍷 프티트 시라　🍷 멘시아　🍷 알리칸테 부셰

시라

추가 시음 노트

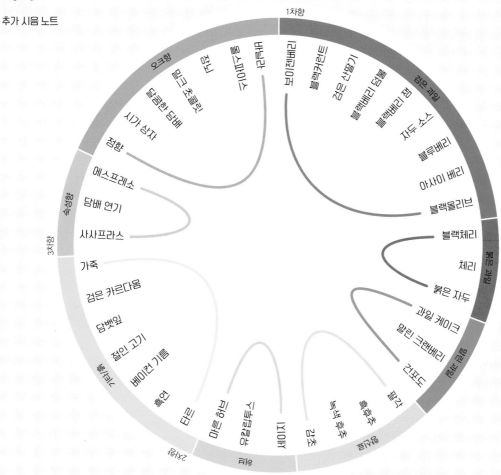

아로마 휠 레이블 (시계방향, 1차향부터):

1차향 / 크리드베리 / 크랜베리 / 붉은 건포도 / 블루베리 잼 / 블랙베리 잼 / 자두 소스 / 블루베리 / 아사이 베리 / 블랙올리브 / 블랙체리 / 체리 / 붉은 자두 / 과일 케이크 / 말린 크랜베리 / 건포도 / 발간 / 흑후추 / 녹색 후추 / 감초 / 세이지 / 양갈빗살 / 마른 허브 / 타르 / 육즙 / 베이컨 기름 / 절인 고기 / 담뱃잎 / 검은 카르다몸 / 가죽 / 사사프라스 / 담배 연기 / 에스프레소 / 정향 / 시가 상자 / 달콤한 담배 / 밀크 초콜릿 / 점토 / 볼스페이스 / 바닐라

섹션: 검은 과일 / 붉은 과일 / 말린 과일 / 향신료 / 허브 / 기타 / 부케향 / 3차향 / 숙성향 / 오크향 / 2차향

사우스오스트레일리아

사우스오스트레일리아 시라즈처럼 강건한 와인은 보기 드물다. 과거에는 바로사 밸리에서 나는 포도로 포트 와인 스타일의 주정강화 와인을 만들었다. 하지만 요즘에는 수령이 100년 넘은 그 포도나무들에서 생산되는 포도로 전 세계가 탐내는 귀한 시라 와인을 만든다. 맥클라렌 베일, 바로사 밸리, 그리고 가성비 높은 리버랜드 지역 와인을 맛보자.

▶ 블랙베리 소스
▶ 과일 케이크
▶ 사사프라스
▶ 장뇌
▶ 달콤한 담배

프랑스 론 계곡

론 북부에는 단일 품종 시라 와인을 생산하는 산지(아펠라시옹)가 몇 군데 있는데, 코트 로티Cote Rotie, 코르나스Cornas, 생 조셉St-Joseph, 크로즈 에르미타주Croz-es-Hermitage 등이다. 와인은 미디엄 바디이며, 흙냄새가 밴 과일 풍미와 강한 타닌이 느껴지고 흑후추 향이 두드러진다.

▶ 자두
▶ 흑후추
▶ 담뱃잎
▶ 베이컨 기름
▶ 흑연

칠레

남미의 시라는 놀라울 정도로 순수한 과일 풍미와 강한 산미, 그리고 마시기 편한 점 때문에 수요가 늘어가고 있다. 와인은 대체로 새콤하거나 잘 익은 검은 과일 풍미가 나면서 적당한 타닌이 있다.

▶ 보이젠베리
▶ 블랙체리
▶ 팔각
▶ 흑연
▶ 녹색 후추

타낫 *Tannat*

◀) "타-낫" 💬 마디랑Madiran

바디
예리한맛
산미
타닌
당도

| ♟ | SP | LW | FW | AW | RS | LR | MR | FR | DS |

🍷 타낫은 폴리페놀(항산화제)을 가장 많이 함유하는 레드 와인에 속한다. 프랑스 남서부가 원산지인 포도이며 우루과이에서 생산량이 1위인 포도다.

🍴 타낫은 타닌이 극도로 강하고 떫은맛이 나기 때문에 바비큐에 구운 기름진 고기처럼 지방이 많은 음식과 같이 마실 것을 권한다. 카술레와도 멋진 조합을 이룬다.

블랙커런트 · 자두 · 감초 · 연기 · 카르다몸

🍷 아주 큰 잔 · 🌡 실온 16~20°C · 🍶 디캔팅 60+분 · 🪙 가격대 ~$15 · 🍾 저장 5~25년

재배 지역

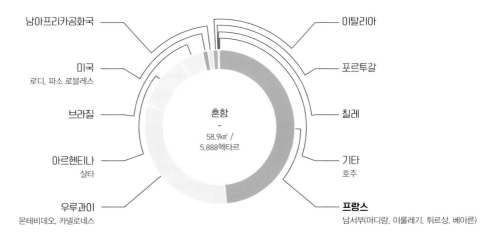

남아프리카공화국
이탈리아
미국
로디, 파소 로블레스
포르투갈
브라질
칠레
아르헨티나
살타
기타
호주
우루과이
몬테비데오, 카넬로네스
프랑스
남서부(마디랑, 이룰레기, 튀르상, 베아른)

흔함
-
58.9㎢ /
5,888헥타르

추천 품종

🍷 사그란티노 · 🍷 알리칸테 부셰 · 🍷 토리가 나시오날 · 🍷 모나스트렐 · 🍷 프티트 시라

템프라니요 *Tempranillo*

◀) "템–프라–니요" 💬 센시벨Cencibel, 틴타 호리스Tinta Roriz, 아라고네스Aragonez, 틴타 데 토로Tinta de Toro, 울 데 예브레Ull de Liebre, 틴타 델 파이스Tinta del Pais

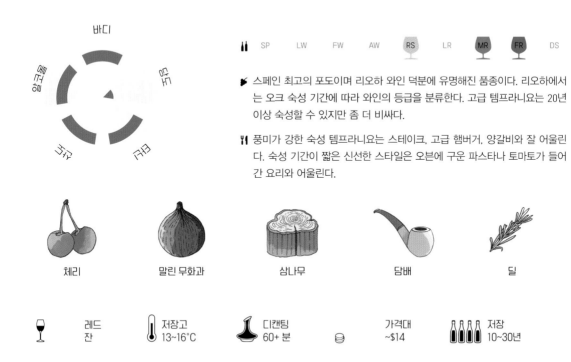

SP　LW　FW　AW　**RS**　LR　**MR**　**FR**　DS

⚓ 스페인 최고의 포도이며 리오하 와인 덕분에 유명해진 품종이다. 리오하에서는 오크 숙성 기간에 따라 와인의 등급을 분류한다. 고급 템프라니요는 20년 이상 숙성할 수 있지만 좀 더 비싸다.

🍴 풍미가 강한 숙성 템프라니요는 스테이크, 고급 햄버거, 양갈비와 잘 어울린다. 숙성 기간이 짧은 신선한 스타일은 오븐에 구운 파스타나 토마토가 들어간 요리와 어울린다.

| 체리 | 말린 무화과 | 삼나무 | 담배 | 딜 |

레드 잔 ／ 저장고 13~16°C ／ 디캔팅 60+ 분 ／ 가격대 ~$14 ／ 저장 10~30년

재배 지역

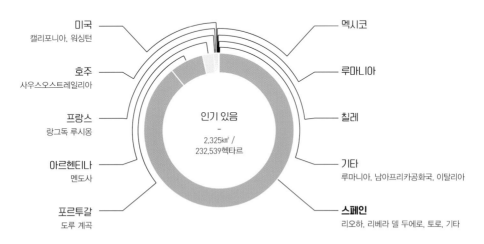

- 미국 — 캘리포니아, 워싱턴
- 호주 — 사우스오스트레일리아
- 프랑스 — 랑그독 루시옹
- 아르헨티나 — 멘도사
- 포르투갈 — 도루 계곡
- 멕시코
- 루마니아
- 칠레
- 기타 — 루마니아, 남아프리카공화국, 이탈리아
- **스페인** — 리오하, 리베라 델 두에로, 토로, 기타

인기 있음
–
2,325km² /
232,539헥타르

추천 품종

🍷 산지오베제　🍷 네비올로　🍷 아요르이티코　🍷 몬테풀치아노　🍷 알리아니코

템프라니요

추가 시음 노트

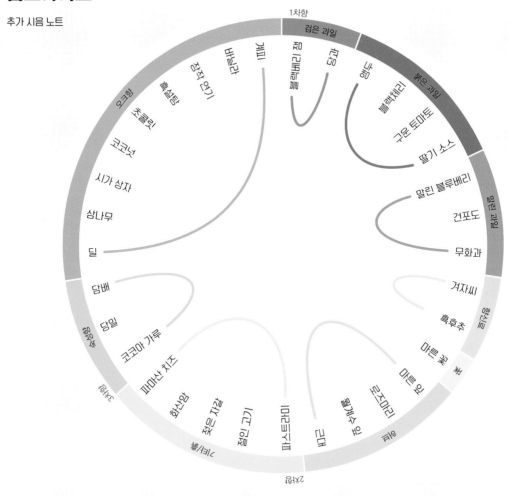

(Aroma wheel labels, clockwise from top:)

1차향

검은 과일 — 블랙베리, 자두, 블루베리

붉은 과일 — 크랜베리, 블랙체리, 구운 토마토, 딸기 소스

말린 과일 — 말린 블루베리, 건포도, 무화과

양념/향신료 — 겨자씨, 흑후추

꽃 — 마른 꽃, 마른 잎, 로즈마리

약용 — 민트

꿀/허브 — 유칼립투스, 월계수 잎, 절인 고기, 젖은 자갈, 화산암

3차향 — 파마산 치즈, 코코아 가루, 당밀, 담배, 딜, 삼나무, 시가 상자, 코코넛, 초콜릿, 오크향

검은 감초, 정향 연기, 바닐라, 계피

2차향

스페인 북부

스페인에서 생산되는 대중적인 템프라니요는 리오하와 리베라 델 두에로 지역에서 주로 재배된다. 가장 저렴한 스타일은 일반적으로 오크를 사용하지 않거나 숙성 기간이 짧아 신선하면서 과일 풍미가 많이 난다. 품종의 특성상 고기 풍미가 두드러진다.

▶ 말린 체리
▶ 앵두
▶ 파스트라미
▶ 구운 토마토
▶ 근대

스페인 "레제르바"

리오하, 토로, 리베라 델 두에로 지역 템프라니요는 숙성 체계에 따라 와인을 분류한다. 가장 짧게 숙성시킨 와인은 "로블레 Roble" 또는 "틴토Tinto(거의 숙성 안하거나 숙성 전혀 안함)"이며, 그다음 단계는 "크리안자Crianza(1년 이하 숙성)"다. 최고 등급인 레제르바Reserva와 그란 레제르바 Gran Reserva는 각각 3년, 6년 숙성시킨 와인이다.

▶ 블랙체리
▶ 딜
▶ 시가 상자
▶ 흑설탕
▶ 무화과

로제 템프라니요

템프라니요로 만드는 로제는 구수하고 고기맛이 느껴지는 근육질 스타일이다. 일반적으로 연어 색깔을 띠며, 풍부하고 기름진 맛이 나면서 강건한 붉은 과일 풍미가 있다.

▶ 딸기
▶ 백후추
▶ 정향
▶ 토마토
▶ 월계수 잎

토론테스 *Torrontés*

◀ "토-론-테스" 💬 토론테스 산후아니노Torrontés Sanjuanino, 토론테스 멘도치노T. Mendocino, 토론테스 리오하노T. Riojano

바디

SP   LW   FW   **AW**   RS   LR   MR   FR   DS

🏹 아르헨티나의 토착 청포도 품종인 토론테스는 실제로는 알렉산드리아 머스캣이 자연 상태에서 이종 교배되어 탄생한 품종 3가지를 통칭하는 이름이다. 그 가운데 토론테스 리오하노가 가장 우수하다고 여겨진다.

🍴 토론테스는 향이 달콤하지만 맛은 대체로 드라이하다. 이국적인 향신료, 과일, 그리고 향이 강한 허브가 들어간 감칠맛 나는 요리와 매우 잘 어울린다.

메이어 레몬	복숭아	장미 꽃잎	제라늄	감귤류 제스트

🍷 화이트 잔 🌡 차게 7~10°C 🍾 디캔팅 하지 않음 ⊜ 가격대 ~$12 🍾 저장 1~5년

재배 지역

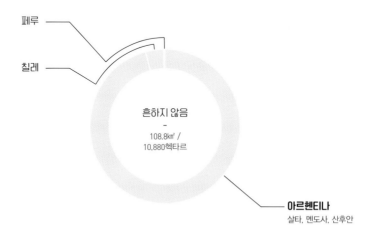

페루
칠레

흔하지 않음
-
108.8㎢ /
10,880헥타르

아르헨티나
살타, 멘도사, 산후안

추천 품종

🍷 페르낭 피레스   🍷 체르세기 푸세레슈(헝가리)   질바너   그라세비나 (크로아티아)   피노 블랑

토리가 나시오날 *Touriga Nacional*

◀) "토-리-가 나-시-오-날"　💬 토리가 데 다웅Touriga de Dão, 카라브루녜라Carabruñera, 모르타구아Mortágua

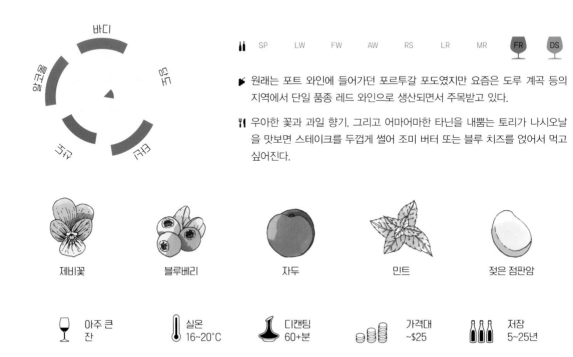

SP　LW　FW　AW　RS　LR　MR　**FR**　**DS**

🍶 원래는 포트 와인에 들어가던 포르투갈 포도였지만 요즘은 도루 계곡 등의 지역에서 단일 품종 레드 와인으로 생산되면서 주목받고 있다.

🍴 우아한 꽃과 과일 향기, 그리고 어마어마한 타닌을 내뿜는 토리가 나시오날을 맛보면 스테이크를 두껍게 썰어 조미 버터 또는 블루 치즈를 얹어서 먹고 싶어진다.

제비꽃　블루베리　자두　민트　젖은 점판암

아주 큰 잔　실온 16~20℃　디캔팅 60+분　가격대 ~$25　저장 5~25년

재배 지역

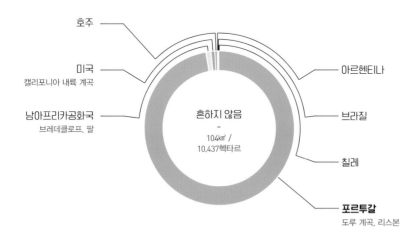

호주
미국
캘리포니아 내륙 계곡
남아프리카공화국
브레데클로프, 팔

흔하지 않음
-
104㎢ /
10,437헥타르

아르헨티나
브라질
칠레
포르투갈
도루 계곡, 리스본

추천 품종

🍷 시라　🍷 사그란티노　🍷 모나스트렐　🍷 프티 베르도　🍷 프티트 시라

트레비아노 토스카노 *Trebbiano Toscano*

💬 위니 블랑Ugni Blanc

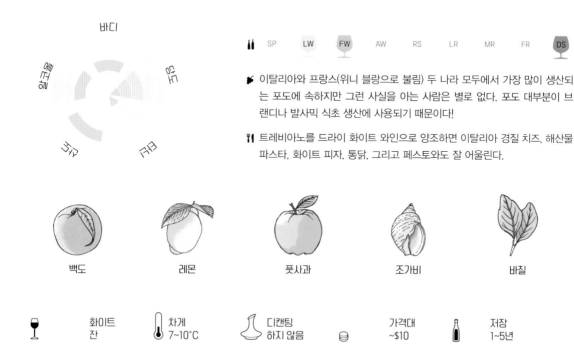

바디

예리함
타닌
당도
산도

| | SP | LW | FW | AW | RS | LR | MR | FR | DS |

🍷 이탈리아와 프랑스(위니 블랑으로 불림) 두 나라 모두에서 가장 많이 생산되는 포도에 속하지만 그런 사실을 아는 사람은 별로 없다. 포도 대부분이 브랜디나 발사믹 식초 생산에 사용되기 때문이다!

🍴 트레비아노를 드라이 화이트 와인으로 양조하면 이탈리아 경질 치즈, 해산물 파스타, 화이트 피자, 통닭, 그리고 페스토와도 잘 어울린다.

| 백도 | 레몬 | 풋사과 | 조가비 | 바질 |

| 🍷 화이트 잔 | 🌡️ 차게 7~10°C | 🏺 디캔팅 하지 않음 | 가격대 ~$10 | 🍾 저장 1~5년 |

재배 지역

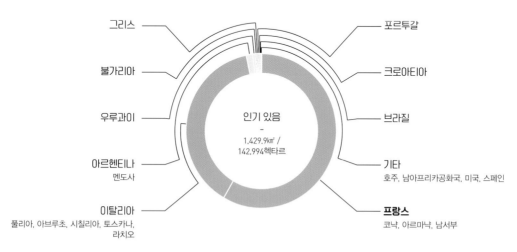

그리스

불가리아

우루과이

아르헨티나
멘도사

이탈리아
풀리아, 아브루초, 시칠리아, 토스카나,
라치오

인기 있음
~
1,429.9㎢ /
142,994헥타르

포르투갈

크로아티아

브라질

기타
호주, 남아프리카공화국, 미국, 스페인

프랑스
코냑, 아르마냑, 남서부

추천 품종

🍷 샤르도네　　🍷 사바티아노　　🍷 세미용　　🍷 루산　　🍷 그르나슈 블랑

발폴리첼라 블렌드 *Valpolicella Blend*

🔊 "발–폴리–첼라"

💬 아마로네 델라 발폴리첼라Amarone della Valpolicella, 레치오토 델라 발폴리첼라Recioto della Valpolicella, 발폴리첼라 수페리오레 리파쏘Valpolicella Superiore Ripasso

바디

예리함

당도

타닌

산도

	SP	LW	FW	AW	RS	LR	MR	FR	DS

🍷 베네토 지역에서 가장 유명한 와인인 아마로네 델라 발폴리첼라는 약간 말린 포도(아파시멘토appasimento라고 부르는 과정)를 발효시켜서 진한 레드 와인으로 만든 것이다.

🍴 기본 등급 발폴리첼라는 햄버거나 통닭과 어울린다. 고급인 리파쏘와 아마로네 스타일은 고기찜, 스테이크, 버섯, 그리고 숙성 치즈와 잘 어울린다.

앵두 · 계피 · 초콜릿 · 녹색 후추 · 아몬드

레드 잔 · 저장고 13~16°C · 디캔팅 30분 · 가격대 ~$30 · 저장 5~25년

코르비나 · 코르비노네 · 몰리나라 · 론디넬라

레치오토 델라 발폴리첼라
아파시멘토 방식으로 짚 매트 위에서 건조시켜 당분을 농축시킨 포도로 만든 디저트 와인. 검은 건포도, 블랙체리, 초콜릿, 정향, 구운 헤이즐넛 풍미가 난다.

아마로네 델라 발폴리첼라
아파시멘토 방식으로 만든 드라이 와인. 발효가 50일 동안 진행된다. 블랙체리, 무화과, 사사프라스, 다크 초콜릿 풍미가 난다.

발폴리첼라 수페리오레 리파쏘
아마로네 와인을 만들고 남은 포도 찌꺼기와 섞어서 양조한 와인. 체리 소스, 녹색 후추, 캐럽 풍미가 난다.

발폴리첼라 수페리오레
품질이 더 높은 발폴리첼라용 포도를 사용하고 더 농축된 와인이 된다. 블랙베리와 향신료 풍미가 있고 산도가 높다.

발폴리첼라 클라시코
기본적인 품질의 포도로 만드는 가장 낮은 단계의 발폴리첼라. 앵두와 재 냄새가 난다.

추천 품종

🍷 블라우프랭키쉬 · 🍷 멘시아 · 🍷 츠바이겔트 · 🍷 론/GSM 블렌드 · 🍷 그르나슈

베르데호 *Verdejo*

🔊 "베르-데-호" 💬 루에다, 베르데하Rueda, Verdeja

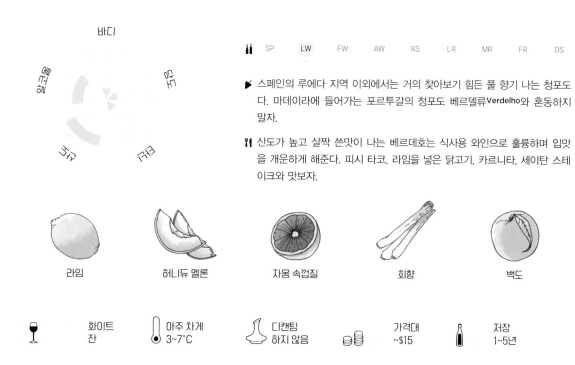

바디

| | SP | **LW** | FW | AW | RS | LR | MR | FR | DS |

🌿 스페인의 루에다 지역 이외에서는 거의 찾아보기 힘든 풀 향기 나는 청포도다. 마데이라에 들어가는 포르투갈의 청포도 베르델류Verdelho와 혼동하지 말자.

🍴 산도가 높고 살짝 쓴맛이 나는 베르데호는 식사용 와인으로 훌륭하며 입맛을 개운하게 해준다. 피시 타코, 라임을 넣은 닭고기, 카르니타, 세이탄 스테이크와 맛보자.

| 라임 | 허니듀 멜론 | 자몽 속껍질 | 회향 | 백도 |

| 화이트 잔 | 아주 차게 3~7°C | 디캔팅 하지 않음 | 가격대 ~$15 | 저장 1~5년 |

재배 지역

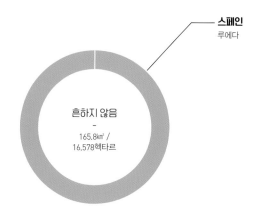

스페인
루에다

흔하지 않음
–
165.8㎢ /
16,578헥타르

추천 품종

소비뇽 블랑   프리울라노   믈롱   베르멘티노   콜롱바르

181

베르디키오 *Verdicchio*

🔊 "베르-디-키-오"　💬 트레비아노 디 루가나Trebbiano di Lugana

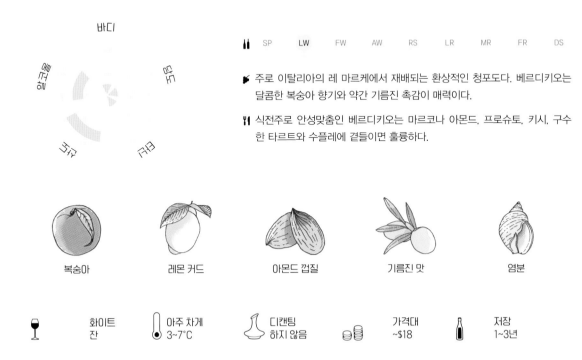

바디

| | SP | **LW** | FW | AW | RS | LR | MR | FR | DS |

🥖 주로 이탈리아의 레 마르케에서 재배되는 환상적인 청포도다. 베르디키오는 달콤한 복숭아 향기와 약간 기름진 촉감이 매력이다.

🍴 식전주로 안성맞춤인 베르디키오는 마르코나 아몬드, 프로슈토, 키시, 구수한 타르트와 수플레에 곁들이면 훌륭하다.

| 복숭아 | 레몬 커드 | 아몬드 껍질 | 기름진 맛 | 염분 |

| 🍷 화이트 잔 | 🌡 아주 차게 3~7℃ | 디캔팅 하지 않음 | 가격대 ~$18 | 저장 1~3년 |

재배 지역

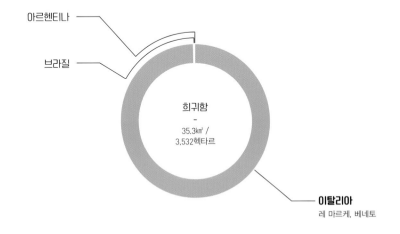

아르헨티나

브라질

희귀함
-
35.3㎢ /
3,532헥타르

이탈리아
레 마르케, 베네토

추천 품종

피노 블랑　　질바너　　그레케토　　페르낭 피레스　　피노 그리

베르멘티노 *Vermentino*

◀) "베르-멘-티노" 💬 롤Rolle, 파보리타Favorita, 피가토Pigato

바디

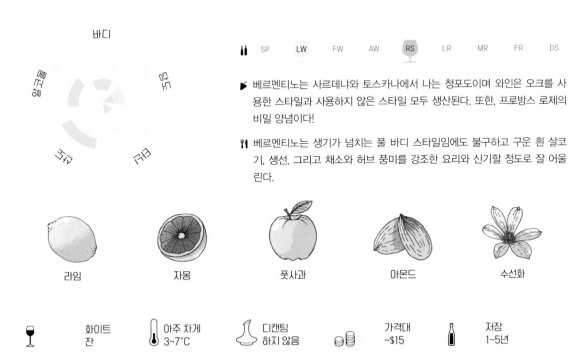

| SP | **LW** | FW | AW | **RS** | LR | MR | FR | DS |

🏹 베르멘티노는 사르데냐와 토스카나에서 나는 청포도이며 와인은 오크를 사용한 스타일과 사용하지 않은 스타일 모두 생산된다. 또한, 프로방스 로제의 비밀 양념이다!

🍴 베르멘티노는 생기가 넘치는 풀 바디 스타일임에도 불구하고 구운 흰 살코기, 생선, 그리고 채소와 허브 풍미를 강조한 요리와 신기할 정도로 잘 어울린다.

| 라임 | 자몽 | 풋사과 | 아몬드 | 수선화 |

| 화이트 잔 | 아주 차게 3~7°C | 디캔팅 하지 않음 | 가격대 ~$15 | 저장 1~5년 |

재배 지역

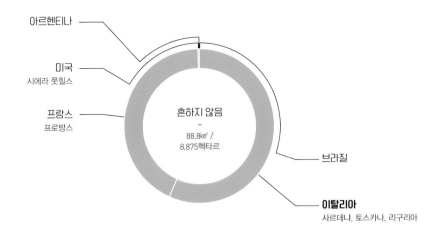

아르헨티나

미국
시에라 풋힐스

프랑스
프로방스

흔하지 않음
-
88.8㎢ /
8,875헥타르

브라질

이탈리아
사르데냐, 토스카나, 리구리아

추천 품종

슈냉 블랑　소비뇽 블랑　그뤼너 펠트리너　콜롱바르　세미용

비뉴 베르드 *Vinho Verde*

◀) "비뉴 베르-드" 💬 로레이루Loureiro, 알바리뉴Alvarinho, 트라하두라Trajadura, 아잘Azal

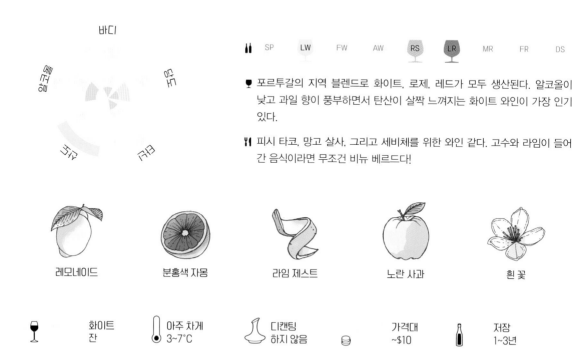

바디

SP LW FW AW RS LR MR FR DS

🍷 포르투갈의 지역 블렌드로 화이트, 로제, 레드가 모두 생산된다. 알코올이 낮고 과일 향이 풍부하면서 탄산이 살짝 느껴지는 화이트 와인이 가장 인기 있다.

🍴 피시 타코, 망고 살사, 그리고 세비체를 위한 와인 같다. 고수와 라임이 들어간 음식이라면 무조건 비뉴 베르드다!

레모네이드 분홍색 자몽 라임 제스트 노란 사과 흰 꽃

🍷 화이트 잔   🌡️ 아주 차게 3~7°C   디캔팅 하지 않음   가격대 ~$10   저장 1~3년

포도 품종
비뉴 베르드는 포르투갈 북부에서 나는 다음과 같은 포도 전부 또는 몇 가지로 만드는 블렌드다.

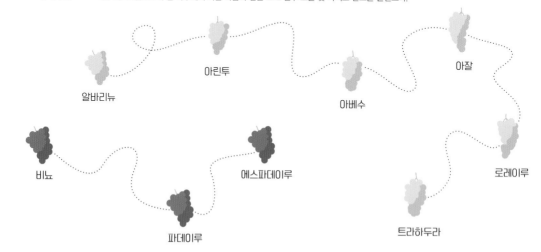

알바리뉴 아린투 아잘 아베수 로레이루 비뇨 에스파데이루 파데이루 트라하두라

추천 품종

알바리뇨   아린투   아시르티코   드라이 리슬링   콜롱바르

빈 산토 *Vin Santo*

| SP | LW | FW | AW | RS | LR | MR | FR | DS |

🍷 빈 산토("신성한 와인")는 트레비아노, 말바시아, 산지오베제로 만드는 이탈리아의 희귀한 디저트 와인이다. 너무나 달기 때문에 발효하는데 4년까지도 걸릴 수 있다!

🍴 빈 산토는 이탈리아 페이스트리나 아몬드 비스코티에 곁들이기에 좋다. 탈레지오처럼 냄새가 강한 연성 치즈와도 완벽한 조합을 이룬다.

향수

무화과

건포도

아몬드

토피

 디저트 잔

 저장고 13~16°C

 디캔팅 안함

 가격대 ~$40

저장 5~10년

빈 산토 생산 방식

포도를 몇 달 동안 매트 위에 펼쳐놓거나 서까래에 매달아서 건포도처럼 말린다. 이 방식을 "파시토passito"라고 부른다. 그런 다음 건포도를 오크통에 넣어두면 다음 해 봄에 저절로 발효한다. 계절에 따라 발효가 일어나다가 중단되기를 반복하는데, 4년까지 걸릴 수도 있다!

저급한 빈 산토는 주정강화 방식으로 만들며 빈 산토 리쿠오로소라고 부른다.

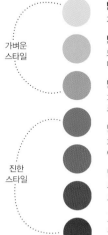

가벼운 스타일

빈 산토 디 감벨라라
가르가네가 품종으로 만드는 베테토의 와인

빈 산토 트렌티노
노지올라라는 희귀하고 향이 풍부한 청포도로 만드는 트렌티노 와인이며, 설탕에 절인 자몽과 꿀 향이 난다.

빈 산토 델 키안티 클라시코
가장 흔한 스타일이다. 말바시아와 트레비아노 토스카노와 같은 청포도로 만드는 토스카나 와인이다.

빈 산토 디 오피다
파세리나 포도로 만드는 드라이 스타일의 마르케 와인이며 귀하다. 메이어 레몬과 회향 향이 난다.

빈 산토 오키오 디 페르니체
주로 산지오베제와 말바시아의 적포도 변종인 말바시아 네라로 만드는 토스카나의 희귀한 레드 스타일이다.

진한 스타일

그리스의 빈산토
완전히 다른 와인이다. 산토리니의 아시르티코 포도로 만들며 타닌이 상당히 느껴지면서 산딸기, 말린 살구, 절인 체리 풍미가 있다.

추천 품종

 토니 포트　　 모스카테우 데 세투발　　 보알 마데이라　　 맘지 마데이라　　 크림 셰리

비오니에 *Viognier*

◀) "비-오니-에" 💬 콩드리외Condrieu

바디

| SP | LW | **FW** | AW | RS | LR | MR | FR | DS |

🍷 론 북부가 원산지인 진하고 유질감 있는 청포도이며 캘리포니아, 호주 등에서 인기가 급속도로 상승하고 있다. 캘리포니아와 호주에서는 오크 숙성할 때가 많다.

🍴 비오니에를 정말 맛있게 마시고 싶다면 아몬드, 감귤류, 조린 과일, 그리고 타이 바질이나 타라곤처럼 향이 강한 허브로 맛을 낸 요리에 곁들이자.

탕헤르 오렌지 / 복숭아 / 망고 / 인동 / 장미

🍷 화이트 잔
🌡️ 차게 7~10°C
디캔팅 하지 않음
가격대 ~$30
저장 1~5년

재배 지역

흐하지 않음
-
118.5㎢ /
11,846헥타르

뉴질랜드
칠레 / 센트럴 밸리
아르헨티나 / 멘도사
남아프리카공화국 / 팔, 스텔렌보스, 스와틀란드
이탈리아 / 시칠리아, 움브리아, 토스카나

포르투갈
기타 / 뉴질랜드
프랑스 / 론 계곡, 랑그독 루시옹
호주 / 애들레이드 힐스, 바로사, 에덴 밸리, 굴번 벨리
미국 / 파소 로블레스, 소노마, 버지니아, 워싱턴

추천 품종

말라구시아(그리스) 마르산 피아노 샤르도네 페르낭 피레스

비우라 *Viura*

◀) "비-우-라"   💬 마카베오Macabeo, 마카브Macabeu

바디

| | SP | LW | FW | AW | RS | LR | MR | FR | DS |

🍷 비우라는 스페인 리오하의 화이트, 그리고 스파클링 와인 카바의 주요 포도 품종이다(카바 생산 지역에서는 "마카베오"라고 부른다). 비우라는 숙성되면서 점점 더 진하고 고소해진다.

🍴 어린 비우라 와인은 동남아시아 요리(코코넛 커리, 쌀국수)와 잘 어울린다. 숙성된 비우라는 구운 고기나 수지성 허브와 잘 맞는다.

허니듀 멜론

라임 껍질

방취목

타라곤

헤이즐넛

화이트
잔

차게
7~10°C

디캔팅
하지 않음

가격대
~$15

저장
5~15년

재배 지역

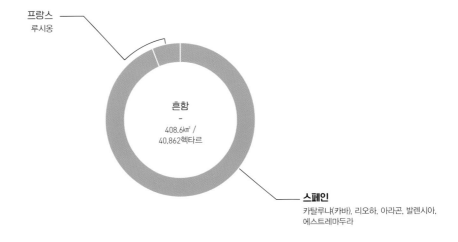

프랑스
루시옹

흔함
-
408.6㎢ /
40,862헥타르

스페인
카탈루냐(카바), 리오하, 아라곤, 발렌시아,
에스트레마두라

추천 품종

🍷 그르나슈 블랑   🍷 아린투   🍷 트레비아노 토스카노   🍷 샤르도네   🍷 세미용

시노마브로 *Xinomavro*

◀) "시노–마–브로"   💬 시노마브로Xynomavro

바디

SP   LW   FW   AW   RS   LR   **MR**   **FR**   DS

🍷 시노마브로는 그리스 나우사에서 가장 중요한 포도다. 나우사 와인은 이탈리아의 네비올로, 그리고 인기 높은 바롤로와 자주 비교된다.

🍴 시노마브로의 타닌과 산도가 상쇄될 수 있도록 치즈가 들어간 파스타, 버섯 리소토, 기름진 통구이 육류와 함께 마시자.

산딸기

자두 소스

아니스

올스파이스

담배

 아주 큰 잔

실온 16~20℃

디캔팅 60+분

 가격대 ~$15

저장 5~15년

재배 지역

그리스
나우사, 아민데온

희귀함
-
19.7㎢ /
1,971헥타르

추천 품종

 네비올로   템프라니요   멘시아   산지오베제   알리아니코

진판델 *Zinfandel*

🔊 "진-판-델" 💬 프리미티보Primitivo, 트리비드라그Tribidrag, 크를리에낙 카스텔란스키Crljenak Kaštelanski

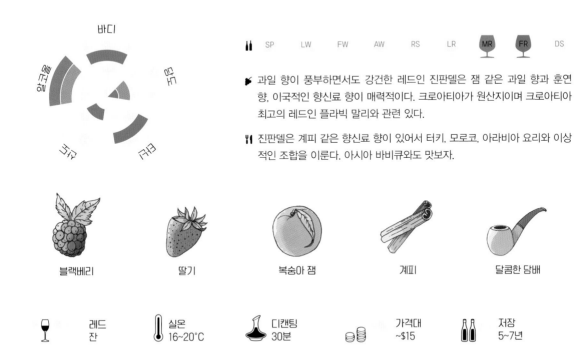

SP LW FW AW RS LR **MR** **FR** DS

🍷 과일 향이 풍부하면서도 강건한 레드인 진판델은 잼 같은 과일 향과 훈연 향, 이국적인 향신료 향이 매력적이다. 크로아티아가 원산지이며 크로아티아 최고의 레드인 플라빅 말리와 관련 있다.

🍴 진판델은 계피 같은 향신료 향이 있어서 터키, 모로코, 아라비아 요리와 이상적인 조합을 이룬다. 아시아 바비큐와도 맛보자.

| 블랙베리 | 딸기 | 복숭아 잼 | 계피 | 달콤한 담배 |

| 레드 잔 | 실온 16~20°C | 디캔팅 30분 | 가격대 ~$15 | 저장 5~7년 |

재배 지역

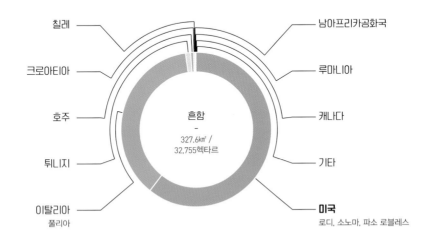

칠레
크로아티아
호주
튀니지
이탈리아
풀리아

흔함
-
327.6㎢ /
32,755헥타르

남아프리카공화국
루마니아
캐나다
기타
미국
로디, 소노마, 파소 로블레스

추천 품종

🍷 플라빅 말리(크로아티아) 🍷 그르나슈 🍷 카리냥 🍷 카스텔라웅 🍷 프라파토

189

진판델

추가 시음 노트

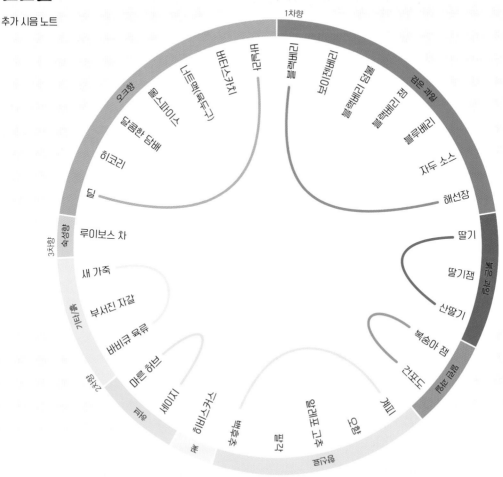

1차향

- 블랙베리
- 야생블랙베리
- 블랙베리 리큐르
- 블루베리
- 검은 과일
- 자두 소스
- 해선장
- 딸기
- 딸기잼
- 산딸기
- 복숭아 잼
- 건포도
- 커피
- 오향
- 클레로 고추
- 팔각
- 흑후추
- 백후추
- 세이지
- 히비스커스
- 마른 허브
- 바비큐 육류
- 부서진 자갈
- 새 가죽
- 루이보스 차
- 딜
- 히코리
- 달콤한 담배
- 올스파이스
- 네트맥(육두구)
- 바닐라스카치
- 바닐라

붉은 과일 · **말린 과일** · **달콤한 향신료** · **후추** · **허브** · **신선한** · **흙냄새** · **숙성향** · **오크향**

2차향 · **3차향**

이탈리아 풀리아

풀리아에서는 진판델을 프리미티보라고 부른다. 진판델과 마찬가지로 산뜻하고 설탕에 절인 과일 풍미가 난다. 하지만 이탈리아 남부의 적포도 특유의 가죽 냄새와 마른 허브 향이 짙게 배어있다. 최상급 생산지 중 하나인 프리미티보 디 만두리아에서 매우 강건한 와인이 생산된다.

- ▶ 딸기
- ▶ 가죽
- ▶ 설탕이 절인 건포도
- ▶ 마른 허브
- ▶ 향신료에 절인 오렌지

캘리포니아 로디

캘리포니아의 센트럴 밸리에 평화롭게 펼쳐진 로디 지역의 포도밭은 400㎢가 넘으며 그 중 상당 부분에 진판델이 심어있다. 와인의 색을 옅지만, 향은 무척 강하고 연기 향이 밴 달콤한 과일 풍미와 부드러운 타닌을 느낄 수 있다.

- ▶ 산딸기 잼
- ▶ 복숭아 잼
- ▶ 블랙베리 덤불
- ▶ 히코리
- ▶ 팔각

캘리포니아 북부 해안

락파일, 드라이 크릭 밸리, 차일스 밸리, 하월산 등 소노마와 나파에 속한 몇몇 지역은 진판델로 유명하다. 와인은 타닌과 색깔이 강하고 그 지역의 화산 토양에서 비롯된 투박한 풍미가 있다.

- ▶ 블랙베리
- ▶ 검은 자두
- ▶ 부서진 자갈
- ▶ 올스파이스
- ▶ 백후추

츠바이겔트 *Zweigelt*

🔊 "츠–바이–겔트"   💬 블라우어 츠바이겔트Blauer Zweigelt, 로트부거Rotburger

바디

예리함

무게감

흙냄새

타닌

당도

| SP | LW | FW | AW | **RS** | **LR** | MR | FR | DS |

🦂 오스트리아에서 가장 많이 재배되는 적포도 츠바이겔트는 블라우프랭키쉬와 생 로랑(피노 누아와 비슷한 맛)의 교배로 탄생했다. 츠바이겔트 와인은 대체로 밝고 새콤하면서 과일 향이 풍부하다.

🍴 피크닉용 레드로 최고이며 바비큐에 구워서 너무 바싹 익어버린 닭고기도 술술 넘어가도록 해주는 와인이다. 마트에서 파는 샐러드도 아주 맛있게 먹을 수 있도록 해준다!

레드 체리   산딸기   흑후추   감초   초콜릿

향을 모아주는 잔 | 저장고 13~16°C | 디캔팅 30분 | | 가격대 ~$14 | 저장 1~5년

재배 지역

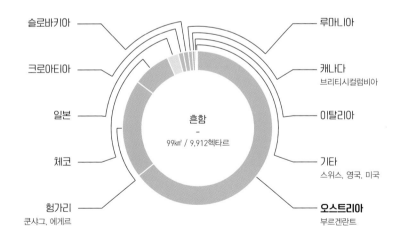

흔함
-
99km² / 9,912헥타르

슬로바키아   크로아티아   일본   체코   헝가리 쿤샤그, 에게르

루마니아   캐나다 브리티시컬럼비아   이탈리아   기타 스위스, 영국, 미국   **오스트리아** 부르겐란트

추천 품종

🍷 블라우프랭키쉬   🍷 생 로랑(독일)   🍷 가메   🍷 프라파토   🍷 스키아바

191

Wine Regions
와인 생산지

세계의 와인 생산지

▬	이탈리아
▬	프랑스
▬	스페인
▬	미국
▬	아르헨티나
▬	호주
▬	칠레
▬	남아프리카공화국
▬	중국
▬	독일
▬	포르투갈
▬	러시아
▬	루마니아
▬	헝가리
▬	브라질
▬	그리스
▬	뉴질랜드
▬	오스트리아
▬	세르비아
▬	우크라이나

20개국의 와인 생산량(세계 총 생산량의 %).
무역 자료 분석(2015)

캐나다
브라질
미국
멕시코
페루
우루과이
아르헨티나
칠레

SECTION

4

세르비아
헝가리
마케도니아
슬로바키아
불가리아
크로아티아
루마니아
오스트리아
몰도바
체코
우크라이나
독일
스위스
프랑스
스페인
포르투갈

러시아
중국
일본

이탈리아
슬로베니아
그리스

대한민국

이스라엘
그루지야
우즈베키스탄
카자흐스탄

뉴질랜드

모로코
알제리
튀니지

남아프리카공화국

호주

국가별 세계 와인 생산량

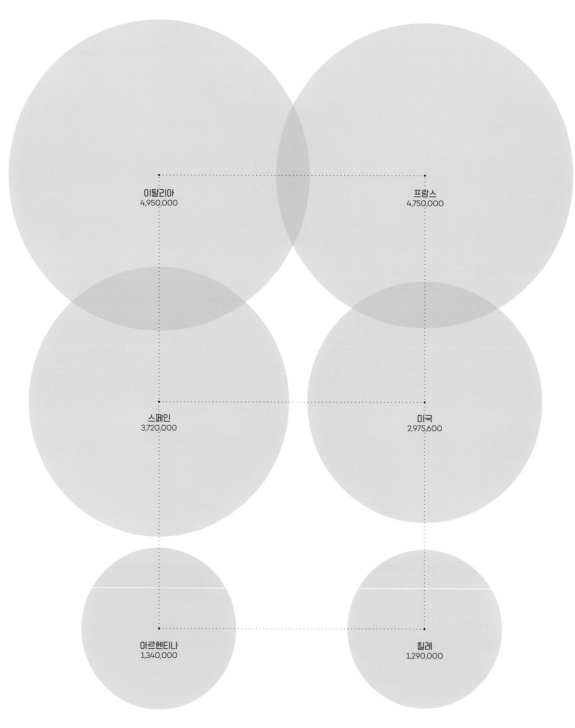

이탈리아
4,950,000

프랑스
4,750,000

스페인
3,720,000

미국
2,975,600

아르헨티나
1,340,000

칠레
1,290,000

(단위 1,000L)
무역 자료 분석(2015년)

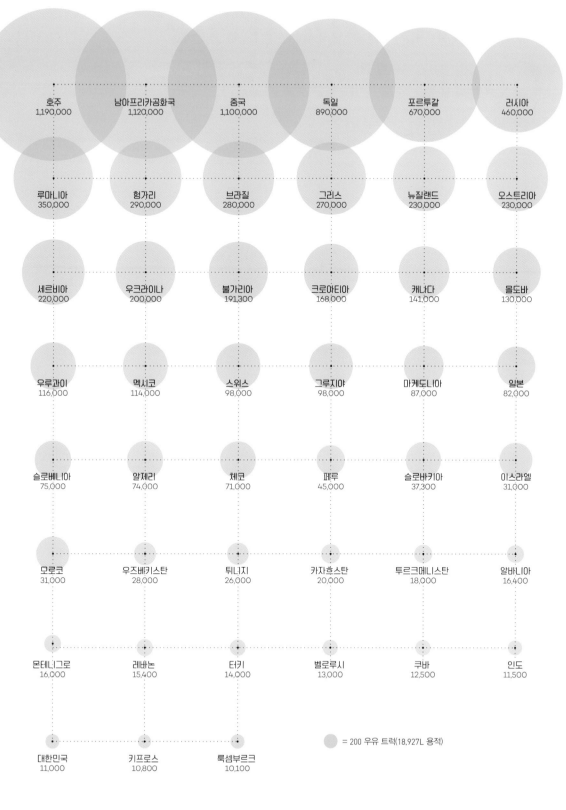

호주
1,190,000

남아프리카공화국
1,120,000

중국
1,100,000

독일
890,000

포르투갈
670,000

러시아
460,000

루마니아
350,000

헝가리
290,000

브라질
280,000

그리스
270,000

뉴질랜드
230,000

오스트리아
230,000

세르비아
220,000

우크라이나
200,000

불가리아
191,300

크로아티아
168,000

캐나다
141,000

몰도바
130,000

우루과이
116,000

멕시코
114,000

스위스
98,000

그루지야
98,000

마케도니아
87,000

일본
82,000

슬로베니아
75,000

알제리
74,000

체코
71,000

페루
45,000

슬로바키아
37,300

이스라엘
31,000

모로코
31,000

우즈베키스탄
28,000

튀니지
26,000

카자흐스탄
20,000

투르크메니스탄
18,000

알바니아
16,400

몬테니그로
16,000

레바논
15,400

터키
14,000

벨로루시
13,000

쿠바
12,500

인도
11,500

대한민국
11,000

키프로스
10,800

룩셈부르크
10,100

= 200 우유 트럭(18,927L 용적)

Where Did Wine Come From?

와인은 어디에서 왔을까?

카프카스와 자그로스산맥이 있는 고대 코카서스 지역을 와인의 발원지로 볼 수 있는 증거가 존재한다. 이 지역은 지금의 아르메니아, 아제르바이잔, 그루지야, 이란 북부, 아나톨리아 남동부, 그리고 터키 동부를 말한다. 와인의 시초를 추정할 수 있는 흔적들에 따르면 기원전 8000년에서 4200년 사이로 볼 수 있다. 우선 아르메니아에 고대 양조장이 남아있고, 그루지야에서 발굴된 항아리에 양조용 포도 찌꺼기가 남아있으며, 터키 동부에는 포도 경작의 증거가 남아있다.

신석기시대(약 8천 년 전)의 코카서스에는 슐라베리 쇼무 문화를 이룬 고대인들이 살았다. 그들은 흑요석으로 도구를 만들어 사용한 농부들이었는데, 소와 돼지를 키웠고, 무엇보다도 와인을 만들었다!

양조용 포도는 인간 문명을 따라 코카서스에서부터 남쪽과 서쪽으로 확산되어 지중해까지 퍼졌다.

와인은 그 이후 고대 항해 문명인 페니키아와 그리스를 통해 전 유럽으로 퍼졌다는 증거가 존재한다.

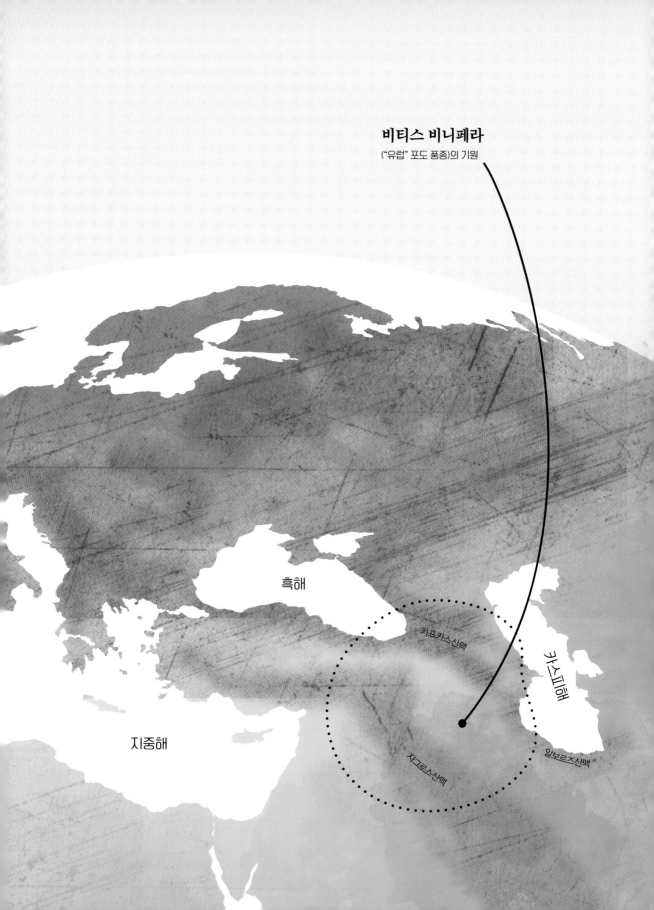

비티스 비니페라
("유럽" 포도 품종)의 기원

흑해

카프카스산맥

카스피해

지중해

자그로스산맥

알보르즈산맥

Argentina 아르헨티나

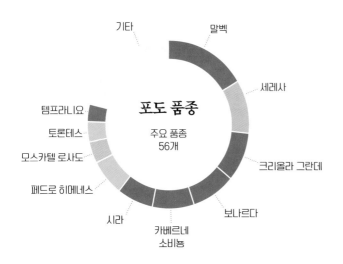

포도 품종

주요 품종
56개

- 기타
- 말벡
- 세레사
- 크리올라 그란데
- 보나르다
- 카베르네 소비뇽
- 시라
- 페드로 히메네스
- 모스카텔 로사도
- 토론테스
- 템프라니요

생산지

2,147km² /
214,718헥타르(2016년)

- 기타
- 카타마르카
- 살타
- 파타고니아
- 라 리오하
- 산후안
- 멘도사

말벡의 나라

아르헨티나의 포도밭은 대부분 안데스산맥 아래쪽에 있다. 햇빛이 잘 들고, 눈 녹은 물이 풍부해서 관개가 가능하다. 이런 조건 덕분에 통통하고 색이 진한 와인이 생산되며, 그중 말벡이 가장 중요한 품종이다. 고도가 높은 (2,286m 이상) 포도밭은 밤에는 기온이 떨어지기 때문에 와인의 산도가 유지된다. 말벡 이외에 카베르네 소비뇽, 보나르다, 시라, 카베르네 프랑, 피노 누아, 그리고 향이 풍부한 화이트인 토론테스도 맛볼 만하다.

생산 지역

멘도사는 아르헨티나에서 가장 중요하고 규모가 큰 와인 산지이며 포도밭의 75%가 이곳에 있다. 멘도사는 레드에 특화된 지역이며 어떤 지역은 다른 지역에 비해 품질이 뛰어나다. 소지역인 마이푸, 루한 데 쿠요, 우코 밸리는 고도가 가장 높고, 따라서 와인의 산도가 상당히 강하다. 산도는 신선함과 숙성 가능성을 높여준다. 멘도사에 있는 산 라파엘과 산타 로사에서도 가성비 높은 와인을 찾아볼 수 있는데 수령이 오래된 포도나무가 심어진 밭들이 많아서 와인에서 농축미가 돋보인다.

멘도사 이외에 카타마르카, 라 리오하, 살타 지역의 고도가 높은 포도밭에서는 우아하고 미네랄이 풍부한 와인이 생산되고, 드라이하고 가벼운 스타일의 토론테스를 찾을 수 있다. 또한, 남부의 파타고니아는 피노 누아 생산지로 부상하고 있다.

태평양

살타

살타
▶ 토론테스
▶ 말벡
▶ 타낫

투쿠만

투쿠만
▶ 토론테스

카타마르카

카타마르카
▶ 토론테스
▶ 카베르네 소비뇽
▶ 시라

라 리오하

라 리오하
▶ 토론테스
▶ 카베르네 소비뇽
▶ 시라
▶ 보나르다
▶ 말벡

산후안

산후안
▶ 시라
▶ 카베르네 프랑
▶ 말벡

로사리오

루한 데 쿠요/마이푸

멘도사

산티아고

우코 밸리

멘도사
▶ 말벡
▶ 보나르다
▶ 카베르네 소비뇽
▶ 시라
▶ 템프라니요
▶ 샤르도네

산 라파엘

파타고니아
▶ 메를로
▶ 피노 누아
▶ 샤르도네

바이아블랑카

네우켄

남대서양

0 100 200 300 400 km
0 100 200 300 mi

N

와인 탐색 *Wines to Explore*

아르헨티나는 말벡, 카베르네 소비뇽, 시라 등 강건한 레드 생산에 집중하고 있다. 또한, 보나르다, 토론테스처럼 덜 알려진 품종도 가성비가 높다. 한편 템프라니요, 카베르네 프랑, 피노 누아는 아르헨티나의 건조하지만 비옥한 테루아를 가장 잘 보여준다.

우코 밸리 말벡

우코 밸리에는 멘도사에서 가장 높은 고도에 위치한 포도밭들이 있다. 고도의 영향으로 와인에서는 감칠맛과 건조한 타닌, 그리고 검은 과일 향이 느껴진다. 소구역인 투푼가토 또는 비스타 플로네스가 라벨에 표기되는 경우도 많다.

 검은 자두, 산딸기, 올리브, 고춧가루, 코코아

루한 데 쿠요 말벡

루한 데 쿠요 말벡에서는 상당히 고급스러운 검은 과일 풍미가 난다. 소구역인 아그렐로(우아함+강건함), 비스탈바(미네랄), 라스 콤푸에르타스(우아함), 페르드리엘(타닌)에서는 특징이 뚜렷하게 구별되는 와인들이 생산된다.

 블랙베리, 자두 소스, 블랙체리, 오향, 흑연

마이푸 말벡

멘도사의 전통적인 와인 생산지인 마이푸에서 생산되는 우아한 말벡에서는 산뜻한 붉은 과일 풍미가 나며, 흙냄새 밴 삼나무나 담배 향이 은근하게 올라올 때도 많다. 바랑카스 소구역은 약간 더 따뜻해서 검은 과일 향이 나는 와인이 생산된다.

 붉은 자두, 보이젠베리, 체리, 삼나무, 담배

카베르네 말벡 블렌드

카베르네 소비뇽과 말벡이 들어가는 이 아르헨티나 블렌드는 점점 더 인기를 끌고 있다. 말벡에서는 고급스럽고 호화로운 맛과 폭발적인 베리 향이 나고 카베르네 소비뇽은 타닌과 구수한 풍미가 강해서 복합미를 느낄 수 있다.

 블랙베리, 자두, 초콜릿, 흑후추, 담배

카베르네 소비뇽

멘도사의 햇볕을 받은 포도는 매우 잘 익어서 농후한 과일 풍미가 나기 때문에 새 오크통에서 숙성을 잘하면 좋은 결과를 얻을 수 있다(최상급 와인은 보통 18개월 이상 숙성시킨다). 이 지역의 테루아 덕분에 품종 자체의 풍미에 이국적인 향신료 향이 입혀진다.

 블랙커런트 소스, 블랙체리, 오향, 담배 연기

보나르다

(일명 두스 누아 또는 샤르보노) 아르헨티나에서는 많이 자라지만 다른 지역에서는 희귀한 포도다. 단일 품종 와인으로서 매우 가치 있다. 보나르다는 전반적으로 말벡과 비슷한데, 과즙이 풍부한 붉은 과일과 검은 과일 풍미가 폭발적으로 올라오면서 맛은 말벡보다 약간 가볍다.

 자두, 체리, 감초, 코코아, 흑연

와인 상식

🍷 단일 품종 와인에는 라벨에 표기된 품종이 85% 이상 포함되어야 한다.

🍷 라벨에 "레제르바"라고 표기된 와인은 레드는 12개월, 화이트와 로제는 6개월 이상 숙성되어야 한다.

파타고니아 피노 누아

파타고니아의 네우켄과 리오 네그로에서는 독특한 피노 누아가 생산되는데, 달콤한 붉은 과일 풍미와 허브차 같은 풍미가 균형을 이루는 와인이다. 파타고니아는 요즘 알려지기 시작한 아르헨티나의 미개척 와인 산지다.

 LR 레드커런트, 체리, 백단, 흑연, 얼그레이차

템프라니요

건조한 기후와 높은 고도, 점토질 토양에 적합한 포도다. 아르헨티나의 지역적 특징 때문에 매우 강건하고 구조감(타닌) 있는 와인이 생산된다. 아르헨티나의 템프라니요는 귀한 편이지만 대체로 가성비가 매우 높다.

 FR 연기, 블랙체리, 계피, 삼나무, 바닐라

카베르네 프랑

카베르네 프랑은 말벡에 허브 향을 약간 가미하기 위해 블렌드에 넣는 품종이었는데, 멘도사와 인근 지역에서 점점 단일 품종으로 만드는 추세다. 프랑스의 카베르네 프랑보다 훨씬 강건한 스타일이며 바디와 타닌이 더 풍부하다.

 FR 블랙베리, 초콜릿, 녹색 후추, 석탄, 자두

샤르도네

오크향이 나면서 크림처럼 부드러운 질감의 샤르도네를 좋아한다면 멘도사 와인을 맛보자. 과일 풍미가 두드러지면서 구운 페이스트리와 너트맥(육두구) 향이 난다. 하지만 아르헨티나처럼 더운 기후에서는 샤르도네 생산이 어려워 품질이 확실한 생산자를 찾아야 한다.

 FW 구운 사과, 파인애플, 크림, 너트맥(육두구), 타라곤

토론테스

향이 풍부한 화이트인 토론테스는 저평가되어있고 가격이 높지 않다. 달콤한 향이 나지만 대체로 맛은 드라이하다. 토론테스 리오하나Torrontes Riojana 품종(토론테스에는 총 3가지 다른 품종이 있다)으로 만든 와인의 품질이 가장 뛰어나다. 살타, 그리고 소구역 카파야테를 눈여겨보자.

 AW 리치, 레몬–라임, 향수, 복숭아, 감귤류 속껍질

스파클링 말벡

생산자들은 말벡을 약간 일찍 수확해서 짜릿하고 드라이한 스파클링 로제로 만들기 시작했다. 말벡 로제는 섬세하고 옅은 분홍색을 띠며, 복숭아, 산딸기 향과 달콤한 멜론, 감귤류 속껍질 맛이 난다.

 SP 백도, 산딸기, 백악, 루바브, 탕헤르 오렌지

Australia 호주

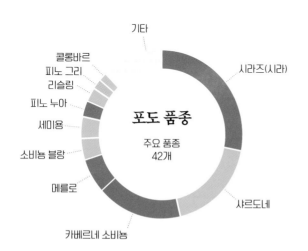

기타
콜롱바르
피노 그리
리슬링
피노 누아
세미용
소비뇽 블랑
메를로
카베르네 소비뇽
샤르도네
시라즈(시라)

포도 품종
주요 품종
42개

호주 시라즈 만세

호주는 따뜻하고 건조한 기후와 실력 있는 생산자들 덕분에 독보적인 와인을 생산한다. 우선 호주에서는 개성이 확실하고 독특한 시라 와인의 맛을 강조하기 위해 "시라즈"라는 명칭을 만들어냈다. 또한, 호주의 와인 산업은 끊임없이 혁신하고 기술을 개발한다. 대부분의 호주 와인이 스크루캡(일명 "스텔빈")을 마개로 사용하는 흥미로운 결과도 그래서 나타났다. 최고급 와인도 스크루캡을 사용한다!

생산 지역

호주는 국토가 넓고 지리적인 생산 지역마다 다른 종류의 와인에 특화하고 있다. 다음은 호주에서 가장 중요한 생산 지역들에서 나는 인기 있는 와인들이다.

퀸즐랜드
태즈메이니아
빅토리아
웨스턴 오스트레일리아
뉴사우스웨일스
사우스 오스트레일리아

생산지
1,351.7㎢ /
135,165헥타르(2015년)

- 사우스오스트레일리아의 대표적 산지인 바로사 밸리는 시라즈와 리슬링을 집중적으로 생산한다.
- 웨스턴오스트레일리아의 마가렛 리버에서는 오크를 사용하지 않은 샤르도네와 우아한 보르도 블렌드가 대세다.
- 빅토리아에는 과일 향이 풍부한 샤르도네와 피노 누아를 생산하는 서늘한 지역이 여러 곳 있다.
- 빅토리아의 루더글렌에서는 뮈스카 블랑의 적포도 변종으로 만든 매혹적인 숙성 스위트 와인이 생산된다.
- 뉴사우스웨일스의 시드니 인근 헌터 밸리에서는 숙성 가능성이 크고, 가볍고, 미네랄이 강한 시라와 세미용이 난다.

인도양

퀸즐랜드
▶ 시라
▶ 카베르네 소비뇽

사우스오스트레일리아
▶ 시라
▶ 카베르네 소비뇽
▶ 샤르도네
▶ 메를로
▶ 리슬링
▶ 소비뇽 블랑

뉴사우스웨일스
▶ 샤르도네
▶ 시라
▶ 카베르네 소비뇽
▶ 메를로
▶ 세미용

브리즈번

웨스턴오스트레일리아
▶ 보르도 블렌드
▶ 샤르도네
▶ 소비뇽 블랑
▶ 시라

퍼스

애들레이드

시드니

멜번

빅토리아
▶ 시라
▶ 샤르도네
▶ 카베르네 소비뇽
▶ 메를로
▶ 피노 누아
▶ 소비뇽 블랑

남빙양

태즈메이니아
▶ 피노 누아
▶ 샤르도네
▶ 스파클링

0   200   400   600   800   1,000 km
0   200   400   600   800 mi

N

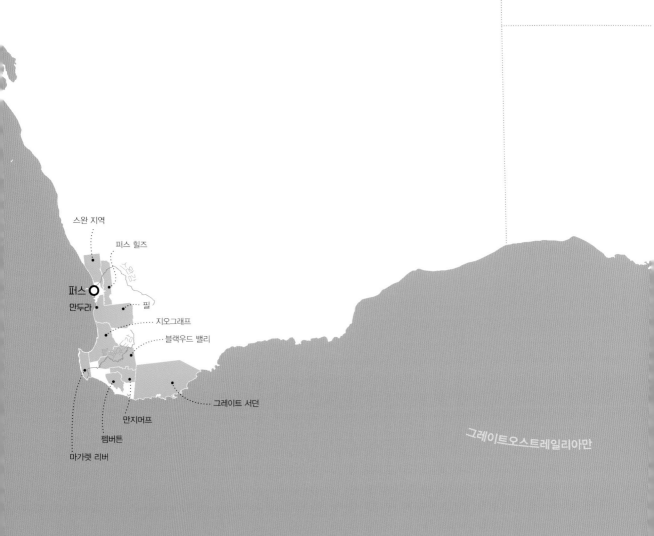

스완 지역

퍼스 힐즈

퍼스

만두라

필

지오그래프

블랙우드 밸리

그레이트 서던

만지머프

펨버튼

마가렛 리버

그레이트오스트레일리아만

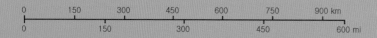

| 0 | 150 | 300 | 450 | 600 | 750 | 900 km |
| 0 | 150 | 300 | 450 | 600 mi | | |

N

분다버그

사우스 버넷

선샤인 코스트

브리즈번 ○

그래닛 벨트

골드코스트 ○

달링강

뉴잉글랜드 오스트레일리아

탐워스

해스팅스 리버

포트 맥쿼리

서던 플린더스산맥

헌터 밸리

클레어 밸리

리버랜드

멋지

바로사 밸리

머레이 달링

오렌지

애들레이드 평원

에덴 밸리

뉴캐슬 ○

애들레이드 힐스

애들레이드 ○

리베리나

카우라

오렌지

힐탑스

맥클라렌 베일

랭혼 크리크

와가와가

시드니 ○

캥거루섬

스완 힐

서던 하일랜드

커런시 크리크

굴번 밸리

페리쿠타

서던 플러리유

히스코트

루더글렌

캔버라

슐헤이븐 코스트

패서웨이

벤디고

파이레니즈

캔버라 디스트릭트

마운트 벤슨

로브

그램피언즈

군다가이

라톤불리

헨티

툼바룸바

쿠나와라

깁스랜드

마운트 갬비어

비치워스

메이스던산맥

알핀 밸리

멜버른 ○

킹 밸리

선베리

글렌로완

질롱

스타르스보기산맥

어퍼 굴번

모닝턴 반도

야라 밸리

론세스턴

테즈메이니아

호바트

라클란강

와인 탐색 *Wines to Explore*

호주 와인을 전체적으로 잘 파악하고 싶다면 12병들이 상자에 주요 산지의 와인을 한 병씩 담아서 구매해보자. 지역마다 고유한 스타일이 있다는 사실을 금방 알 수 있을 것이다. 웨스턴오스트레일리아의 우아한 보르도 스타일 레드가 있는가 하면 사우스오스트레일리아의 고급스럽고 훈연 향 나는 시라즈도 있다.

사우스오스트레일리아 시라즈

전형적인 호주 시라즈는 사우스오스트레일리아에서 난다. 이 역사적인 생산지에는 수령이 100년 넘은 포도나무도 많다. 라벨에 "올드 바인"이라고 표기된 와인에 대해 수령이 35년 이상인 포도나무에서 수확했음을 보증하는 유일한 지역이다.

FR   블랙베리, 말린 커런트, 모카, 담배, 토분

사우스오스트레일리아 GSM 블렌드

품질 좋은 시라가 생산되는 지역에서는 그르나슈와 모나스트렐(호주 명칭은 마타로)도 품질이 좋다. 사우스오스트레일리아 전체에서 많이 나지만 맥클라렌 베일과 바로스 밸리에서 생산되는 품질 좋은 와인을 반드시 맛보자.

FR   산딸기, 감초, 흑연, 열대 향신료, 구운 고기

쿠나와라 카베르네

쿠나와라 최고의 카베르네는 흙먼지 나는 붉은 점토질 토양 포도밭에서 자란다. 토양의 영향을 받은 와인은 엄청나게 깊이 있고 타닌이 강하면서 말린 허브 향이 은은하게 난다. 쿠나와라(보르도보다 서늘하다!) 이외에 랭혼 크리크에서도 흥미로운 와인이 난다.

FR   블랙베리, 블랙커런트, 삼나무, 스피어민트, 월계수 잎

마가렛 리버 보르도 블렌드

웨스턴오스트레일리아는 호주의 다른 지역들과는 좀 다른 와인을 생산한다. 이곳 보르도 스타일 블렌드는 흙냄새가 나면서 우아하다. 잘 만든 와인은 10년 숙성 후 더 맛있어진다. 장기 숙성할 만한 와인을 모으기에 좋은 지역이다.

FR   블랙체리, 블랙커런트, 홍차, 들장미 열매, 양토

빅토리아 피노 누아

모닝턴 반도가 있는 빅토리아는 호주 최고의 피노 누아 생산지다. 잘 만든 와인에서는 진한 과일 풍미와 매력적인 오렌지 껍질 향이 나며 피니시에서 향신료가 느껴진다.

MR   자두, 산딸기, 라벤더, 홍차, 올스파이스

야라 밸리 오크 숙성 샤르도네

빅토리아는 훌륭한 샤르도네 산지이기도 하다. 야라 밸리에는 오크를 사용하지 않은 훌륭한 샤르도네도 다수 생산되는데, 여러 가지 과일 향이 풍성하게 올라오면서 피니시는 새콤하고 깔끔하다.

FW   스타프루트, 레몬, 서양배, 파인애플, 흰 꽃

와인 상식

⚔ 호주 와인은 대부분 스크루캡 마개로 병입되어있다. 숙성 가능성이 큰 와인도 마찬가지다. 따라서 와인을 세워서 보관할 수 있다.

⚔ 블렌드에 포함된 품종이 표기되어있다면 비율이 높은 순서로 적혀있다.

마가렛 리버 샤르도네

호주 최고의 고품질 샤르도네 생산 지역에 속하며, 오크 숙성한 스타일과 오크를 사용하지 않은 스타일 모두 만든다. 와인에서는 미네랄과 꽃향기가 많이 나는데, 마가렛 리버 지역 특유의 모래 많은 화강암 토양 때문이기도 하다.

 FW 서양배, 파인애플, 미네랄, 흰 꽃, 헤이즐넛

헌터 밸리 세미용

호주에서 가장 오래전부터 와인을 지속적으로 생산했던 지역이며, 시라즈와 세미용으로 유명하다. 특히 세미용 와인이 정말 놀라운데, 가벼우면서도 미네랄이 느껴지며 복합미가 있다.

LW 라임, 라일락, 배, 덜 익은 파인애플, 양초

클레어 밸리 리슬링

사우스오스트레일리아 내에서도 애들레이드 힐스와 클레어 밸리 등 서늘한 미기후가 나타나는 지역들이 있다. 애들레이드 힐스는 다양한 화이트 와인을 생산하는 반면 클레어 밸리는 환상적으로 상큼하고 드라이한 리슬링에 집중한다.

 AW 레몬, 밀랍, 백도, 라임, 휘발유

태즈메이니아 와인

태즈메이니아는 이제 막 개발되기 시작한 와인 산지이며, 생산량은 아직 호주 전체 와인 포도 수확량의 0.5% 미만이다. 서늘한 기후에 적합한 피노 누아, 샤르도네, 그리고 스파클링 와인 위주로 생산하는데, 가볍고 훈연 향이 있고, 버섯 향기가 은은하게 올라오기도 한다.

SP 레몬, 아몬드, 크림, 연기, 염분

루더글렌 머스캣

세계에서 가장 희귀한 스위트 와인에 속하며 뮈스카 블랑의 적포도 변종으로 만든다. "브라운 머스캣"이라고 라벨에 표기된 경우도 있다. 수확 시기가 지난 다음에도 포도가 오랫동안 나무에 매달려 있도록 함으로써 호주에서 가장 달콤한 "끈적이 와인stickies"을 생산한다.

 DS 말린 리치, 오렌지 껍질, 호두, 열대 향신료, 커피

호주 토니

호주에서 시라즈가 드라이 레드 와인으로 인기를 끌기 이전 호주 와이너리들은 디저트 와인을 생산하는 것으로 유명했다. 주정강화된 포트 스타일 와인들은 의외로 맛있는데, 특히 토니는 숙성될수록 설탕 입힌 피칸 향이 난다.

 DS 토피, 향, 말린 체리, 피칸, 너트맥(육두구)

Austria 오스트리아

포도 품종

주요 품종
36개

기타
그뤼너 펠트리너
샤르도네
블라우어
포르투기저
리슬링
피노 블랑
뮐러 투르가우
블라우프랭키쉬
츠바이겔트
벨쉬리슬링(그라세비나)

생산지

454.5㎢ /
45,446헥타르(2015년)

기타
빈(비엔나)
슈타이어마르크
니더외스트라이히
(오스트리아 동북부)
부르겐란트

그뤼너 펠트리너를 만나보자.

오스트리아가 얼마나 와인에 열광하는 나라인지 모르는 사람들이 더 많을 것이다. 하지만 수도인 빈에만 가도 도시 바로 옆에 펼쳐진 수천 헥타르의 포도밭을 볼 수 있다 (그리고 수천 년 동안 그곳에 있었다!). 오스트리아는 토착 품종 그뤼너 펠트리너 또는 "초록색 펠트리너"로 유명하다. 입에 침이 고이게 만드는 새콤한 화이트 와인이며, 산도가 번개처럼 혀를 강타한다. 그 지역의 다른 와인에서도 비슷하게 기분 좋은 짜릿하고 매콤한 특징이 느껴지며, 오스트리아 와인의 독특한 매력을 알 수 있다.

생산 지역

니더외스트라이히(오스트리아 동북부)는 오스트리아 최대의 와인 생산지다. 오스트리아에서 가장 인기 있고 중요한 그뤼너 펠트리너, 리슬링 등의 품종들이 이곳에서 재배된다. 니더외스트라이히에 속한 바하우, 크렘스탈, 캄프탈에서 가장 품질 좋은 와인들이 지속해서 생산되고 있다.

남쪽으로 갈수록 기후가 약간 따뜻해지는데, 부르겐란트의 노이지들러 호수가 추위를 누그러뜨리는 작용을 한다. 따뜻한 기후 덕분에 츠바이겔트, 블라우프랭키쉬, 생 로랑 등 품질 좋은 레드 와인이 생산된다.

슈타이어마르크(스티리아)는 좀 서늘하고, 소비뇽 블랑, 쉴허Schilcher라는 향신료 풍미 강한 로제, 무스카텔러 Muskateller(향이 강하지만 드라이한 뮈스카 블랑 와인)의 품질이 놀라울 정도로 뛰어나다.

캄프탈
캄프탈 DAC

크렘스탈
크렘스탈 DAC

바하우

트라이젠탈
트라이젠탈 DAC

바인피에틀
바인피에틀 DAC

바그람

빈(비엔나)
빈 게미슈터 사츠 DAC
그뤼너 펠트리너

빈

브라티슬라바

카르눈툼

테르멘레기온

비너 노이슈타트

아이즌슈타트

노이지들레제–위겔란트
라이타베르크 DAC

미틀부르겐란트
미틀부르겐란트 DAC

노이지들레제
노이지들레제 DAC

솜바트해

부르겐란트
▶ 블라우프랭키쉬
▶ 츠바이겔트
그뤼너 펠트리너
샤르도네
▶ 생 로랑

니더외스트라이히
(오스트리아 동북부)
▷ 그뤼너 펠트리너
▶ 츠바이겔트
▷ 리슬링
▷ 벨쉬리슬링

슈타이어마르크
(스티리아)
▷ 소비뇽 블랑
▷ 피노 그리
▷ 벨쉬리슬링
♥ 쉴허 로제
▷ 무스카텔러

그라츠

베스트슈타이어마르크
쉴허란트 DAC

주트슈타이어마르크

주트부르겐란트
아이즌베르크 DAC

주트오슈트슈타이어마르크

마리보르

0   25   50 km
0   25 mi

N

와인 탐색 *Wines to Explore*

그뤼너 펠트리너, 리슬링, 소비뇽 블랑 등 가볍고 날카로운 오스트리아 화이트 와인들은 프랑스와 독일의 고급 와인에 필적한다. 또, 츠바이겔트, 블라우프랭키쉬, 생 로랑 같은 적포도 품종은 향신료 향이 풍부하고 흙냄새와 강렬한 과일 풍미가 있어서 음식과 조합하기에 훌륭하다.

그뤼너 펠트리너

오스트리아의 대표 품종이며 다양한 스타일로 양조된다. 라벨에 "클라식Klassik"이라고 표기되었다면 가볍고 후추 향이 강한 와인이며, "스마락트Smaragd (바하우 지역 와인)"라고 표기되어 있다면 진한 열대 과일 향이 강하다. 오크 숙성한 와인은 찾아보기 힘들다.

LW 스타푸르트, 구스베리, 스냅피(꼬투리째 먹는 완두콩), 백후추, 부서진 돌

리슬링

오스트리아 리슬링은 맑고 투명한 산미와 폭발적인 과일 향이 느껴지는 첫맛이 독일 리슬링과 매우 비슷하다. 하지만 두 나라의 리슬링을 같이 맛보면 오스트리아 와인이 약간 더 가벼우면서 허브 향이 더 강하다. 니더외스트라이히 지역에 주목하자.

 AW 레몬–라임, 살구, 서양배, 레몬 제스트, 타라곤

소비뇽 블랑

오스트리아를 방문한다면 슈타이어마르크의 소비뇽 블랑을 맛보자. 산도가 강해 입안에 침이 고인다. 또한, 잘 익은 복숭아 맛과 알싸한 민트 같은 허브 풍미가 입안에서 대비된다.

LW 허니듀 멜론, 셀러리, 신선한 허브, 백도, 차이브

비너 게미슈터 사츠

비너 게미슈터 사츠는 같은 밭에서 생산된 화이트가 3종 이상 들어가는 빈의 전통적인 화이트 블렌드다. 그뤼너 펠트리너, 피노 블랑, 게뷔르츠트라미너, 그라세비나(일명 벨쉬리슬링), 그리고 희귀한 품종인 잼링Sämling과 골드 버거 등이 들어간다.

 AW 잘 익은 사과, 서양배, 마지팬, 백후추, 감귤류 껍질 간 것

츠바이겔트

오스트리아에서 가장 많이 재배하는 적포도 품종이며 생 로랑(피노 누아처럼 가벼움)과 강건한 블라우프랭키쉬의 이종 교배로 탄생했다. 향신료와 붉은 과일 풍미가 강한 레드와 로제 와인으로 양조하며 더운 여름날 차게 마시면 환상적이다.

 LR 앵두, 밀크 초콜릿, 후추, 마른 허브, 화분 흙

블라우프랭키쉬

오스트리아의 대표적인 레드 와인이며, 농도와 타닌의 구조감이 놀랍다(좋은 빈티지인 경우). 따라서 저장 가능성이 있는 와인이다. 어릴 때는 약간의 흙냄새와 향신료 풍미가 나면서 새콤한 과일 향이 느껴지고, 시간이 지날수록 벨벳처럼 부드러워진다.

 MR 말린 체리, 석류, 구운 고기, 올스파이스, 달콤한 담배

라벨 읽기 *Reading a Label*

1985년 품질 낮은 오스트리아 와인에서 에틸렌 글리콜(부동액 성분, 역자주)이 발견되는 대형 스캔들이 일어났다. 사건 이후 오스트리아 와인 위원회는 규제를 강화했다. 현재 오스트리아는 와인의 품질과 라벨 관련 기준이 세계에서 가장 엄격하다. 상당히 논리적이지만 약간 혼란스러울 수 있다!

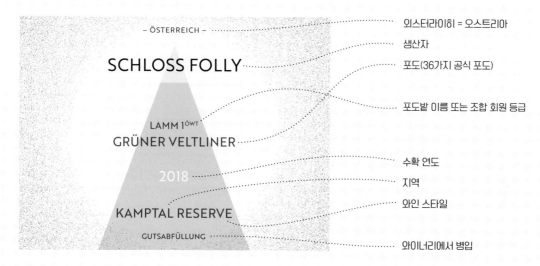

외스터라이히 = 오스트리아
생산자
포도(36가지 공식 포도)
포도밭 이름 또는 조합 회원 등급
수확 연도
지역
와인 스타일
와이너리에서 병입

트로켄 : 잔당 0~9g/L, 드라이 와인.

할브트로켄 : 잔당 10~18g/L, 오프 드라이 와인.

리블리흐 : 잔당 최고 45g/L, 미디엄 스위트 와인.

스위트 : 잔당 45g/L 이상, 스위트 와인.

클라식 : 가볍고 새콤한 와인.

리제르버 : ABV 13% 이상, 손 수확.

바인/오스트리아 젝트 : 오스트리아 말고는 지역이 표기되어 있지 않다면? 평범한 테이블 와인으로 보면 된다.

란트바인 : 바인란트, 슈타이러란트, 혹은 베르크란트에서 생산되었다면 테이블와인보다 한 단계 위라고 보면 된다. 36가지 공식 포도를 사용했다.

크발리태츠바인 : 오스트리아 와인에서 최고의 품질을 나타낸다. 병에 붉은색과 흰색 밀봉 스티커를 붙여 와인이 2가지 검사(화학 분석과 시음)를 통과했다는 사실을 인증한다. 36가지 공식 포도로 와인을 만

들며 라벨에는 16개 와인 지역 또는 9개 주(니더외스터라이히, 부르겐란트, 슈타이어마르크, 빈 등)가 표기되어 있다.

카비넷 : 크발리태츠바인 중에서 품질 기준이 약간 높은 와인.

프래디카츠바인 : 크발리태츠바인 중에서 더 잘 익은 포도를 사용하고 더 높은 생산 기준을 따르는 와인.

• **슈패트레제** : 당도 22.4° 브릭스 이상에서 늦수확한다.

• **아우스레제** : 당도 24.8° 브릭스 이상인 귀부 포도를 선별해서 수확한다.

• **베렌아우스레제** : 당도 29.6° 브릭스 이상인 귀부 포도를 선별해서 수확한다.

• **아이스바인** : 당도 29.6° 브릭스 이상이고 포도나무에 매달린 채 얼어있는 포도로 만든다.

• **스트로바인** : "짚 와인"은 자연 건조시켜 당도 29.6° 브릭스 이상인 포도로 만든다(일명 실프바인Schilfwein(Schilf는 갈대라는 뜻, 역자주)).

• **트로켄베렌아우스레제** : (TBA) 당도 35.5° 브릭스 이상인 귀부 포도를 선별해서 만든다.

DAC : 공식적인 와인 스타일이 지정된 16개 와인 산지 중 10개 산지에서 생산되는 크발리태츠바인(지도 참조).

젝트 g.U. : 크발리태츠바인 수준의 발포성 와인으로 3단계의 품질 등급이 있다. 클라식(리 숙성 9개월). 레제르버(리 숙성 18개월). 그로스 레제르버(리 숙성 30개월). 탐색 가치가 있는 와인이다!

슈타인페더 : 짜릿하게 상큼한 바하우 화이트 와인으로 알코올은 11.5% ABV 이하다.

페더슈필 : 바하우의 미디엄 바디 화이트 와인으로 알코올은 11.5~12.5% ABV다.

스마락트 : 알코올 12.5% ABV 이상인 진한 바하우 와인이다.

1 ÖWT : 크렘스탈, 캄프탈, 트라이즌스탈, 바그람 지역에서 특별히 지정된 포도밭을 표시하기 위해 와인 이름 뒤에 붙인다(프르미에 크뤼와 비슷한 개념).

Chile 칠레

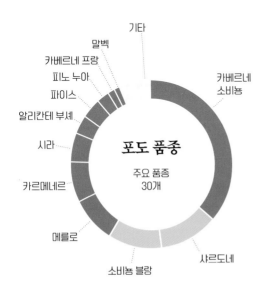

포도 품종

주요 품종
30개

- 기타
- 말벡
- 카베르네 프랑
- 피노 누아
- 파이스
- 알리칸테 부셰
- 시라
- 카르메네르
- 메를로
- 소비뇽 블랑
- 샤르도네
- 카베르네 소비뇽

생산지

1,300km² /
130,025헥타르(2015년)

- 기타
- 코킴보
- 남부
- 아콩카구아
- 센트럴 밸리

남미의 프랑스 와인

프랑스인들은 칠레의 기후와 토양이 고급 와인에 이상적이고 가능성이 풍부하다는 사실을 미리 알고 일찍부터 투자를 했다. 칠레의 와인 시장은 프랑스의 영향을 받아 형성되었는데, 메를로와 카베르네 계열의 보르도 품종에 집중되어 있고, 수출에 크게 의존한다. 1990년대에는 칠레의 메를로 중 상당 부분이 실제로는 멸종 위기에 처한 카르메네르라는 품종이라는 사실이 밝혀졌다. 덕분에 칠레 고유의 와인이 생겼다.

생산 지역

칠레는 태평양과 안데스산맥 사이에 위치한 좁고 길쭉한 띠 모양의 나라다. 그런 입지의 영향으로 엄청난 기온 조절 효과가 나타나는데, 서늘한 공기가 바다에서 육지로 유입되기 때문이다. 각 와인 생산지 안에는 특별한 생산지가 3개씩 있다. 코스타스(서늘한 해안 지역), 엔트레 코르디예라스(따뜻한 내륙 계곡), 안데스 지역(기후 요인에 노출된 산악 지역)으로 크게 분류된다.

- 해안 지역은 피노 누아와 샤르도네 같은 서늘한 기후용 포도를 키우기에 가장 적합하다. 소비뇽 블랑도 이 지역에서 잘 자란다!
- 가장 따뜻한 내륙 계곡 지역은 부드럽고 매끄러운 보르도 블렌드로 유명하다.
- 고도가 높은 안데스 지역에서는 구조감(타닌과 산도)이 강한 와인이 나는데, 매력적인 시라, 카베르네 프랑, 말벡, 카베르네 소비뇽이 생산된다.

태평양

아타카마 지역
▷ 다양한 품종

코킴보 지역
▷ 샤르도네
▷ 시라
▷ 카베르네 소비뇽
▷ 소비뇽 블랑

아콩카구아 지역
▷ 소비뇽 블랑
▷ 샤르도네
▷ 피노 누아
▷ 메를로
▷ 카베르네 소비뇽
▷ 시라

센트럴 밸리 지역
▷ 카베르네 소비뇽
▷ 샤르도네
▷ 메를로
▷ 소비뇽 블랑
▷ 카르메네르
▷ 시라
▷ 알리칸테 부셰
▷ 파이스
▷ 카베르네 프랑

남부 지역
▷ 알렉산드리아 머스캣
▷ 파이스
▷ 샤르도네
▷ 피노 누아

아우스트랄 지역
▷ 피노 누아
▷ 샤르도네

오소르노 밸리

· 코피아포 — 코피아포 밸리
· 바예나르 — 우아스코 밸리

코킴보 · 라세레나 — 엘키 밸리
· 오바예 — 리마리 밸리
초아파 밸리
○ 산후안
아콩카구아 밸리
· 로스 안데스 ○ 멘도사
카사블랑카 밸리 ○ 비냐 델 마르
산 안토니오 밸리 ○ 산티아고
· 산안토니오
마이포 밸리
○ 랑카구아 카차포알 밸리
라펠 밸리 · 산페르난도 콜차구아 밸리
쿠리코 쿠리코 밸리
· 탈카
· 리나레스 마울레 밸리
이타타 밸리
콘셉시온 · 치얀
○ 코로넬
· 로스앙헬레스
· 앙골
비오비오 밸리
카우틴 밸리 ○ 테무코
· 발디바

· 오소르노

N

0   100   200   300   400 km
0   100   200 mi

· 푸에르토 몬트

와인 탐색 *Wines to Explore*

칠레는 레드 와인 생산에 특화하고 있으며 보르도 품종에 중점을 두고 있다. 그중 카베르네, 메를로, 카르메네르는 칠레의 테루아를 우아하고 구조감 있게 표현한다. 한편 화이트 와인도 가성비가 매우 높고, 파이스와 카리냥 등의 포도는 와인 애호가들에게 호평은 받는다.

카르메네르

카르메네르는 카베르네 프랑과 밀접한 관련이 있는 포도이며 카베르네 프랑처럼 붉은 과일 풍미와 풀 냄새가 많이 난다. 현재 콜차구아, 카차포알, 마이포 밸리와 인근 지역에서 최상급 와인이 생산되고 있다. 이 지역들의 와인은 더 진하고 초콜릿 향이 풍부하다.

 산딸기, 자두, 녹색 후추, 밀크 초콜릿, 피망

카베르네 소비뇽

칠레에 가장 많이 식재된 포도이며 우아하고 허브 향 나는 스타일의 와인이 된다. 아팔타, 마이포, 그리고 콜차구아는 어마어마한 잠재력이 있으며 고급 보르도 와인과 비슷한 농후함을 보여준다.

 말린 블랙베리, 블랙체리, 녹색 후추, 다크 초콜릿, 연필심

보르도 블렌드

칠레의 주요 와인 산지에는 프랑스 와인 회사들이 자리 잡고 있으며, 따라서 보르도 블렌드가 칠레의 주요 스타일인 것은 당연하다. 최고의 생산자들은 주로 마이포와 콜차구아에 있으며 균형 잡히고 숙성 가능성 있는 블렌드를 만든다.

 블랙커런트, 산딸기, 연필심, 코코아 가루, 녹색 후추

메를로

칠레의 메를로는 산뜻한 과일 풍미와 허브 향이 강한 편이고, 대용량 저가 와인의 대부분이 생산되는 셀트럴 밸리 쪽은 특히 그렇다. 하지만 최상급 카베르네 산지에서 나는 메를로는 애호가들의 관심 밖에 있어 가성비가 엄청나게 좋다.

 자두, 블랙체리, 말린 허브, 코코아 가루

피노 누아

유명한 카사블랑카 밸리가 있는 해안 지역과 남부에서는 피노 누아의 품질이 독보적으로 뛰어나다. 칠레의 피노는 으깨진 생 베리 풍미와 은은한 나무 향이 나는데, 오크가 적절하게 사용된 와인이 많다.

 블루베리 소스, 붉은 자두, 백단, 바닐라, 토분

시라

시라는 가능성이 가장 큰 품종이다. 검은 과일의 과즙과 다크 초콜릿이 느껴지는 스타일이 있는가 하면 고도가 높은 지역에서는 가벼운 붉은 과일 풍미와 높은 산도, 미네랄이 풍부한 스타일이 생산된다.

 보이젠베리, 자두 소스, 모카, 올스파이스, 백후추

와인 상식

🍷 1500년대 중반에 스페인 선교사들이 칠레에 파이스 등(일명 리스탄 프리에토) 양조용 포도를 처음 심었다.

🍷 칠레의 포도밭은 지금까지 필록세라—비티스 비니페라 포도의 뿌리에 전염되는 진딧물—에 감염되지 않았다.

카베르네 프랑

카베르네 프랑은 칠레의 보르도 블렌드에서 중요한 역할을 하지만 인지도는 낮다. 하지만 기후가 다양한 칠레 각지에서 번성하고 있으며, 특징도 광범위하다. 가장 품질 좋은 와인은 주로 마이포와 마울레 밸리에서 생산된다.

 블랙체리, 구운 붉은 피망, 삼나무, 나무 연기, 마른 허브

파이스

미션 포도라고도 알려진 파이스는 칠레에 광범위하게 심어져 있지만 다른 나라에서는 희귀하다. 오래된 포도나무들이 마울레와 비오비오에 남아있고, 그 덕분에 파이스의 인기가 부활하고 있다. 파이스 와인은 산뜻한 붉은 과일의 과즙이 느껴지고 타닌이 생생해서 칠레의 보졸레라고 부른다.

 설탕에 절인 산딸기, 장미, 바이올렛, 체리 소스, 육포

카리냥

백 년 넘은 포도나무가 많아서 칠레 자국 내에서 애호가들에게 열광적인 지지를 받는 품종이다. 관개하지 않고 말이 밭을 가는 포도밭들도 있다. 진하게 농축되고 산도가 높은 와인은 과일 풍미가 있으면서도 구운 고기와 허브의 감칠맛이 난다.

 구운 자두, 말린 크랜베리, 너트맥(육두구), 철분, 백후추

샤르도네

서늘한 코스타 지역에서 가장 품질 좋은 샤르도네를 찾을 수 있다. 오크 숙성을 해서 버터 향 나는 스타일이 가장 인기가 높고, 이 스타일은 카사블랑카와 산안토니오 밸리에서 생산된다. 리마리와 아콩카구아 외곽 지역에서 나는 와인은 미네랄이 가장 풍부하면서 독특한 짠맛이 난다.

 구운 사과, 파인애플, 스타프루트, 버터, 플랜(달걀, 과일 등을 넣은 파이)

소비뇽 블랑

칠레의 소비뇽 블랑은 향이 강하고 톡 쏘는 산도가 있다. 독특한 점이라면 백도와 분홍색 자몽의 과일 향이 레몬그라스나 완두콩 같은 녹색 허브 향, 그리고 젖은 콘크리트 냄새와 대비되는 것이다.

LW 키위, 덜 익은 망고, 막 깎은 잔디, 처빌, 회향

비오니에

칠레에서 단일 품종 와인으로는 아직 희귀하다. 주로 샤르도네에 색과 풍미를 더하기 위해 넣고, 혹은 시라의 색을 짙게 하고(믿거나 말거나!) 향을 더하기 위해 약간 섞는다. 칠레산 비오니에는 상당히 나굿나긋하고 미네랄 향이 강하다.

LW 허니듀 멜론, 회향, 그린 아몬드, 배, 염분

France 프랑스

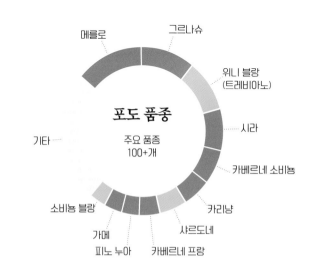

포도 품종

주요 품종
100+개

- 메를로
- 그르나슈
- 위니 블랑
  (트레비아노)
- 시라
- 카베르네 소비뇽
- 카리냥
- 샤르도네
- 카베르네 프랑
- 피노 누아
- 가메
- 소비뇽 블랑
- 기타

생산지

8,721㎢ /
872,098헥타르(2014년)

- 보졸레 기타
- 알자스
- 샹파뉴
- 부르고뉴
- 남서부
- 루아르 계곡
- 프로방스
- 보르도
- 론 계곡
- 랑그독
  루시용

와인 스타일의 교과서

프랑스 와인은 새로운 와인 생산국이나 와인 개도국에 엄청난 영향을 준다. 따라서 프랑스 와인을 맛본 적이 없다 하더라도 대부분 프랑스 스타일은 맛보았을 것이다. 우선 카베르네 소비뇽, 시라, 피노 누아, 그리고 샤르도네의 원산지가 프랑스다. 하지만 같은 포도를 사용했더라도 프랑스에서 생산된 와인은 다른 나라의 와인과 차별되는 뚜렷한 특징이 있다. 또한, 프랑스 와인을 맛보는 것은 요즘 마시는 와인이 어떤 발전 과정을 거쳤는지 살펴볼 수 있는 기회이기도 하다.

생산 지역

프랑스의 와인 산지는 11개이며 다양한 기후를 가진 여러 지역에 흩어져 있다. 일부 지역은 다른 지역보다 훨씬 유명하다. 생산량 혹은 방대한 유통 범위와 영향력 때문이다. 프랑스에서 가장 영향력 있는(그리고 유명한) 지역은 보르도, 부르고뉴, 론 계곡, 루아르 계곡, 그리고 샹파뉴다. 이 지역들은 일반적인 프랑스 와인을 탐색하기에 매우 적합하다.

프랑스 와인에 대해 반드시 알아두어야 할 점은 해마다 기후 조건이 크게 변동하고, 그런 이유로 빈티지별로 품질 차이가 크다는 사실이다(그래서 매년 와인 맛이 달라진다). 수준 높은 생산자들의 고급 와인에서는 빈티지 차이가 두드러지지 않지만, 저가 와인에서는 엄청난 차이가 있다. 따라서 좋은 빈티지에는 가성비 좋은 와인을 많이 사놓는 것을 추천한다!

샹파뉴
샹파뉴

알자스
- 리슬링
- 크레망 달자스
- ▶ 게뷔르츠트라미너
- ▶ 피노 그리
- ▶ 피노 누아

루아르 계곡
- ▶ 소비뇽 블랑
- ▶ 뮈스카데(믈롱)
- ▶ 슈냉 블랑
- ▶ 카베르네 프랑

로렌

스트라스부르

랭스

파리

르망

오를레앙

투르

낭트

디종

부르고뉴
- ▶ 샤르도네

보졸레
- ▶ 가메

쥐라

뷔제

사부아

방데

보르도
- ▮ 보르도 블렌드
- 소비뇽 블랑
- 세미용
- 소테른

보르도

리옹

론 계곡
- ▮ 론/GSM 블렌드
- ▶ 시라
- ▶ 마르산-루산
- ▶ 비오니에

오베르뉴

니스

툴루즈

몽펠리에

마르세이유

남서부
- ▮ 베르주락(보르도 블렌드)
- ▮ 카오르(말벡)
- ▮ 마디랑(타낫)
- ▮ 이룰레기(타낫-카베르네)
- 쥐랑송(그로 망상)
- 위니 블랑(트레비아노 토스카노)

랑그독 루시용
- ▮ 론/GSM 블렌드
- 크레망 드 리무
- ▶ 시라
- ▶ 카리냥
- ▶ 픽풀

프로방스
- ▮ 론/GSM 블렌드
- ▮ 방돌(무르베드르)
- ▮ 롤(베르멘티노)

코르시카
- ▮ 론/GSM 블렌드
- ▶ 시라
- ▶ 니엘루치오(산지오베제)
- ▮ 베르멘티노

N

0   60   120   180 km

0   60   120 mi

와인 탐색 *Wines to Explore*

부르고뉴와 보르도를 비롯한 프랑스의 대표적인 와인 12가지를 살펴보자. 모든 와인은 흙냄새가 느껴지는 우아한 매력이 두드러진다. 그래서 프랑스 와인은 풍미가 은은하고 음식과 조합하기에 훌륭하다.

브륏 샴페인

상파뉴는 처음으로 전통적인 방식으로 스파클링 와인을 생산하기 시작한 지역이었다. 논빈티지 브륏 샴페인은 가장 인기 있는 스타일이며 일반적으로 샤르도네, 피노 누아, 피노 므니에로 만든 블렌드 와인이다.

SP 덜 익은 서양배, 감귤류, 연기, 크림치즈, 토스트

스파클링 부브레

부브레는 루아르 계곡의 슈냉 블랑 생산지 중 가장 유명한 원산지 명칭이다. 드라이 와인, 달콤한 와인, 스틸 와인, 스파클링 와인 등 다양한 스타일의 와인이 생산된다. 스파클링 부브레는 슈냉 블랑의 감미로운 꽃향기를 느껴보기 좋은 와인이다.

SP 서양배, 모과, 인동, 생강, 밀랍

상세르

상세르는 루아르 계곡에서 소비뇽 블랑으로 유명한 원산지 명칭이다. 이 지역은 서늘한 기후에서 나는 소비뇽 블랑의 전형을 보여준다. 선이 가늘면서 미네랄이 지배적이고, 밝지만 허브 풍미의 질감이 풍부하면서 피니시에 짜릿한 산미가 남는다.

LW 구스베리, 백도, 타라곤, 레몬–라임, 부싯돌

샤블리

부르고뉴 안에서 북쪽에 있는 작은 지역이며 샤르도네를 집중적으로 생산한다. 주로 오크 숙성 없이 만들기 때문에 순수한 과일 풍미와 강철 같은 미네랄이 잘 표현된다. 전문가의 조언 : 최고급 그랑 크뤼 와인은 오크를 약간 사용할 때가 많다.

LW 스타프루트, 사과, 흰 꽃, 레몬, 백악

알자스 리슬링

독일과 가장 가까운 지역이기 때문에 리슬링을 주로 생산하는 것은 당연하다. 다양한 스타일의 와인이 있지만, 일반적인 알자스 리슬링은 드라이하면서 라임, 풋사과, 자몽 향이 나고, 연기와 미네랄이 느껴지고, 산도가 매우 높다.

AW 라임, 풋사과, 자몽 제스트, 방취목

부르고뉴 화이트

부르고뉴의 코트 드 본 지역에서는 세계 최고의 샤르도네 와인이 상당수 생산된다. 와인을 오크 숙성하는 경우가 많고, 절제된 산화 방식을 사용함으로써 사과, 멜론, 흰 꽃 향에 진한 견과류와 바닐라 풍미를 더하는 경우가 많다.

FW 노란 사과, 아카시아꽃, 허니듀 멜론, 바닐라, 헤이즐넛

와인 상식

🍷 "뱅 드 테루아(테루아의 와인)vin de terroir"는 라벨에 지역을 표기한 와인이며, 사용 가능 품종과 양조 방식에 관한 규칙을 따라야 한다.

🍷 대부분의 최고급 프랑스 와인은 라벨에 원산지 명칭("뱅 드 테루아")이 표기되며 알자스를 제외하고는 품종이 적혀있지 않다.

코트 드 프로방스 로제

세계 최대의 로제 생산 지역이며 옅은 구릿빛을 띤 섬세한 로제를 생산한다. 최상급 와인은 원산지 명칭이 코트 드 프로방스로 표기된 지역에서 나며 블렌드에 롤(일명 베르멘티노)이 어느 정도 들어간다.

(RS) 딸기, 셀러리, 수박, 토분, 오렌지 제스트

보졸레

부르고뉴 바로 남쪽 지역은 분홍색 화강암이 풍화된 토양으로 이루어져 있고, 고급 가메 와인이 생산된다. 최고급 와인은 10개의 크뤼Crus에서 나는데, 부르고뉴 레드와 매우 비슷하지만, 가격은 훨씬 낮다.

(LR) 체리, 제비꽃, 모란, 복숭아, 화분 흙

부르고뉴 레드

코트 드 뉘Côte de Nuits와 코트 드 본Côte de Beaune에서 나는 피노 누아는 세계에서 가장 비싼 와인에 속한다. 무엇보다도 흙냄새와 꽃향기가 확실하게 올라오는 것이 매력이다. 빈티지 좋은 부르고뉴 지역 와인을 맛보는 것을 추천한다.

(LR) 레드 체리, 히비스커스, 버섯, 화분 흙, 마른 잎

남부 론 블렌드

프랑스 남부에서 주로 생산하는 블렌드에는 그르나슈, 시라, 무르베드르가 주요 품종으로 들어간다. 레드 와인에서는 끓여서 졸인 산딸기, 무화과, 블랙베리 풍미가 강하게 나면서 마른 허브와 절인 고기 향이 은근하게 느껴진다.

(MR) 자두 소스, 아니스, 흑연, 라벤더, 담배

북부 론 시라

전 세계에서 많이 생산되고 소비되는 시라도 알고 보면 북부 론 와인에서 영감을 받은 것이다. 포도밭들은 론 강변의 경사지(코트라고 부른다)를 따라 펼쳐져 있으며 감칠맛 나는 과일(올리브를 상상하자)과 후추 향으로 유명하다. 우아하고 새콤한 과일과 거친 타닌의 조화를 기대하자.

(FR) 올리브, 자두, 흑후추, 블랙베리, 육즙

레드 보르도 블렌드

세계적으로 사랑받는 카베르네 소비뇽과 메를로의 시초가 된 와인이다. 원산지 명칭이 보르도 쉬페리에 Bordeaux Superieur라고 표기된 와인은 가성비가 높은 편이고, 흑연, 블랙커런트, 블랙체리, 시가의 감칠맛이 나면서 단단하지만, 균형 잡힌 타닌이 느껴진다.

(FR) 블랙커런트, 블랙체리, 연필심, 양토, 담배

라벨 읽기 *Reading a Label*

프랑스 와인을 확실하게 이해하는 지름길은 프랑스 와인 라벨의 대부분에 "원산지 명칭"이 표기되어있다는 사실을 아는 것이다. 원산지 명칭마다 규정이 있어서 와인 안에 들어가는 포도 종류에 대해 규제를 받는다.

PRODUCT OF FRANCE ·· 원산지 국가

CHATEAU FOLLY ·· 와이너리 이름

CUVÉE STEPHEN ELLIOTT ·· 와인 이름 또는 포도를 수확한 지역 이름 ("류 디lieu-dit"라고 부른다.)

CORBIÈRES BOUTENAC
APPELLATION CORBIÈRES BOUTENAC CONTRÔLÉE ·· 공식적인 지역 이름 (원산지 명칭/아펠라시옹Appellation)

2015 ·· 빈티지

Mis en Bouteille au Domaine ·· 와이너리에서 병입
PAR ASA & ISABELLE P. – À BOUTENAC (AUDE) ·· 생산자 이름(들)

AOP(AOC)

원산지 명칭 보호/원산지 명칭 통제Appellation d'Origine Protégée/Appellation d'Origine Contrôlée : 프랑스의 엄격한 등급 시스템으로 지리적인 위치에서부터 와인에 허용되는 포도, 포도의 품질, 포도밭 식재 방식, 양조와 숙성 과정 등 와인 생산의 모든 면을 명시한다. 329개의 원산지 명칭이 있고, 각각 다른 규칙을 가지고 있다. AOP/AOC의 규정은 와인과 알코올성 음료를 관할하는 프랑스의 국가 위원회인 INAO에서 관리한다.

IGP(뱅 드 페이)

지역 등급 와인Indication Geographique Protégée : 일반적인 프랑스 와인이다. 지역 명칭이 덜 엄격하고 더 많은 포도 품종이 허용된다. 또한, 품질 변동도 더 크다. 가장 유명한 (그리고 광범위한) IGP는 콩테 톨로상Comté Tolosan, 페이 독Pays d'Oc, 코트 드 가스코뉴 Côtes de Gascogne, 그리고 발 드 루아르Val de Loire다.

뱅 드 프랑스

지역을 명시하지 않은 기본 등급의 프랑스 와인이다. 프랑스 와인에서 가장 하위 등급을 나타내며 라벨에 품종이 표기되는 경우가 많고, 수확 연도는 표기될 때도 있다.

일반적인 라벨 용어

GRAND VIN DE BOURGOGNE

CHASSAGNE-MONTRACHET

LES BLACHOT-DESSUS

APPELLATION CHASSAGNE-MONTRACHET 1ER CRU CONTROLÉE

Mis en Bouteille à la Proprieté
DOMAINE FOLLY et FILS
Proprietaire-Viticulteur à Chassagne-Montrachet (CÔTE-D'OR), France

CONTAINS SULFITES

750ML

13.5% ALC./VOL

2018

비올로지크Biologique : 유기농 제조.

블랑 드 블랑 Blanc de Blancs : 100% 청포도로 만든 화이트 스파클링 와인.

블랑 드 누아 Blanc de Noirs : 100% 적포도로 만든 화이트 스파클링 와인.

브륏Brut : 스파클링 와인의 당도에 대한 용어이며 드라이 스타일을 지칭한다.

세파주Cépage : 와인에 사용된 포도(앙세파주망Encépagement은 블렌드의 비율이다).

샤토Château : 와이너리.

클로Clos : 담으로 둘러싸인 포도밭 또는 고대에 벽으로 둘러싸였던 곳에 있는 포도밭. 부르고뉴에 흔하다.

코트Côtes : 경사지나 언덕(여러 개가 인접한)에서 나는 와인 – 주로 강을 따라 위치한다.

코토Coteaux : 여러 개의 경사지 또는 언덕(인접하지 않은)에서 나는 와인.

크뤼Cru : "농산물"이라고 번역할 수 있고 품질이 좋은 것으로 알려진 포도밭 또는 포도밭 그룹을 나타낸다.

퀴베Cuvée : 원래는 "통" 또는 "탱크"라는 뜻이지만 특정 블렌드나 한 번에 만든 분량의 와인을 말한다.

드미 섹 Demi-Sec : 오프 드라이(약간 단맛).

도멘Domaine : 포도밭이 딸린 와이너리.

두Doux : 달콤한.

엘레베 앙 퓌 드 셴Élevé en fûts de chêne : 오크 숙성.

그랑 크뤼 Grand Cru : "위대한 농산물"이라는 의미이며 부르고뉴와 샹파뉴에서 지역 최고의 포도밭을 구별하기 위해 사용한다.

그랑 뱅 Grand Vin : 보르도에서 와이너리의 "최상위 라벨" 또는 최고급 와인을 표시하기 위해 사용한다. 보르도 생산자들은 일반적으로 와인을 첫 번째, 두 번째, 세 번째 등급의 라벨로 분류해서 다양한 가격대로 출시한다.

밀레짐Millésime : 수확 연도. 샹파뉴 지역에서 흔히 사용되는 용어이다.

미정 부테이으 오 샤토/도멘 Mis en bouteille au château : 와이너리에서 병입.

모엘르Moelleux : 달콤한.

무쓰Mousseux : 스파클링.

농 필트레 Non-filtré : 필터 처리하지 않은 와인.

페티양Pétllant : 기포가 약한 스파클링.

프르미에 크뤼 Premier Cru(1er Cru) : "첫 번째로 우수한 농산물"이라는 의미이며 보르도 생산자 중 최고 등급과 부르고뉴와 샹파뉴 포도밭 중에서 두 번째 등급을 나타낸다.

프로프리에테르Propriétaire : 와이너리의 소유주.

섹Sec : 드라이(달지 않다는 뜻).

쉬페리에Supérieur : 보르도에서 흔히 사용되는 규정 관련 용어이며 일반 와인보다 최소 알코올 함량과 숙성 기준이 더 높은 와인을 의미한다.

쉬르 리 Sur Lie : 리(죽은 효모 찌꺼기)를 담가놓은 상태로 숙성시킨 와인을 말한다. 크림/빵 맛과 풍부한 바디를 증가시키는 것으로 알려져 있다. 루아르의 뮈스카데에서 가장 흔히 사용되는 용어이다.

방당제 알라 맹 Vendangé a la main : 손으로 수확함.

비에오 비뉴 Vielle Vigne : 오래된 포도나무.

비뇨블Vignoble : 포도밭.

뱅 두 나튀렐 Vin Doux Naturel(VDN) : 발효 중에 주정강화된 와인(주로 달콤한 디저트 와인).

보르도 *Bordeaux*

보르도의 대부분 지역에서는 메를로, 카베르네 소비뇽, 카베르네 프랑으로 만든 보르도 레드 블렌드를 생산한다. 유명한 최상급 와이너리(일명 샤토)의 와인들은 매우 비싸지만, 대부분의 와인은 비싸지 않다. 다만 어느 지역 와인을 선호하는지 알고 찾아보자.

메독(좌안)

메독에서는 자갈과 점토 토양에서 주로 자라는 카베르네 소비뇽의 비율이 높은 와인을 집중적으로 생산한다. 와인은 흙냄새 나는 과일 풍미와 단단한 타닌이 특징이고, 미디엄 또는 풀 바디인 경우가 많다. 흙풍미가 나면서도 깔끔하게 다듬어진 스타일이다.

 FR 블랙커런트, 블랙베리 덤불, 석탄, 아니스, 연기

리부르네(우안)

리부르네 지역은 메를로가 많이 들어간 와인을 집중적으로 생산한다. 잘 만든 와인에서는 강렬한 체리와 담배 향, 그리고 초콜릿 같은 세련된 질감의 타닌을 느낄 수 있다. 최상급 포도밭은 점토 토양이 풍부한 포므롤과 생테밀리옹에 있다.

 FR 블랙체리, 구운 담배, 자두, 아니스, 코코아 가루

보르도 블랑

보르도 와인의 10% 미만은 소비뇽 블랑, 세미용, 그리고 희귀한 뮈스카델로 만든 화이트 와인이다. 앙트르 드 메르Entre-Deux-Mers의 모래와 점토 토양에서 보르도의 화이트 와인이 많이 생산된다.

 LW 자몽, 구스베리, 라임, 캐모마일, 부서진 돌

소테르네

소테른을 비롯한 몇 개의 소지역으로 이루어진 소테르네에는 가론강으로부터 안개가 올라와서 머무른다. 그 결과 보트리티스 시네리아(일명 귀부)라고 하는 특별한 곰팡이가 포도에 생긴다. 이 곰팡이 때문에 수분을 잃고 농축된 청포도는 무척 달콤한 와인이 된다.

 DS 살구, 마멀레이드, 꿀, 생강, 열대 과일

분류

크뤼 클라세 보르도에서 가장 비싼 와인	1855	1855년에 만들어진 5단계 분류 체계로 그라브와 메독의 생산자 61개, 소테르네의 생산자 26개로 이루어졌다.
	생테밀리옹	생테밀리옹의 최상위 생산자들이 속한 분류이며 10년마다 다시 정해진다.
	그라브	1953년부터 지정된 그라브 생산자들의 분류다(1959년에 개정됨).
크뤼 메독에만 있는 생산자 연합	부르주아	와인이 품질 기준을 충족하는지 평가하는 메독의 생산자 집단.
	아르티장	메독의 소규모 장인 생산자 연합.
보르도 지역 와인 명칭과 품질 등급	아펠라시옹	특정 지역(예를 들어 블라이, 그라브 등)에서 생산된 와인. 이 등급 안에는 37개의 아펠라시옹이 있다.
	쉬페리에	보르도 AOP보다 생산 기준이 높은 지역 와인.
	AOP	(AOC) 기본 등급의 지역 와인이며, 스파클링과 로제도 포함된다.

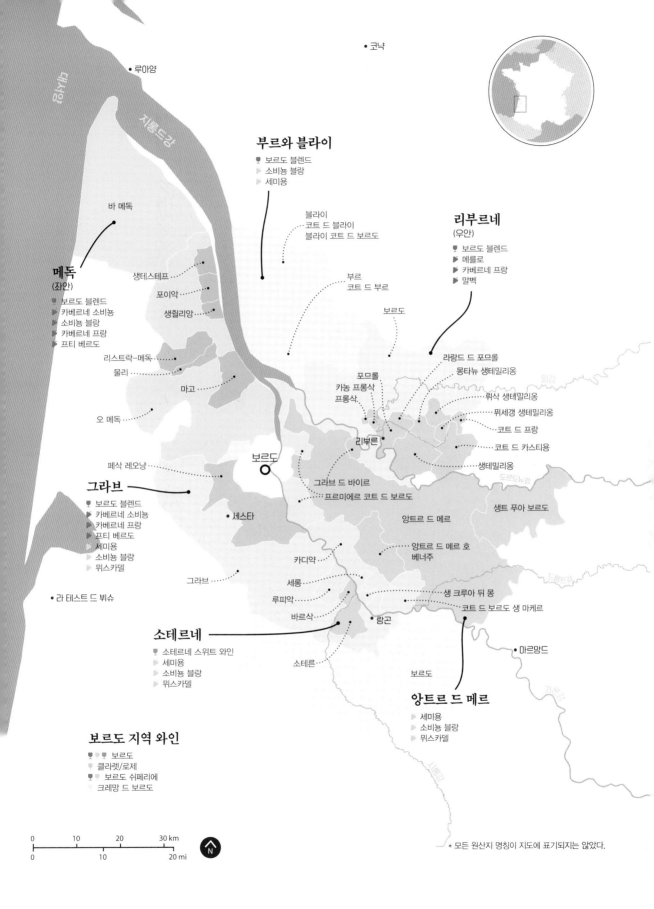

코냑

루아양

지롱드강

대서양

바 메독

부르와 블라이
- 보르도 블렌드
- 소비뇽 블랑
- 세미용

블라이
코트 드 블라이
블라이 코트 드 보르도

리부르네
(우안)
- 보르도 블렌드
- 메를로
- 카베르네 프랑
- 말벡

생테스테프

포이악

생쥘리앙

메독
(좌안)
- 보르도 블렌드
- 카베르네 소비뇽
- 소비뇽 블랑
- 카베르네 프랑
- 프티 베르도

부르
코트 드 부르

보르도

라랑드 드 포므롤
몽타뉴 생테밀리옹

일리

리스트락-메독

포므롤
카농 프롱삭
프롱삭

뤼삭 생테밀리옹
뮈세갱 생테밀리옹
코트 드 프랑
코트 드 카스티용
생테밀리옹

물리

마고

오 메독

리부른

도르도뉴강

페삭 레오냥

그라브
- 보르도 블렌드
- 카베르네 소비뇽
- 카베르네 프랑
- 프티 베르도
- 세미용
- 소비뇽 블랑
- 뮈스카델

보르도

그라브 드 바이르
프르미에르 코트 드 보르도

앙트르 드 메르

생트 푸아 보르도

세스타

앙트르 드 메르 호
베너주

드로트강

카디악

그라브

세롱

루피악

바르삭

생 크루아 뒤 몽
코트 드 보르도 생 마케르

랑곤

소테르네
- 소테르네 스위트 와인
- 세미용
- 소비뇽 블랑
- 뮈스카델

라 테스트 드 뷔슈

마르망드

소테른

보르도

앙트르 드 메르
- 세미용
- 소비뇽 블랑
- 뮈스카델

가

보르도 지역 와인
- 보르도
- 클라렛/로제
- 보르도 쉬페리에
- 크레망 드 보르도

0　10　20　30 km

0　　10　　　20 mi

N

* 모든 원산지 명칭이 지도에 표기되지는 않았다.

부르고뉴 *Burgundy*

부르고뉴의 포도밭들은 중세에 처음 생겼는데, 시토회 수도사들이 흑사병을 피하기 위해 수도원에 담장을 두르고 "클로"라는 포도밭을 가꾸면서부터였다. 그 수도사들은 어떤 포도를 심었을까? 물론 샤르도네와 피노 누아다! 이제 이 두 가지 품종은 세계적으로 유명해졌고 부르고뉴는 품질 좋은 와인의 대명사가 되었다.

피노 누아

"코트 도르", 즉 "황금 언덕"이라고 부르는 좁고 긴 땅에서 세계에서 가장 인기 있는 피노 누아 포도밭들이 있다. 위대한 빈티지에 생산된 와인은 붉은 과일과 꽃향기를 폭발적으로 뿜고 버섯 비슷한 쿰쿰한 향이 은근히 올라온다.

 LR 체리, 히비스커스, 장미 꽃잎, 버섯, 화분 흙

샤르도네

가장 많이 재배하는 품종은 샤르도네이며 크게 2가지 스타일로 나눌 수 있다. 코트 드 본의 와인은 오크 숙성을 해서 진한 편이고, 노란 사과와 헤이즐넛 향이 난다. 마코네와 일반 부르고뉴 블랑은 가볍고 오크를 약간만 사용하는 편이다.

 FW 노란 사과, 구운 모과, 사과꽃, 바닐라, 송로버섯

샤블리

샤블리는 매우 서늘한 생산 지역이며, 샤르도네를 집중적으로 재배한다. 샤블리에서는 대부분 오크를 사용하지 않으며 가볍고 미네랄이 강한 스타일로 만든다. 하지만 최고급 와인이 생산되는 포도밭인 10개의 그랑 크뤼는 좀 더 강건하고 오크를 사용하는 경우가 많다.

LW 모과, 패션프루트, 라임 제스트, 브리 껍질, 사과꽃

크레망 드 부르고뉴

샴페인과 똑같은 포도와 생산 방식으로 만들었지만 라벨에 크레망 드 부르고뉴라는 원산지 명칭이 표기된 맛있는 스파클링 와인이 있다. 최근에 숙성 체계가 도입되었는데, 에미낭Éminent(24개월 숙성)과 그랑 에미낭Grand Éminent(36개월 숙성)에서는 견과류 향이 더 많이 난다.

SP 백도, 사과, 치즈 껍질, 구운 빵, 생아몬드

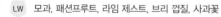

분류

크뤼 최고급 부르고뉴 와인	그랑 크뤼	부르고뉴 최상위 포도밭("클리마climat"라고 부른다)에서 난 와인. 코트 도르에 33개의 그랑 크뤼가 있고 생산량의 60%가 피노 누아다.
	프르미에 크뤼	부르고뉴 상위 포도밭에서 만든 와인. 공식적으로 640개의 프르미에 크뤼 밭이 있다. 와인 라벨에는 클리마가 표기될 수도 있고 표기되지 않을 수도 있지만, 마을 이름과 "Premier Cru" 또는 "1er"는 표기된다.
빌라주 중요한 마을에서 생산되는 와인	빌라주 또는 코뮌 이름	부르고뉴의 마을이나 코뮌(최소 행정구역)에서 나는 와인. 부르고뉴에는 총 44개의 마을 와인이 있는데, 샤블리, 포마르, 푸이이 퓌세, 그리고 하위 지역 명칭인 코트 드 본 빌라주와 마콩 빌라주가 여기에 속한다.
아펠라시옹 기본 등급의 지역 와인	"부르고뉴"	부르고뉴 원산지 명칭을 가진 지역에서 나는 와인은 라벨에 부르고뉴Bourgogne, 부르고뉴 알리고테Bourgogne Aligoté, 크레망 드 부르고뉴Crémant de Bourgogne, 그리고 부르고뉴 오트 코트 드 본Bourgogne Hautes Côtes de Beaune이라고 표기되어 있다.

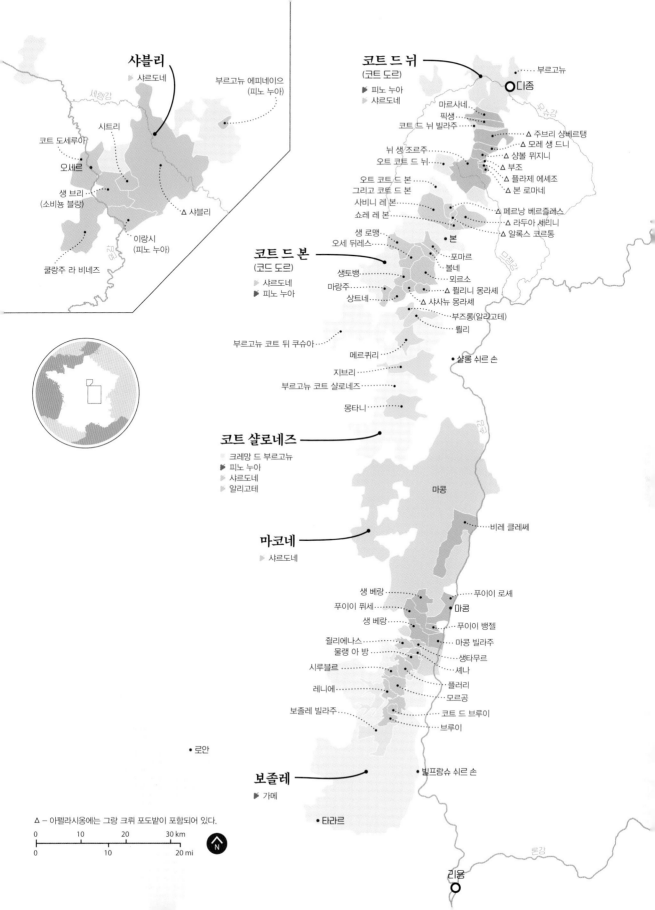

샤블리

- 샤르도네

부르고뉴 에피네이오
(피노 누아)

세렝강

시트리

코트 도세루아

오세르

생 브리
(소비뇽 블랑)

△ 샤블리

이랑시
(피노 누아)

쿨랑주 라 비네즈

코트 드 뉘
(코트 도르)

- 피노 누아
- 샤르도네

디종

부르고뉴

마르사네
픽생
코트 드 뉘 빌라주

△ 주브리 샹베르탱
△ 모레 생 드니
상볼 뮈지니

뉘 생 조르주
오트 코트 드 뉘

부조
△ 플라제 에셰조
△ 본 로마네

오트 코트 드 본
그리고 코트 드 본
사비니 레 본
쇼레 레 본

△ 페르낭 베르즐레스
△ 라두아 세리니
△ 알록스 코르통

생 로맹
오세 뒤레스

본

포마르
볼네
뫼르소
△ 퓔리니 몽라셰
△ 샤사뉴 몽라셰
부즈롱(알리고테)
륄리

코트 드 본
(코드 도르)

- 샤르도네
- 피노 누아

생토뱅
마랑주
상트네

부르고뉴 코트 뒤 쿠슈아

메르퀴리

샬롱 쉬르 손

지브리

부르고뉴 코트 샬로네즈

몽타니

코트 샬로네즈

- 크레망 드 부르고뉴
- 피노 누아
- 샤르도네
- 알리고테

마콩

비레 클레쎄

마코네

- 샤르도네

생 베랑
푸이이 퓌세
생 베랑

푸이이 로셰
마콩
푸이이 뱅젤
마콩 빌라주
생타무르
세나

쥘리에나스
물랭 아 방
시루블르
레니에
보졸레 빌라주

플러리
모르공
코트 드 브루이
브루이

로안

빌프랑슈 쉬르 손

보졸레

- 가메

타라르

△ – 아펠라시옹에는 그랑 크뤼 포도밭이 포함되어 있다.

| 0 | 10 | 20 | 30 km |

| 0 | 10 | 20 mi |

N

론강

리옹

샹파뉴 *Champagne*

프랑스에서 가장 서늘한 생산 지역에 속하는 샹파뉴는 포도를 익히는 데 어려움을 겪었던 역사를 가진 지역이다. 1600년대에 동 페리뇽과 같은 셀러 마스터가 와인 생산에 관한 신기술에 집중했던 것도 아마도 그런 이유에서였을 것이다. 그리고 스파클링 와인이 대중화되는 결과로 이어졌다. 샹파뉴의 세 가지 주요 포도 품종은 샤르도네, 피노 누아, 피노 므니에다.

논빈티지(NV)

셀러 마스터들은 해마다 한결같은 맛이 나는 블렌드를 만드는 기술이 탁월하다. 여러 개의 와인 통 또는 "퀴베"에는 다양한 밭에서 나는 여러 빈티지의 와인들이 보관되어 있는데, 또한 와인들을 섞는 방식으로 만든다. 논빈티지 와인은 15개월 이상 숙성이 요구된다.

SP 모과, 서양배, 감귤류 제스트, 치즈 껍질, 연기

블랑 드 블랑

블랑 드 블랑은 "화이트로 만든 화이트"라는 뜻이고 청포도로만 만든 샴페인을 말한다. 블랑 드 블랑은 대부분 샤르도네 100%다. 하지만 예외적으로 아르반 Arbane, 피노 블랑, 프티 멜리에와 같은 희귀한 포도가 포함되는 경우도 가끔 있다.

SP 노란 사과, 레몬 커드, 허니듀 멜론, 인동, 토스트

블랑 드 누아

블랑 드 누아는 "검정으로 만든 화이트"라는 뜻이고 검은색 (적)포도로만 만든 샴페인을 뜻한다. 피노 누아와 피노 므니에의 비율은 와인에 따라 다르다. 와인 색은 황금빛이 도는 편이고 붉은 과일 풍미가 강하다.

SP 흰 체리, 레드커런트, 레몬 제스트, 버섯, 연기

빈티지

특별히 뛰어난 빈티지에는 와인 제조자들이 단일 빈티지 샴페인을 만들 때가 많다. 생산자에 따라 스타일이 다르지만 빈티지 샴페인은 대체로 견과류와 구운 과일 풍미가 많이 나는 편이다. 빈티지 샴페인은 최소 36개월 숙성이 필수다.

SP 살구, 흰 체리, 브리오슈, 마지팬, 연기

분류

크뤼 특정 포도밭 샴페인	그랑 크뤼	샹파뉴의 17개 그랑 크뤼는 샤르도네, 피노 누아, 피노 므니에를 키우기에 가장 적합한 포도밭들이다. 와인은 빈티지와 논빈티지 스타일 모두 생산된다.
	프르미에 크뤼	프르미에 크뤼(1er)로 분류되는 뛰어난 포도밭이 42개다.
빈티지 단일 빈티지 샴페인	"밀레짐"	단일 빈티지의 포도로 만든 샴페인이며 36개월 숙성이 요구된다. 숙성을 거치면 마지팬, 브리오슈, 토스트, 너트 등 고급 샴페인 특유의 3차향이 증가한다.
논빈티지 다수 빈티지 샴페인	"NV"	와인 메이커 또는 "셰프 드 카브chef de cave"는 여러 해의 빈티지를 섞어서 매년 일관된 하우스 스타일로 샴페인을 만든다. 논빈티지는 최소 15개월 이상 숙성이 요구된다.

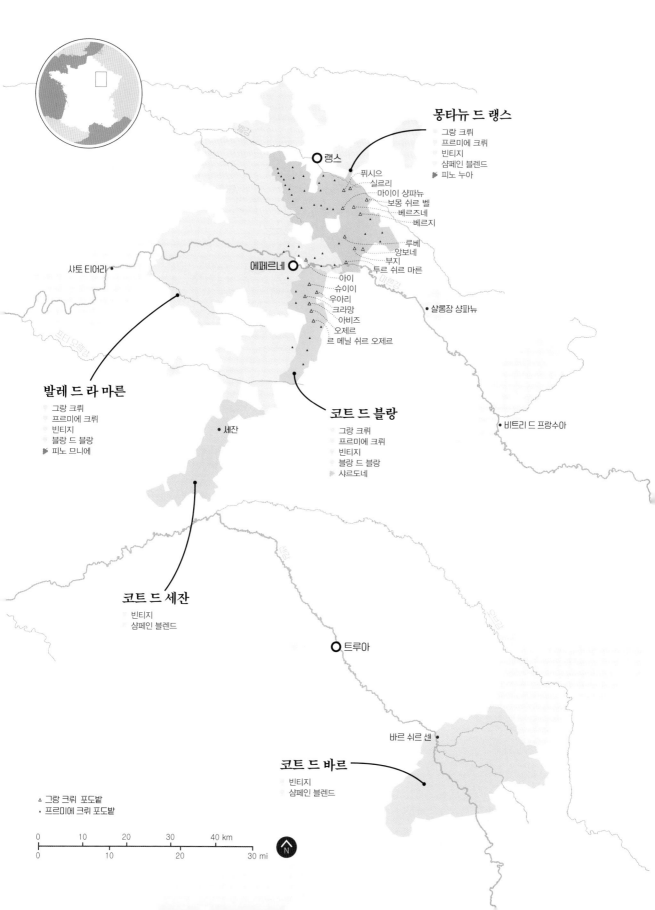

몽타뉴 드 랭스
- 그랑 크뤼
- 프르미에 크뤼
- 빈티지
- 샴페인 블렌드
- 피노 누아

랭스

퓌시으
실르리
마이이 샹파뉴
보몽 쉬르 벨
베르즈네
베르지
루베
앙보네
부지
투르 쉬르 마른

에페르네

아이
슈이이
우아리
크라망
아비즈
오제르
르 메닐 쉬르 오제르

샤토 티에리

샬롱장 샹파뉴

비트리 드 프랑수아

발레 드 라 마른
- 그랑 크뤼
- 프르미에 크뤼
- 빈티지
- 블랑 드 블랑
- 피노 므니에

세잔

코트 드 블랑
- 그랑 크뤼
- 프르미에 크뤼
- 빈티지
- 블랑 드 블랑
- 샤르도네

코트 드 세잔
- 빈티지
- 샴페인 블렌드

트루아

바르 쉬르 센

코트 드 바르
- 빈티지
- 샴페인 블렌드

△ 그랑 크뤼 포도밭
▪ 프르미에 크뤼 포도밭

0   10   20   30   40 km
0   10   20   30 mi

N

랑그독 루시용 *Languedoc-Roussillon*

랑그독과 루시용 지역을 통틀어서 랑그독 루시용이라고 부르는데, 프랑스 최대의 포도 생산지다. 또한, 가성비 높은 와인을 찾을 수 있는 산지이기도 하다. 랑그독에서는 시라, 그르나슈, 무르베드르, 카리냥으로 만든 레드 블렌드가 주로 생산된다. 스파클링 와인(크레망 드 리무)과 디저트 와인, 상큼한 화이트 와인도 의외로 훌륭하다.

랑그독 레드 블렌드

이 지역에서 주로 생산하는 포도는 시라, 그르나슈, 무르베드르, 카리냥, 생소(가벼운 레드)다. 생 시니앙, 포제르, 미네르부아, 코르비에르, 피투, 픽 생 루에서 생산되는 와인은 품질이 뛰어나면서 인근 론 와인보다 훨씬 싸다.

MR 블랙올리브, 카시스, 고추, 마른 허브, 부서진 돌

코트 뒤 루시용, 등

루시용은 스페인과의 국경에 인접한 지역이고, 역사적으로 유명했던 와인은 뮈스카 블랑과 그르나슈로 만든 디저트 와인이다. 지금은 쿨리우르와 코트 드 루시용 빌라주에서 그르나슈 위주로 만드는 드라이 레드 와인도 훌륭하다.

FR 산딸기, 정향, 올리브, 코코아, 부서진 돌

랑그독 화이트 블렌드

남프랑스에서는 엄청나게 다양한 종류의 청포도를 재배한다. 따뜻한 지중해성 기후에 가장 적합한 품종에는 마르산, 루산, 그르나슈 블랑, 픽풀, 뮈스카 블랑, 베르멘티노(그리고 희귀한 클래레트와 부르불랑!) 등이 있다. 여러 품종이 들어간 블렌드 와인을 생산하는 경우가 많기 때문에 생산자를 알아보고 원하는 맛을 찾아보자.

LW 다양한 풍미

크레망 드 리무

프랑스 최초의 스파클링 와인(샴페인이 최초의 스파클링이 아니다!)은 1531년 리무에 있는 생 일레르 수도원으로 거슬러 올라간다. 크레망 드 리무는 샤르도네와 슈냉 블랑으로 만든다. 리무의 역사를 맛보고 싶다면 지역 토착 품종인 모작Mauzac으로 만드는 블랑케트 메소드 앙세스트랄Blanquette Méthode Ancestrale을 마셔보자.

SP 구운 사과, 레몬, 라임 제스트, 마스카포네 치즈, 복숭아 껍질

픽풀 드 피네

픽풀(일명 피크풀)은 "입술을 찌른다."는 뜻이며 포도의 산도가 워낙 높아서 붙여진 이름이다. 픽풀 드 피네로 만든 와인은 상쾌하면서 입에 침이 고일 정도로 산도가 높다. 피노 그리와 소비뇽 블랑 대신 마시기에 좋은 멋진 와인이다.

LW 허니듀 멜론, 절인 레몬, 라임, 사과꽃, 부서진 돌

디저트 와인

루시용에서는 그르나슈와 뮈스카 블랑으로 만든 특별한 디저트 와인이 몇 가지 생산된다. 포도가 잘 익었을 때 따고 발효가 어느 정도 진행되었을 때 오 드 비(특별한 향이 없는 포도 증류주)를 첨가한다. 그 결과 질감이 풍부하고 포도의 단맛이 느껴지는 주정강화 와인이 된다. 프랑스에서 이런 양조 방식을 "뱅 두 나튀렐(또는 VDN)"이라고 부른다.

- 모리
- 리브잘트
- 바뉠스

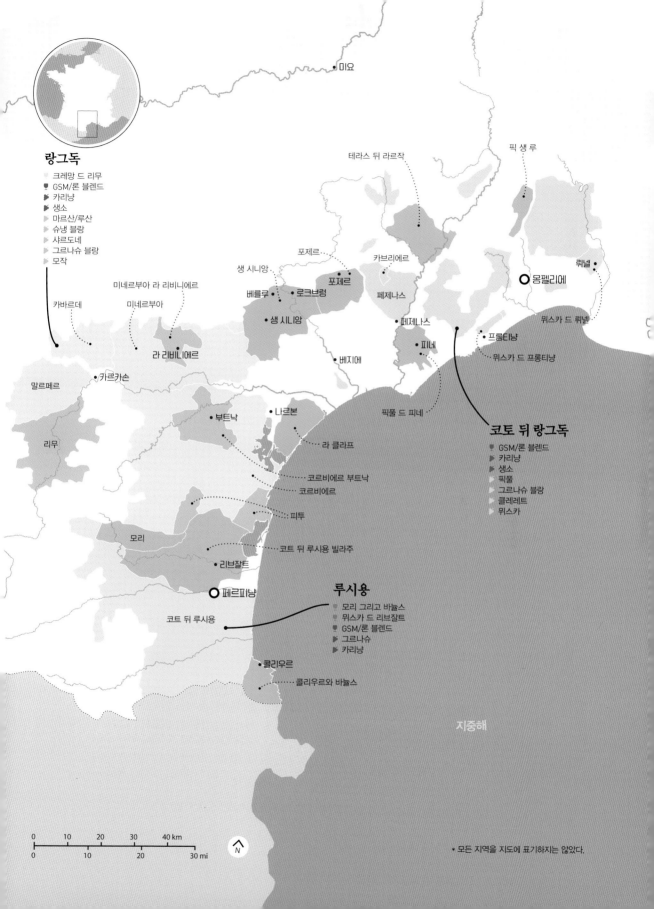

랑그독

- 크레망 드 리무
- GSM/론 블렌드
- 카리냥
- 생소
- 마르산/루산
- 슈냉 블랑
- 샤르도네
- 그르나슈 블랑
- 모작

미요

테라스 뒤 라르작

픽 생 루

포제르

카브리에르

생 시니앙

페제나스

뤼넬

몽펠리에

베를루

로크브룅

포제르

페제나스

뮈스카 드 뤼넬

카바르데

미네르부아 라 리비니에르

미네르부아

생 시니앙

피네

프롱티냥

라 리비니에르

베지에

뮈스카 드 프롱티냥

말르페르

카르카손

픽폴 드 피네

코토 뒤 랑그독

- GSM/론 블렌드
- 카리냥
- 생소
- 픽폴
- 그르나슈 블랑
- 클레레트
- 뮈스카

부트낙

나르본

리무

라 클라프

코르비에르 부트낙

코르비에르

피투

모리

코트 뒤 루시용 빌라주

리브잘트

페르피냥

루시용

- 모리 그리고 바뉼스
- 뮈스카 드 리브잘트
- GSM/론 블렌드
- 그르나슈
- 카리냥

코트 뒤 루시용

콜리우르

콜리우르와 바뉼스

지중해

| 0 | 10 | 20 | 30 | 40 km |

| 0 | 10 | 20 | 30 mi |

N

* 모든 지역을 지도에 표기하지는 않았다.

루아르 계곡 *Loire Valley*

루아르 계곡은 프랑스에서 가장 긴 강과 그 지류를 따라 펼쳐진 넓은 지역이다. 서늘한 기후에 속하는 산지인 루아르는 슈냉 블랑, 소비뇽 블랑, 뮈스카데 등 가볍고 짜릿한 화이트 와인이 특별히 맛있는 곳이다. 적포도로는 카베르네 프랑, 가메, 코(말벡)가 재배되는데, 허브 향이 강하고 소박한 레드와 과일 향이 나면서 드라이한 로제를 만든다.

소비뇽 블랑

투렌과 상트르는 소비뇽 블랑에 집중하는 지역이다. 소비뇽 블랑을 생산하는 여러 생산지(아펠라시옹) 가운데 상세르와 푸이이 퓌메의 포도밭들이 가장 유명하다. 이 근방에서는 소비뇽 블랑이 매우 잘 익어 부싯돌과 연기 풍미가 난다.

LW 익은 구스베리, 모과, 자몽, 부싯돌, 연기

슈냉 블랑

슈냉 블랑은 무궁무진한 스타일의 와인으로 양조되는데, 드라이, 스파클링, 스위트, 스틸 모두 찾아볼 수 있다. 투렌, 앙주 소뮈르 지방에서 주로 재배하는 포도이며 크레망 드 루아르에도 들어간다. 주목할 만한 지역은 부브레, 몽루이 쉬르 루아르, 사브니에르(산화된 스타일), 캬르 드 숌(디저트 와인) 등이 있다.

LW 서양배, 인동, 모과, 사과, 밀랍

뮈스카데(믈롱)

해안과 가까운 낭테 지역은 날카롭고 믈롱 포도로 만든 미네랄이 풍부한 화이트 와인으로 유명하다. 생산량의 70~80%는 라벨에 뮈스카데 드 세브르 에 멘 Muscadet Sèvre et Maine이라고 표기되어 있다. 그리고 와인을 효모 찌꺼기와 함께, 또는 "쉬르 리" 방식으로 숙성시키는 생산자들이 많다. 덕분에 와인은 촉감이 부드럽고 효모 향이 올라온다.

LW 라임 껍질, 조가비, 풋사과, 서양배, 라거 맥주

카베르네 프랑

카베르네 프랑(일명 브레통)은 루아르 지역 전반에 걸쳐서 재배되지만, 특히 시농Chinon과 부르게이으 Bourgueil를 비롯한 루아르 중부 지역에서 많이 생산된다. 서늘한 지역이기 때문에 레드는 향신료와 허브 향이 강하고 피망 향이 두드러진다. 와인은 의외로 숙성이 상당히 잘 되어서 시간이 지나면 구운 자두의 부드러운 풍미와 담배 향이 드러난다.

MR 구운 피망, 산딸기 소스, 앵두, 철분, 마른 허브

코(말벡)

흔히 마시는 아르헨티나 말벡과는 완전히 다르다! 루아르 계곡에서는 말벡을 "코"라고 부르며 투렌 아펠라시옹에서 재배된다. 그리고 소박한 맛과 흙냄새 밴 과일 풍미, 허브 향이 나는 와인이 된다. 코와 카술레를 같이 맛보자!

MR 덜 익은 올리브, 블랙커런트, 담배, 블랙베리 덤불, 마른 허브

루아르 스파클링 와인

루아르 계곡에서는 라벨에 크레망 드 루아르, 부브레, 소뮈르라고 표기된 스파클링 와인도 많이 생산된다. 스파클링 와인은 대부분 루아르 중부에서 생산되며 주로 슈냉 블랑, 샤르도네, 카베르네 프랑(로제)으로 만든다. 대체로 새콤하고 신선한 과일 풍미가 난다. 라벨에 페티양 나튀렐Pétillant-naturel이라고 표기된 와인은 옛날 방식으로 양조되어 뿌옇고 이스트 향이 많이 나면서 섬세한 거품이 있다.

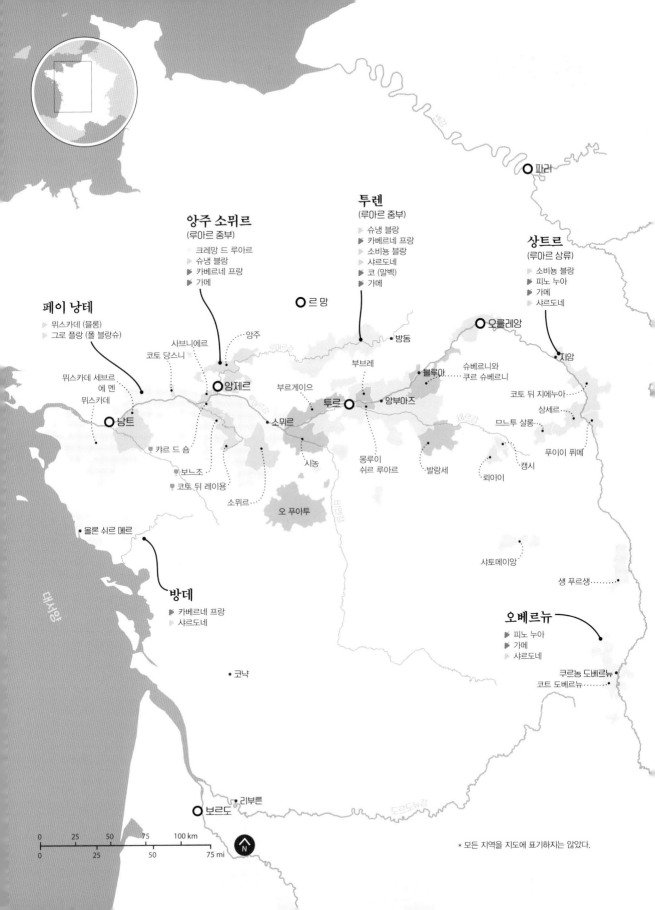

앙주 소뮈르
(루아르 중부)
- 크레망 드 루아르
- 슈냉 블랑
- 카베르네 프랑
- 가메

투렌
(루아르 중부)
- 슈냉 블랑
- 카베르네 프랑
- 소비뇽 블랑
- 샤르도네
- 코 (말벡)
- 가메

상트르
(루아르 상류)
- 소비뇽 블랑
- 피노 누아
- 가메
- 샤르도네

페이 낭테
- 뮈스카데 (믈롱)
- 그로 플랑 (폴 블랑슈)

뮈스카데 세브르
에 멘
뮈스카데

사브니에르
코토 당스니
앙주

르 망

방돔

오를레앙

지앙

슈베르니와
쿠르 슈베르니

블루아

부브레

투르
앙부아즈

부르게이으

코토 뒤 지에누아

상세르

낭트

샤르 드 숌

보느조

코토 뒤 레이용

소뮈르

시농

소뮈르

몽루이
쉬르 루아르

발랑세

뢰이이

므느투 살롱

푸이이 퓌메

캥시

오 푸아투

샤토메이앙

생 푸르생

방데
- 카베르네 프랑
- 샤르도네

오베르뉴
- 피노 누아
- 가메
- 샤르도네

올론 쉬르 메르

코냑

쿠르농 도베르뉴
코트 도베르뉴

리부른
보르도

0   25   50   75   100 km

0   25   50   75 mi

N

* 모든 지역을 지도에 표기하지는 않았다.

론 계곡 *Rhône Valley*

그르나슈, 시라, 무르베드르는 론 계곡의 주요 품종들이다. 남부의 코트 뒤 론 블렌드(레드와 로제)에는 포도 종류가 최대 18가지 들어 갈 수 있다! 북부 론은 단일 품종 시라를 집중적으로 생산하면서 비오니에를 약간 재배한다.

시라

많은 사람들이 코트 로티, 에르미타주, 코르나스 등 북부 론 지역을 최고의 시라 생산지라고 본다. 와인 은 강건하고 타닌이 높으면서 감칠맛 나는 올리브, 자두 소스, 베이컨 기름 풍미가 난다. 가성비 좋은 구 매를 원하면 좋은 빈티지에 생 조셉과 크로즈 에르미 타주를 많이 사두자.

 FR 올리브 타프나드, 자두 소스, 흑후추, 베이컨 기름, 마른 허브

론/GSM 블렌드

남론의 GSM 블렌드에서 주인공은 그르나슈이다. 하 지만 과일 향이 나면서도 소박한 이 레드 블렌드에는 생소, 쿠누아즈, 테레 누아, 뮈스카르뎅, 마르셀랑 등 이 지역에서 생산되는 다양한 희귀 품종들도 소량 들 어가는 경우가 많다.

 MR 구운 자두, 담배, 산딸기 소스, 마른 허브, 바닐라

마르산 블렌드

론 계곡에는 여러 가지 화이트 품종도 재배된다. 하 지만 코트 뒤 론 화이트 블렌드에 가장 흔하게 사용 되는 청포도는 마르산과 루산이다. 마르산은 진하고 복숭아와 같은 과일 향이 강하며 촉감이 기름져서 오 크 숙성 샤르도네와 비슷하다.

 FW 사과, 귤, 백도, 밀랍, 아카시아

비오니에

작은 산지인 콩드리외와 샤토 그리예에서는 100% 비오니에로 만든 와인을 생산한다. 와인은 단맛이 날 때가 많은데, 그런 스타일이 비오니에를 표현하는 전 형적인 방식이라고 믿는 생산자들이 많다. 세계적으 로 인기가 높아지는 추세이기 때문에 비오니에는 지 금보다 더 흔해질 가능성이 크다.

 AW 복숭아, 탕헤르 오렌지, 인동, 장미, 생아몬드

분류

크뤼 17개 크뤼에서 론 최상급 와인을 생산한다.	북부 론	8개의 크뤼에서는 시라를 중점적으로 생산하고 2개(콩드리외와 샤토 그리예) 는 비오니에에 집중한다. 생 페레에서는 스파클링 와인이 생산된다.
	남부 론	몽텔리마르 남부의 9개 크뤼에서는 레드, 화이트, 로제, 그리고 스위트 와인 이 생산된다. 라벨에는 크뤼(지도 참조) 이름이 표기된다.
코트 뒤 론 빌라주 남부 론의 고급 블렌드	남부 론	코트 뒤 론 빌라주는 최소 50% 이상 그르나슈로 이루어져 있다. 이 와인을 생산하는 95개 행정구역 가운데 21개는 마을 이름을 라벨에 표기할 수 있 다(예를 들어 "쉬스클랑 코트 뒤 론 빌라주Chusclan Côtes du Rhone Villages"). 마을 전체가 크뤼로 등급 상승하는 경우도 있다!
아펠라시옹 지역의 기본 등급 와인	코트 뒤 론 등	코트 뒤 론의 기본 등급 와인을 생산하는 171개 행정구역이다. 그 밖에도 뱅투, 뤼베롱, 그리냥 레 아데마르, 코스티에르 드 님, 클레레트 드 벨가르 드, 코트 뒤 비바레가 이 분류에 속한다.

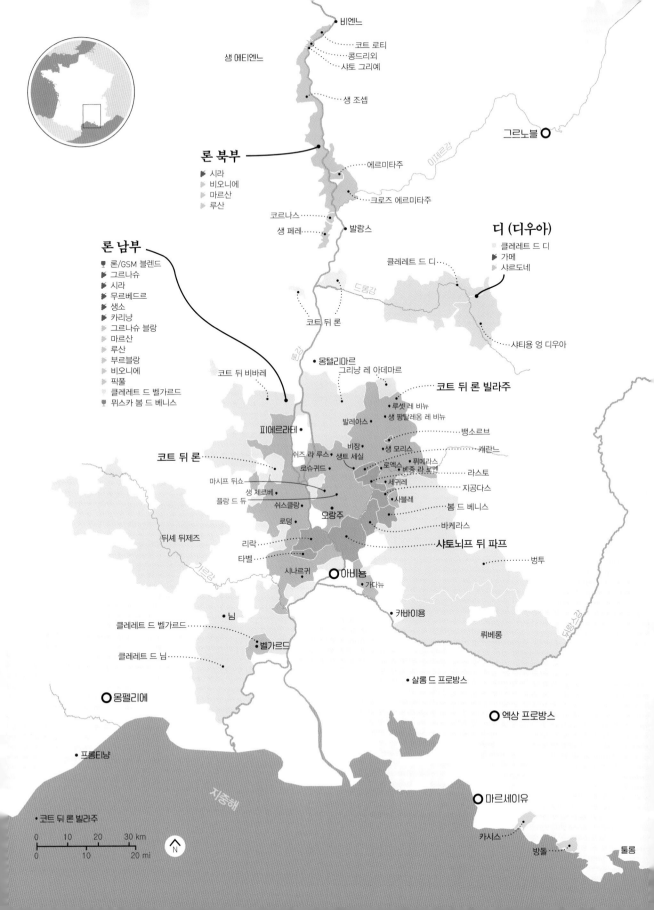

비엔느

코트 로티
콩드리외
샤토 그리예

생 에티엔느

생 조셉

그르노블

에르미타주

크로즈 에르미타주

론 북부
▶ 시라
▷ 비오니에
▷ 마르산
▷ 루산

코르나스
생 페레
발랑스

디 (디우아)
☐ 클레레트 드 디
▶ 가메
▷ 샤르도네

클레레트 드 디

론 남부
♟ 론/GSM 블렌드
▶ 그르나슈
▶ 시라
▶ 무르베드르
▶ 생소
▶ 카리냥
▷ 그르나슈 블랑
▷ 마르산
▷ 루산
▷ 부르블랑
▷ 비오니에
▷ 픽풀
☐ 클레레트 드 벨가르드
♟ 뮈스카 봄 드 베니스

샤티용 엉 디우아

코트 뒤 론

코트 뒤 비바레

몽텔리마르
그리냥 레 아데마르

코트 뒤 론 빌라주

루셋 레 비뉴
생 팡탈레옹 레 비뉴
발레아스

뱅소르브

비장
생트 세실
생 모리스
뤼메라스
로엑스
베종 라 로멘
세귀레
사블레
봄 드 베니스
바케라스

캐란느

라스토

지공다스

코트 뒤 론

마시프 뒤쇼
플랑 드 듀
쉬스클랑
생 제르베
로덩

피에르라테

쉬즈 라 루스
로슈귀드
오랑주

리락
타벨
시나르귀
아비뇽
가다뉴

샤토뇌프 뒤 파프

벙투

뒤셰 뒤제즈

카바이옹

뤼베롱

클레레트 드 벨가르드

님

클레레트 드 님

벨가르드

살롱 드 프로방스

몽펠리에

엑상 프로방스

프롱티냥

마르세이유

지중해

♦ 코트 뒤 론 빌라주

카시스

방돌

툴롱

0   10   20   30 km
0   10   20 mi

N

Germany 독일

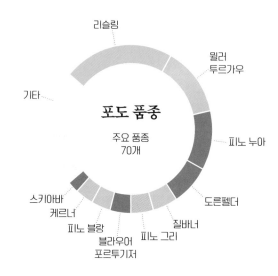

리슬링

밀러
투르가우

기타

포도 품종

주요 품종
70개

피노 누아

스키아바
케르너
피노 블랑
블라우어
포르투기저
피노 그리
질바너
도른펠더

아르
잘레 운슈트루트
라인가우
나헤
기타

프랑켄
라인하센

모젤

생산지

1,021.4㎢ /
102,143헥타르(2014년)

뷔르템베르크

팔츠

바덴

리슬링의 나라

1720년 슐로스 요하니스베르크(라인가우)에서 처음으로 리슬링을 대량으로 심은 이후 독일은 단일 품종 와인을 추구했다. 그때부터 독일은 세계 최고의 리슬링 생산국이 되었고, 드라이 스타일, 가벼운 스타일, 달콤한 스타일 등 다양한 리슬링을 생산하고 있다. 독일의 서늘한 기후는 리슬링뿐 아니라 가벼운 레드와 향이 풍부한 화이트 와인용 포도 재배에도 이상적이다. 또한, 독일은 최근 유기농과 바이오다이나믹 와인 생산에 초점을 맞추며 유럽의 트렌드를 이끌어나가고 있다.

생산 지역

독일에는 총 13개 와인 생산지 또는 "안바우게비트an-baugebiete(경작 지역이라는 뜻, 역자주)"가 있다. 독일의 와인 생산지는 대부분 남서부에 몰려있다.

• 가장 남쪽에 있는 바덴, 뷔르템베르크, 팔츠 일부는 특히 레드를 집중적으로 생산하며, 레드 품종 중에서도 피노 누아와 블라우프랭키쉬를 많이 재배한다.

• 라인가우, 라인헤센, 나헤, 그리고 모젤 계곡에서는 리슬링을 주로 생산한다. 라인가우와 모젤 계곡에서는 세계적으로 손꼽히는 리슬링을 찾을 수 있다.

• 아르는 아주 작은 지역이지만 뛰어난 피노 누아를 생산한다.

• 위성 지역인 작센과 잘레–운스트루트에서는 환상적인 피노 블랑이 난다.

브레멘

베를린 ○
● 포츠담

작센
▷ 뮐러 투르가우
▷ 리슬링

하노버

잘레-운슈트루트
▷ 뮐러 투르가우
▷ 피노 블랑

○라이프치히

미텔라인
▷ 리슬링

드레스덴○

아르
▷ 피노 누아

쾰른 ○
● 본

라인가우
▷ 리슬링
▷ 피노 누아

라인헤센
▷ 뮐러 투르가우
▷ 리슬링
▷ 도른펠더
▷ 질바너
▷ 블라우어 포르투기저

프랑켄
▷ 뮐러 투르가우
▷ 질바너
▷ 바쿠스

모젤
▷ 리슬링
▷ 뮐러 투르가우
▷ 엘빙

비스바덴
프랑크푸르트 ○
● 마인츠

● 뷔르츠부르크

나헤
▷ 리슬링
▷ 뮐러 투르가우
▷ 도른펠더
▷ 질바너

○ 만하임
● 하이델베르크

헤시쉬 베르크슈트라세
▷ 리슬링
▷ 피노 누아

팔츠
▷ 리슬링
▷ 도른펠더
뮐러 투르가우
▷ 블라우어 포르투기저
▷ 피노 누아

● 카를스루에

슈투트가르트 ○

뷔르템베르크
▷ 트롤링거(스키아바)
▷ 리슬링
피노 므니에
블라우프랭키쉬
피노 누아
도른펠더

● 스트라스부르

○ 뮌헨

바덴
▷ 피노 누아
▷ 뮐러 투르가우
▷ 피노 그리
▷ 피노 블랑
▷ 샤슬라

● 프라이부르크

● 바젤

0 25 50 75 100 km
0   25   50   75 mi

N

와인 탐색 *Wines to Explore*

독일의 서늘한 기후에서 잘 자라는 품종들에는 리슬링 이외에 블라우프랭키쉬와 피노 누아 같은 고급 적포도들이 있다. 독일 와인은 모두 향신료 풍미가 두드러진다는 흥미로운 공통점을 갖는다.

달콤한 프래디카트 리슬링

늦수확한 스타일의 슈패트레제, 아우스레제, BA, TBA(239쪽 참조) 포도는 세계에서 가장 인기 있는 달콤한 리슬링 와인이 된다. 이런 와인들은 놀라운 깊이, 단맛과 신맛의 대비, 그리고 살구, 라임, 꿀과 같은 강렬한 향을 선사한다.

 AW　살구, 꿀, 라임, 어린 코코넛, 타라곤

드라이 리슬링

독일에서도 드라이 리슬링의 인기가 점점 높아지고 있다. 드라이 프래디카트 리슬링을 구별하는 방법은 라벨에서 "트로켄Trocken"을 찾거나 알코올 함량을 보는 것이다. 일반적으로 ABV가 높으면 드라이 스타일일 가능성이 크다.

LW　허니듀 멜론, 백도, 라임, 재스민, 연기

VDP 리슬링

VDP는 독일 최고의 와이너리들로 구성되어있다고 알려진 배타적인 생산자 협회다. VDP는 포도밭을 등급에 따라 분류하는 역할도 하는데, 최상위 밭을 그로세스 게벡스Grosses Gewächs("위대한 농산물")라고 부르며 1등급 포도밭을 에르스테스 게벡스Erstes Gewächs("1등급 농산물")라고 지칭한다.

 AW　다양한 스타일과 풍미

질바너

질바너는 품질이 좋으면서 비싸지 않은 와인이다. 주요 생산지는 라인헤센과 프랑켄(복스보이틀이라는 납작한 초록색 병에 들었다.)이다. 품질 좋은 질바너는 달콤한 핵과류 향과 부싯돌 같은 미네랄이 대비되어 매력적이다.

LW　복숭아, 패션프루트, 오렌지꽃, 타임, 부싯돌

그라우부르군더

(일명 피노 그리) 독일의 피노 그리는 매우 가벼우면서 백도와 서양배, 미네랄 풍미가 나고 사랑스러운 꽃향기가 올라온다. 높은 산도 덕분에 나타나는 찌릿한 느낌이 입 중간에서 느껴지면서 풍성하고 약간 기름진 촉감과 대비된다.

LW　백도, 기름, 배, 라임, 흰 꽃

바이스부르군더

(일명 피노 블랑) 피노 그리와 피노 블랑은 공통되는 풍미도 많지만 피노 블랑이 훨씬 은은하고 섬세하다. 오후 티타임에 오이 샌드위치와 함께 낼 만한 와인을 한 가지만 고른다면 피노 블랑이다.

LW　백도, 흰 꽃, 풋사과, 라임, 부싯돌

와인 상식

뮐러 투르가우

마들렌 앙주빈과 리슬링의 이종 교배로 탄생한 와인이다. 약간 일찍 익기 때문에 서늘한 독일의 포도밭에서 잘 자란다. 리슬링에 비해 열대 과일 향이 더 나고 산도가 약간 덜하지만 특징이 비슷하면서 가격은 더 매력 있다.

AW 잘 익은 복숭아, 오렌지꽃, 기름, 레몬, 말린 살구

젝트

독일에서는 지금도 저급한 젝트를 찾을 수는 있지만 수출되는 것은 거의 없다. 트라디치오넬 플라셍게룽 Traditionelle Flaschengärung(전통 방식)이라고 표기된 젝트는 잠재력이 엄청나며 피노 계열 품종과 샤르도네로 만들었다. 팔츠와 라인가우 지역에서 품질 좋은 와인을 찾을 수 있다.

SP 구운 사과, 흰 체리, 버섯, 입술 모양 젤리Wax Lips, 라임

슈패트부르군더

(일명 피노 누아) 남부의 따뜻한 지역과 아르는 피노 누아를 중점적으로 생산한다. 와인에서는 달콤한 과일 풍미가 넘치고 은은한 흙냄새, 나뭇잎 냄새가 올라온다. 따져보면 독일 피노 누아에서는 신대륙과 구대륙의 맛이 동시에 난다고 할 수 있다.

LR 말린 블루베리, 산딸기, 계피, 마른 나뭇가지, 흑설탕

렘베르거

(일명 블라우프랭키쉬) 절기가 길고 따뜻한 바덴과 뷔르템베르크에서 주로 난다. 잘 만든 와인에서는 진하고 묵직한 초콜릿과 베리 풍미가 나고, 단단한 타닌과 짜릿한 산도를 느낄 수 있다. 블라우프랭키쉬는 사계절 마시기에 좋은 와인이다.

MR 건포도 소스, 석류, 흑설탕, 다크 초콜릿, 백후추

도른펠더

독일에서 인기 있는 저렴한 와인이며, 생산자에 따라 품질 차이가 크니 선택에 유의하자! 잘 만든 도른펠더에서는 생생하고 달콤한 구운 베리와 바닐라 향이 강렬하게 난다. 또한, 균형 잡힌 맛과 적당한 타닌, 짜릿한 산도, 흙과 허브 향이 밴 피니시를 느낄 수 있다.

MR 산딸기 파이, 오레가노, 바닐라, 타르트에 든 블루베리, 후추, 화분 흙

포르투기저

독일을 비롯한 오스트리아, 헝가리, 크로아티아, 세르비아 등 다뉴브강을 낀 여러 나라에서 나는 가벼운 레드 와인이다. 독일에서는 주로 팔츠와 라인헤센에서 생산되며 로제나 저렴한 와인에 사용된다.

MR 말린 붉은 베리, 후추 계열 향신료, 구운 오레가노

라벨 읽기 *Reading a Label*

라벨은 품질과 당도 수준을 구별하는 시스템에 따라 표기되어있다. 이것을 이해하면 독일의 공식적인 와인 지역 13개에서 나타나는 차이를 탐색해 볼 수 있다. 와인 생산 지역을 지칭하는 독일어는 안바우게비트anbaugebiete다.

- 생산자 협회
- 지역
- 와이너리
- 수확 연도
- 포도밭이 있는 마을. "ER"은 소유격 접미사다.
- 포도밭 이름
- 품종
- 포도가 익은 정도
- 와이너리에서 병입
- 독일의 등급

당도 수준

트로켄/젤렉시온 Trocken/Selection : 잔당 9g/L 이하의 드라이 와인. "젤렉시온"은 손수확한 라인가우의 와인을 지칭하는 용어다.

할프트로켄/클라식 Halbtrocken/Classic : "반 드라이" 또는 약간 달콤한 와인이며, 잔당 18g/L 이하("클래식"의 경우 잔당 15g/L 이하)다.

파인헤르프Feinherb : 할프트로켄과 비슷한 약간 드라이한 와인을 지칭하는 비공식적인 용어.

리블리히Liebliche : 잔당 45g/L 이하의 스위트 와인.

쥐스Süß/Süss : 잔당 45g/L 이상인 스위트 와인.

기타 용어

안바우게비트 : 원산지 명칭이 보호되는 독일의 13개 와인 생산 지역.

베라이히 : 안바우게비트 안에 있는 소지역. 예를 들면 모젤 계곡에는 모젤토어, 오버모젤, 자르, 루베어탈, 베른카스텔, 그리고 부르크 코헴의 6개 소지역이 있다.

그로스라게 : 포도밭 그룹. VDP.Grosse Lage와는 다르다.

아인젤라게 : 1개의 포도밭에서 생산된 와인.

바인구트 : 와이너리.

슐로스 : 성 또는 샤토.

에르조이거랍퓔룽Erzeugerabfüllung: 굿잡퓔룽 와이너리에서 병입.

로트바인 : 레드 와인.

바이스바인 : 화이트 와인.

립프라우밀호 : 저렴하고 달콤한 와인(일반적으로 화이트).

젝트 b.A. : 13개 안바우게비트 중 한 곳에서 생산된 스파클링 와인.

빈처젝트 : 와이너리에서 생산된 단일 품종의 포도를 사용해서 전통 방식으로 만든 고급 스파클링 와인.

펄바인 : 탄산주입식으로 만든 약발포성 와인.

로틀링 : 적포도 품종과 청포도 품종을 섞어서 만든 로제 와인.

프뤼부르군더 : 독일, 특히 아르 지방에서 나는 피노 누아의 변종.

트롤링거 : 스키아바 그로싸.

엘플링 : 모젤에서 나는 매우 오래되고 희귀한 청포도 품종.

뷔르츠가르텐 : "향신료 정원"이라는 뜻이며 흔한 포도밭 이름이다.

소넨누어 : "해시계"라는 뜻으로 흔한 포도밭 이름이다.

로젠베르크 : "장미 언덕"이라는 뜻으로 흔한 포도밭 이름이다.

호니히베르크 : "꿀 언덕"이라는 뜻이며 흔한 포도밭 이름이다.

알테 레벤 : 오래된 포도나무.

와인 분류

TBA/아이스바인
BA
아우스레제
슈패트레제
카비네트

프래디카츠바인Prädikatswien
포도가 익은 정도에 따라 와인의 등급이 정해지고, 최소 알코올 기준이 있다. 가당은 허용되지 않는다.

크발리태츠바인/젝트 B.A.Qüalitatswein/Sekt B.A.
독일의 13개 생산지(안바우게비트)에서 생산되고, 허용된 포도 품종으로 만든 와인. 법적으로 가당이 허용된다.

란트바인Landwein
란트바인게비트라고 부르는 광범위한 생산 지역 26개 중 한 군데에서 생산된 와인이다. 당도는 트로켄 또는 할프트로켄이다.

도이처바인/D 젝트 Deutscherwein/D.Sekt
지역 표기 없는 와인. 100% 독일산이다.

젝트Sekt
독일산이 아닌 스파클링 와인이며, EU 품질 기준 이상이다.

VDP

VDP. 그로세스 게벡스(GG)/
VDP. 그로스 라게*

VDP.에르스트 라게*

VDP.오르츠바인*

VDP.구츠바인*

*VDP는 프래디카츠바인 또는 크발리태츠바인이다.

프래디카츠바인

카비네트 : 가장 가벼운 스타일의 리슬링이며, 당도 수준이 67~82 욉슬레(잔당 148~188g/L)인 포도로 만든다. 카비네트 와인은 드라이에서부터 오프 드라이까지 있다.

슈패트레제 : "늦수확." 포도는 당도가 76~90 욉슬레(잔당 172~209g/L)다. 슈패트레제는 일반적으로 카비네트보다 달콤하지만 병에 "트로켄Trocken"이라고 표기되어 있다면 드라이하면서 알코올이 좀 더 높을 것이다.

아우스레제 : "선별 수확." 포도가 좀 더 익어서 83~110 욉슬레(잔당 191~260g/L)다. 손수확했으며 포도에 귀부가 생겼다. 와인은 슈패트레제보다 달콤할 수도 있고, "트로켄"이라고 표기되었으면 드라이하면서 알코올이 높다.

베렌아우스레제(BA) : "포도알 선별 수확." 건포도화되어 당도가 100~128 욉슬레(잔당 260g/L 이상)인 귀부 포도로 만들기 때문에 매우 희귀한 와인이다. 반병 용량으로 파는 비싼 디저트 와인을 생각하면 된다.

트로켄베렌아우스레제(TBA) : "마른 포도알 선별 수확." 프래디카츠바인 중에서 가장 희귀한 와인이다. 포도나무에서 말라서 150~154 욉슬레로 건포도화된 포도알로 만드는 매우 달콤한 와인이다.

아이스바인 : "아이스 와인." 나무에 매달린 채로 얼어있는 포도를 압착해서 만든다. 수확할 때 110~128 욉슬레(잔당 260g/L 이상!)이다. 매우 달콤한 와인이다.

VDP

퍼반트 도이처 프래디카츠바인구터Verband Deutscher Prädikatswiengüter(VDP)는 200여 와인 생산자들의 자율적인 협회이며 포도밭을 등급에 따라 분류한다.

VDP.구츠바인 : "하우스 와인." 소유자, 마을 또는 지역 이름이 표기되어 있고 라벨에 VDP를 명시한다.

VDP.오르츠바인 : "마을 와인." 마을 단위 생산 지역에 있는 고급 포도밭이며 라벨에 포도밭 이름이 명시되어있다.

VDP.에르스트 라게 : "1등급 밭." 엄격한 재배 기준에 따라 1등급으로 지정된 밭이다. 모든 와인은 평가단에 의해 인증된다.

VDP.그로세스 게벡스/VDP.그로스 라게 : "위대한 농산물"/"위대한 밭." 더 높은 재배 기준에 부합하는 최상위 밭에 대한 명칭이다. 모든 와인은 시음평가단의 인증을 거친다. 라벨에 그로세스 게벡스(GG)라고 표기된 와인은 언제나 드라이 와인이다.

Greece 그리스

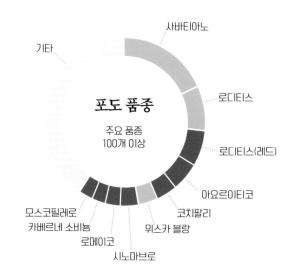

포도 품종

주요 품종
100개 이상

사바티아노
기타
로디티스
로디티스(레드)
아요르이티코
코치팔리
뮈스카 블랑
시노마브로
로메이코
카베르네 소비뇽
모스코필레로

생산지

4,590.8㎢ /
459,075헥타르(2011년)

마케도니아
에게해 제도
그리스 남부
그리스 중부

음식과 잘 어울리는 와인

그리스 와인을 이해하려면 그리스 음식에서 느낄 수 있는 강렬한 풍미를 느껴보자. 강렬함은 그리스 와인의 주제이기도 하다!

생산 지역

그리스 북부 : 우아하고 감칠맛 나는 레드와 신선하고 과일 향이 나는 화이트로 유명하다. 나우사의 시노마브로는 타닌과 산도가 높아서 "그리스의 바롤로"라고 불리곤 한다. 아시르티코, 말라구시아, 데비나(지차에서 생산된다), 그리고 소비뇽 블랑도 맛볼 만하다.

그리스 중부 : 따뜻한 기후 덕분에 시노마브로가 부드러운 편이다. 올림푸스 산자락에 있는 랍사니 지역 등에서는 시노마브로 위주의 블렌드가 생산된다. 사바티아노 포도로는 샤르도네 비슷한 강건한 화이트를 생산하며, 알레포 송진을 넣고 만든 전통적인 화이트인 레치나도 만든다(!)

그리스 남부 : 더운 기후가 나타나며 과일 풍미 나는 레드, 화려한 향이 나는 화이트, 그리고 진한 디저트 와인이 생산된다. 네메아의 아요르이티코는 과일 풍미 강한 카베르네 포도와 비슷하다. 한편 만티네이아의 모스코필레로는 와인잔에 향수를 담아 마시는 느낌이 나는 와인이다. 또, 케팔로니아의 마브로다프네는 진하고 달콤한 레드 와인의 전형이다. 그리고 크레타섬은 GSM 블렌드를 그리스식으로 만드는 것으로 유명하다.

에게해 제도 : 와인으로 가장 유명한 섬은 산토리니이다. 산토리니는 그리스에서 가장 중요한 청포도 아시르티코의 원산지다. 다른 섬에도 희귀한 품종이 많다. 렘노스섬에서는 나는 허브 풍미 강한 적포도 림니오는 아리스토텔레스의 글에서도 언급되었다고 한다.

마케도니아
(에피루스, 마케도니아, 트라키아)

▶ 시노마브로
　말라구시아
▶ 림니오
▶ 카베르네 소비뇽
　소비뇽 블랑

트라키아

세라이 •
크산티 • 코마티니 •
카발라 •
알렉산드루폴리 •

아민데오 •
나우사 •
마케도니아
테살로니키 ⊙

카테리니 •
폴리지로스 •

에피루스
지차 •
이오아니나 •
코르푸 •

라프사니 •
라리사 •
테살리아
볼로스 •

림노스섬

그리스 중부
(아티카, 테살리아)

사바티아노
말라구시아
레치나
▶ 아요르이티코

미틸레네 •

라미아 •

아그리니온 •

칼키스 •

키오스 •

케팔로니아
▷ 로볼라
　로도티스
▶ 마브로다프네

파트라스 ⊙

네메아 •

아테네 ⊙

사모스섬

피르고스 •
만티네이아 •
트리폴리 •

에르무폴리 •

펠로폰네소스
▷ 아요르이티코
▷ 모스코필레로
▶ 마브로다프네
칼라마타 •

스파르티 •

코스 •

산토리니

에게해 제도
(사모스, 산토리니, 림노스 등)

로도스 •

그리스 남부
(크레타, 펠로폰네소스, 케팔로니아)

▷ 아시르티코
▷ 뮈스카 블랑
▶ 림니오

하니아 •

이라클리온 ⊙
시티아 •

크레타
▷ 비디아노
▶ 코치팔리
▶ 로메이코
▶ 리아티코

지중해

0　　60　　120　　180 km
0　　　60　　　120 mi

N

* 모든 지역을 지도에 표기하지는 않았다.

와인 탐색 *Wines to Explore*

아래에 열거한 와인들 이외에도 그리스에는 보물 같은 와인들이 많다. 하지만 열정적인 와인 생산국인 그리스의 와인이 처음이라면 다음 와인들을 권한다. 현재 그리스에서 생산되고 있는 와인들 가운데 가장 흥미롭다.

아시르티코

화산섬인 산토리니가 원산지이고, 그리스의 청포도 품종을 대표한다. 와인은 완전히 드라이하고 가벼우면서 약간 짭짤하다. 라벨에 니크테리Nykteri라고 표기된 와인은 언제나 오크 숙성되었으며, 레몬 브륄레, 파인애플, 회향, 크림, 구운 파이 껍질 향이 많이 난다.

LW 라임, 패션프루트, 밀랍, 부싯돌, 염분

사바티아노

사바티아노는 꽤 오랫동안 저가 덕용 포장 와인으로 만들어졌다. 최근에서야 일부 생산자들이 사바티아노에 특별히 공을 들여서 오크 숙성한 진한 화이트 와인을 만들고 있는데, 프랑스 샤르도네처럼 크림 같은 풍미와 질감을 느낄 수 있다.

FW 레몬 커드, 라놀린, 풋사과, 발효 크림, 레몬 케이크

말라구시아

풍부한 스타일과 과일 풍미, 그리고 프랑스의 비오니에 비슷한 기름진 느낌을 가진 청포도. 그리스 북부의 와이너리 크티마 게로바실리우Ktima Gerovassiliou에서 독자적으로 멸종 위기의 말라구시아 포도를 되살렸다("크티마ktima"는 와이너리라는 뜻이다). 지금은 그리스 북부와 중부에서 재배된다.

FW 복숭아, 라임, 오렌지꽃, 레몬 기름, 오렌지 껍질

레치나

고대 그리스의 특산품이었던 화이트 와인이며, 와인에 알레포 송진을 담가 우려내서 만든다. 잘 만든 와인에서는 독특한 소나무 향과 달콤한 수액이 배어 있는 피니시를 느낄 수 있다. 사바티아노 포도로 만들면 진한 스타일이 되는 반면 로디티스와 아시르티코로는 가벼운 스타일을 만든다.

FW 레몬, 송화 가루, 노란 사과, 밀랍, 풋사과 껍질

모스코필레로

기분 좋게 짜릿하고 향이 풍부한 화이트 와인이 되며 펠로폰네소스 반도 중부의 만티네이아가 원산지다. 스틸, 스파클링, 가벼운 스타일, 꽃향기 풍부한 스타일, 드라이, 그리고 10년 이상 숙성 가능한 진하고 견과류 풍미 나는 오크 숙성 와인 등이 생산된다.

AW 포푸리, 허니듀 멜론, 분홍색 자몽, 레몬, 아몬드

아요르이티코

부드럽고 과일 향이 풍부한 레드와 로제를 만드는 아요르이티코는 메를로와 자주 비교된다. 그리스에서 가장 많이 재배하는 적포도이며 펠로폰네소스의 네메아가 유명한데, 가장 뛰어난 와인을 만드는 포도는 쿠치Koutsi 마을 인근 언덕에서 자란다고 한다.

MR 산딸기, 블랙커런트, 자두 소스, 너트맥(육두구), 오레가노

와인 상식

- 부타리Boutari, D.쿠르타키스D.Kourtakis, 도메인 시갈라스Domaine Sigalas, 첼레포스Tselepos, 알파 에스테이트 Alpha Estate, 하치다키스Hatzidakis, 키르 야니Kir Yianni 등이 유명한 생산자들이다.

- 라벨에서 자주 볼 수 있는 크티마Ktima는 "포도밭이 있는 와이너리"라는 뜻이다(예 : 크티마 게로바실리우).

시노마브로

시노마브로를 재배하는 나우사와 아민데오에서는 이 포도로 만든 와인을 "그리스의 바롤로"라고 부른다. 꽃향기가 나면서 산도와 타닌이 높아서 네비올로와 놀라울 정도로 비슷한 맛이 난다. 시노마브로는 새로운 와인을 모으는 애호가들에게 훌륭한 선택이 될 수 있다.

 산딸기, 자두 소스, 아니스, 올스파이스, 담배

랍사니 블렌드

올림푸스 산자락에 있는 랍사니 지역에서는 편암이 많이 함유된 토양에서 시노마브로, 크라사토, 스타브로토 등 적포도 품종들을 재배한다. 진한 붉은 과일, 토마토, 향신료 풍미와 타닌이 입안에서 천천히 느껴지는 와인이다.

 산딸기, 카옌 고추, 아니스, 햇볕에 말린 토마토, 회향

크레타 GSM 블렌드

그리스의 최남단에 있는 섬은 포도를 재배할 수 있는 기후 중에서 가장 따뜻하고 온화한 편이다. 토착 포도인 코치팔리와 만달라리아는 시라와 섞어서 레드를 만드는 경우가 많은데, 강건하고 과일 풍미가 두드러지면서, 부드럽고 편안한 피니시를 갖는다.

 블랙베리, 산딸기 소스, 계피, 올스파이스, 간장

마브로다프네

파트라스의 마브로다프네 와인 생산에 가장 많이 사용되는 포도다. 이 달콤한 레드에서는 검은 건포도와 허시 키세스 초콜릿 맛이 난다. 한편 최근에는 일부 생산자들이 시라와 비슷한 느낌의 강렬한 풀 바디 레드 와인을 만들고 있다.

 블루베리, 블랙체리, 코코아 가루, 찰흙 가루, 검은색 감초

빈산토

산토리니에서 나는 햇볕에 말린 포도로 만든 스위트 와인이다. 레드 와인처럼 보이지만 청포도(아시르티코, 아티리, 아이다니)로 만든다. 와인에는 강한 휘발성 산이 있어서 향을 너무 세게 맡으면 코를 찌르는 느낌이 들 것이다! 빈산토는 쓴맛과 단맛의 놀라운 균형을 보여주는 와인이다.

 산딸기, 건포도, 말린 살구, 마라스키노 체리, 매니큐어

사모스의 머스캣

사모스 섬은 뮈스카 블랑의 원산지로 알려진 곳이다! 사모스에서는 머스캣을 드라이에서 스위트에 이르는 다양한 스타일로 생산한다. 전통적으로 인기 있는 스타일에는 뱅 두Vin Doux라고 불리는 미스텔(신선한 머스캣 주스와 증류주인 머스캣 그라파를 섞은 것)이 있다.

 터키식 젤리, 리치, 달콤한 마말레이드, 귤, 마른 짚

Hungary 헝가리

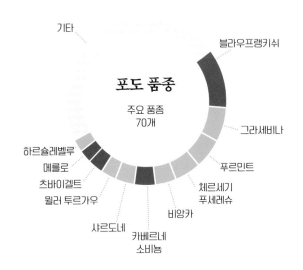

포도 품종

주요 품종
70개

기타
블라우프랭키쉬
그라세비나
푸르민트
체르세기
푸세레슈
비앙카
카베르네
소비뇽
샤르도네
뮐러 투르가우
츠바이겔트
메를로
하르슐레벨루

생산지

700㎢ /
70,011헥타르(2010년)

마트라
토가이
에게르
발라톤보글라르
빌라니
섹사르드
발라톤퓨레드-쵸팍
쇼프론
에텍-부다
파논할마
나지-숌뢰
기타

역사를 담은 스위트 와인

1700년대에는 헝가리가 고급 와인으로 세계를 선도했다. 당시에는 스위트 화이트 와인이 대세였고 토카이 아수Tokaji Aszu는 세계에서 가장 인기 있는 디저트 와인이었다. 지금도 이 맛있고 저장 가능성 큰 화이트를 찾을 수 있지만, 이제는 다른 헝가리 와인도 맛볼 수 있다.

헝가리에서는 와인 르네상스가 일어나고 있어서 전통 양조 기술에 현대적 감각이 더해지고 있다. 22개 와인 생산 지역과 수백 가지 품종이 있는 헝가리 와인의 가능성은 무궁무진하다. 우선 최상급 생산지 4개부터 살펴보자.

생산 지역

에게르 : "황소의 피"라는 와인으로 알려진 지역이다. 이 와인은 강건한 타닌과 잼 같은 베리 풍미가 나는 레드 블렌드다.

토카이 : 등급이 있는 와인 산지 중 세계에서 가장 오래된 지역이다. 유네스코 세계 문화유산 보호 지역이며 황금빛 스위트 와인 토카이 아수의 고향이기도 하다. 푸르민트는 토카이에서 가장 중요한 포도이며 드라이 스타일 와인 생산량도 증가하는 추세다. 드라이 와인은 드라이 리슬링와 비슷한 맛이다!

빌라니 : 남부의 빌라니는 레드 와인 생산에 이상적인 곳이다. 특히 케크프랑코슈(일명 블라우프랭키쉬), 카베르네 프랑, 그리고 메를로가 많이 나며, 특히 카베르네 프랑이 맛있다.

숌뢰 : 화산 토양으로 이루어진 아주 작은 생산지다. 유파크Juhfark라는 희귀한 포도로 매우 우아하고 연기 풍미가 있는 화이트 와인을 생산한다.

크라쿠프

브르노

토카이
- 푸르민트
- 하르슐레벨루
- 샤르가무슈코타이(뮈스카 블랑)
- 토카이 아수
- 사모로드니

에게르
- 에그리 비카베르("황소의 피")
- 카다르카
- 케크프랑코쉬(블라우프랭키쉬)
- 에그리 칠라그("에게르의 별")
- 레안커
- 키라이레안커

우주고로트

쇼프론
- 케크프랑코쉬(블라우프랭키쉬)
- 카베르네 소비뇽
- 츠바이겔트

에텍-부다
- 소비뇽 블랑
- 샤르도네
- 졸드펠텔리니
  (그뤼너 펠트리너)

빈(비엔나)
브라티슬라바

파논할마
- 샤르도네
- 올라스리슬링(그라세비나)

미슈콜츠

데브레첸

죄르

바츠

부다페스트

나지-숌뢰
유파크

에게르

마트라
- 리슬링실바니(뮐러 투르가우)
- 케크프랑코쉬(블라우프랭키쉬)
- 수르케버라트(피노 그리)

솜바트헤

세케슈페헤르바르

베스프렘

버더초니
- 케크니엘루
- 올라스리슬링
  (그라세비나)
- 수르케버라트
  (피노 그리)

발라톤퓨레드-초팍
- 샤르도네
- 올라스리슬링(그라세비나)
- 수르케버라트(피노 그리)
- 카베르네 소비뇽

세게드

커포슈바르

섹사르드

발라톤보글라르
- 케크프랑코쉬(블라우프랭키쉬)

섹사르드
- 케크프랑코쉬(블라우프랭키쉬)
- 카다르카
- 카베르네 소비뇽
- 메를로
- 섹사르디 비카베르

빌라니
- 빌라니 프랑(카베르네 프랑)
- 카베르네 소비뇽
- 케크프랑코쉬(블라우프랭키쉬)
- 메를로

자그레브

베오그라드

0 60 120 km
0   60 mi
N

* 모든 지역을 지도에 표기하지는 않았다.

와인 탐색 *Wines to Explore*

헝가리 북부 지역은 뛰어난 화이트 와인, 그리고 우아하면서 타닌이 두드러지는 레드를 생산한다. 남쪽으로 가면 카베르네 프랑과 블라우프랭키쉬(헝가리에서는 케크프랑코쉬)처럼 잘 익은 과일 향이 나는 품종으로 훌륭한 와인을 만든다. 다음 몇 가지 와인은 꼭 기억해두자.

푸르민트

토카이 와인에서 가장 중요한 포도이며 드라이 스타일 생산이 점차 증가하는 추세다. 서늘한 기후와 점토 토양에서 자라 맛이 진하고 약간 밀랍 같은 촉감이 있다. 와인의 산도가 너무나 높아 잔당이 9g이나 있어도 완전히 드라이한 맛이 난다!

LW   파인애플, 인동, 라임 껍질, 밀랍, 염분

나지 숌뢰

희귀한 청포도 유파크Juhfark("양의 꼬리"라는 뜻)는 발라톤호 위쪽 사화산에서 자란다. 오래전부터 전해지는 이야기에 따르면 연기 향이 나는 이 화이트 와인을 마시는 여성은 후계자가 될 아들을 낳게 된다고 한다. 와인에서는 강렬한 연기와 과일 풍미가 동시에 느껴지면서 약간 쓴맛이 피니시에 남는다.

LW   스타프루트, 덜 익은 파인애플, 레몬, 화산암, 연기

에그리 칠라그

에그리 칠라그는 "에게르의 별"이라는 뜻이며 엄청나게 향이 강한 화이트 블렌드다. 푸르민트, 하르슐레벨루, 레안커, 키라이레안커 등 최소한 4가지 포도 품종이 들어간다. 가성비가 환상적이다.

 AW   열대 과일, 리치, 감귤류 제스트, 인동, 아몬드

토카이 아수

토카이 지역의 특별한 스위트 화이트 와인이며, 귀부 포도로 만든다. 푸르민트, 하르슐레벨루, 카바르, 커베르쇨레, 제터, 샤르가 무슈코타이 등 최대 6가지 포도가 들어간다. 토카이는 역사적으로 너무나 특별한 지역이기 때문에 다음 페이지에서 따로 살펴보자.

 DS   꿀, 파인애플, 밀랍, 생강, 탕헤르 오렌지, 정향

에그리 비카베르

에그리 비카베르 또는 에게르 지역에서 나는 "황소의 피" 블렌드는 화산 토양 풍미가 두드러지고 타닌이 높으면서 달콤한 향신료와 자두 향이 난다. 카다르카(자두, 잼)와 케크프랑코쉬(일명 블라우프랭키쉬), 카베르네 프랑 위주로 만든 블렌드다.

 MR   자두, 산딸기, 홍차, 오향, 절인 고기

빌라니 레드 블렌드

다른 지역에 비해 훨씬 따뜻한 빌라니에서는 카베르네 프랑, 메를로, 카베르네 소비뇽, 그리고 토착 품종인 케크프랑코쉬(블라우프랭키쉬)로 보르도 스타일 블렌드를 생산한다. 자두 풍미와 향신료로 양념한 베리, 그리고 과일 케이크 향이 나는 와인이며, 헝가리산 오크통에서 오랫동안 숙성되었다.

 MR   설탕에 절인 건포도, 블랙베리, 과일 케이크, 자두 소스, 화산암

토카이 *Tokaji*

1700년대에 토카이는 세계에서 가장 중요한 와인 생산지였다. 토카이 생산은 귀부 혹은 보트리티스 시네리아라고 부르는 사물영양체 necrotrophic 과일 곰팡이에 좌우된다. 이 곰팡이는 습한 환경에서 포도알에 생기며 햇빛을 받으면 마른다. 부패했다가 건조되는 과정을 거치면서 포도는 쪼그라들어 더 달콤해진다. 헝가리에서는 이런 귀부 포도알을 "아수" 포도라고 부른다.

포도

- 푸르민트Furmint
- 하르슐레벨루Hársleveü
- 샤르가 무슈코타이(일명 뮈스카 블랑)Sárga Muskotály
- 커베르쇨레Kövérszölö
- 제터Zéta
- 카바르Kabar

스타일

🏆 아수Aszú

아수(귀부) 포도와 일반 포도액을 섞은 블렌드로 만든 와인. 18개월 이상 오크 숙성과 가능한 알코올 비율 19%(실제 ABV는 약 9% – 나머지는 당도)가 요구된다.

- 아수 = 잔당 120g/L 이상
- 6 푸토뇨쉬 = 잔당 150g/L 이상

🏆 사모로드니Szamordni

귀부 포도를 일반 포도에서 분리하지 않고 만든 와인. "저절로 만들어졌다."라는 뜻을 가진 용어다.

- 에데슈Édes = 스위트, 당분 45g/L 이상
- 사러즈Száraz = 드라이, 당분 9g/L 이하 – 일반적으로 견과류 향이 나며 산화된 스타일로 만든다.

🏆 에센시아Eszencia

(희귀함) 아수 포도로만 만든 음료. ABV 3% 이상인 와인이 거의 없다. 에센시아는 너무나 달아서 (잔당 450g/L 이상) 숟가락에 담아서 내는 것이 전통이다!

🏆 포르디타쉬Fordítás

(희귀함) 아수 발효에서 남은 찌꺼기(씨, 껍질, 등)와 아수가 아닌 보통 포도를 섞어서 발효시켜 만든 와인.

🏆 마스라쉬Máslás

(희귀함) 포도 포도액와 찌꺼기로 만든 와인, 또는 아수 와인 양조에 사용했던 리와 와인(죽은 효모와 남은 와인)과 섞은 와인.

247

Italy 이탈리아

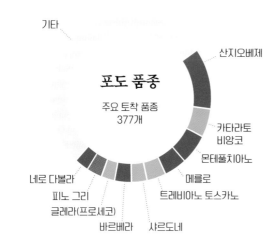

기타

포도 품종
주요 토착 품종
377개

산지오베제

카타라토
비앙코

몬테풀치아노

메를로

트레비아노 토스카나

샤르도네

바르베라

글레라(프로세코)

피노 그리

네로 다볼라

기타

레 마르케

프리울리
베네치아줄리아

롬바르디아

아브루초

피에몬테

에밀리아로마냐

토스카나

생산지
6,899.9㎢ /
689,989헥타르(2016년)

시칠리아

풀리아

베네토

포도밭의 나라

이탈리아에는 와인용 토착품종 포도가 500종 넘게 자라며, 그중 175종 이상이 와인 생산에 사용되고 소비된다. 그래서 이탈리아는 와인 공부가 가장 어려운 나라에 속한다! 하지만 아무리 복잡하다 하더라도 북서부, 북동부, 중부, 남부 지역으로 크게 나누어서 맛을 보면 어느 정도 감이 온다. 그리고 어느 지역 와인이 입이 맞는지도 알게 된다!

생산 지역

북서부 : 롬바르디아, 피에몬테, 리구리아, 아오스타 계곡은 대부분 중간에서 서늘한 기후에 속하기 때문에 절기가 약간 짧은 편이다. 레드 와인은 우아하고, 향이 강하고, 흙냄새 나는 스타일이며 화이트 와인은 산도가 풍부하다는 매력이 있다.

북동부 : 베네토, 에밀리아로마냐, 프리울리베네치아줄리아는 서늘한 기후에 속하고, 그중 따뜻한 지역들은 아드리아해의 영향을 받는다. 레드 와인은 과일 풍미가 풍부하고 (그러면서도 상당히 우아하다), 가르가네가 포도로 만든 수아베 같은 품질 좋은 화이트가 구릉 지역에서 생산된다.

중부 : 토스카나, 움브리아, 마르케, 라치오, 아브루초의 지중해성 기후에서는 산지오베제와 몬테풀치아노 같은 적포도가 잘 자란다.

남부와 섬 : 이탈리아에서 가장 따뜻한 지역은 몰리세, 캄파니아, 바실리카타, 풀리아, 칼라브리아, 그리고 시칠리아와 사르데냐다. 레드는 잘 익은 과일 풍미가 강하고 화이트는 풀 바디에 가깝다.

와인 탐색 *Wines to Explore*

이탈리아 와인은 감칠맛이 두드러지면서 향신료 풍미와 산도가 강하다. 그래서 식사용 와인이라고 생각하는 사람들이 많다. 이탈리아 와인은 구조감 있는 특징 덕분에 실제로 다양한 음식과 어울린다. 이탈리아에는 수백 가지의 토착 품종이 있는데, 다음 12종을 출발점으로 삼아 여러 가지 품종을 탐색해보자.

키안티 클라시코

클라시코라는 명칭은 유서 깊은 키안티 마을의 경계선 안에서 와인이 생산된다는 뜻이다. 산지오베제 위주로 와인을 만들지만 카나이올로, 콜로리노, 카베르네, 메를로도 포함될 수 있다. 리제르바와 그란 셀레지오네는 지역 최상급 와인이며, 리제르바는 2년, 그란 셀레지오네는 2년 반 숙성시킨 뒤에 출시된다.

 절인 체리, 숙성된 발사믹 식초, 에스프레소, 건조 살라미

몬테풀치아노 다브루초

이탈리아에서 두 번째로 많이 식재된 적포도 품종인 몬테풀치아노를 가장 뛰어나게 잘 표현하는 지역은 아부르초다. 최상급 와인은 오크통에서 숙성한다. 그리고 진한 검은 과일 풍미와 거친 타닌이 느껴질 때가 많다. 가능하면 5년 이상 숙성된 와인을 찾아보자.

 달콤한 자두, 보이젠베리, 담배, 재, 말린 마조람

네로 다볼라

시칠리아 레드 와인의 대표주자인 네로 다볼라는 카베르네 소비뇽과 놀라울 정도로 비슷하다. 풀 바디이며 검은 과일과 붉은 과일 향이 화려하다. 그리고 타닌의 구조감이 뛰어나 숙성에 적합하다. 물론 생산자에 따라 품질 차이가 크기 때문에 현명하게 고를 필요가 있다.

 구운 허브, 블랙커런트, 마른 허브

프리미티보

프리미티보는 유전적으로 진판델과 동일하다. 그러나 풀리아의 프리미티보에서는 극도로 달콤한 과일 풍미를 상쇄하는 흙냄새가 난다. 최상급 와인은 풀리아의 만두리아(프리미티보 디 만두리아Primitivo di Manduria)와 인근 지역에서 난다.

 자두 소스, 가죽, 말린 딸기, 오렌지 껍질, 정향

네비올로

피에몬테의 유명한 산지 바롤로의 품종인 네비올로는 맛을 보기 전에 향과 색만 보면 라이트 바디 레드 와인이라고 생각할 수 있다. 하지만 맛을 보면 강렬하면서 입안을 바싹 마르게 하는 타닌을 느낄 수 있다. 바롤로를 제외한 주변 지역의 와인은 타닌이 덜하고, 네비올로 품종 입문용으로 훌륭하다.

 체리, 장미, 가죽, 아니스, 점토 가루

알리아니코

캄파니아와 바실리카타의 화산 토양에서 자라는 희귀한 포도다. 와인은 강건하고 감칠맛이 난다. 타닌이 처음에는 거칠지만 10년 이상 지나면 서서히 매끄러워져 나중에는 절인 고기의 부드러운 맛과 담배 풍미가 드러난다.

 백후추, 가죽, 향신료에 절인 자두, 체리, 재

250

와인 상식

📖 라벨에 표기된 "클라시코Classico"는 일반적으로 역사적인 생산지의 경계선 안에서 와인이 생산되었다는 의미로 사용된다.

📖 『이탈리아의 토착 포도Native Grapes of Italy(다가타d'Ag-ata, 2014년)』에서는 500종 이상의 토착 포도를 소개하고 있으며 『와인용 포도Wine Grapes(로빈슨Robinson 외, 2012년)』에서는 377종을 소개한다.

발폴리첼라 리파소

많은 사람이 아마로네 델라 발폴리첼라를 이탈리아 와인의 스타 중 하나라고 생각한다. 발폴리첼라의 리파소에서도 아마로네와 비슷한 체리와 초콜릿 맛이 나지만 가격은 훨씬 싸다. 품질 좋은 와인은 이 지역 최고의 포도인 코르비나와 코르비노네의 비율이 높은 편이다.

 MR 앵두 잼, 다크 초콜릿, 마른 허브, 흑설탕, 백후추

베르멘티노

프랑스와 이탈리아의 리비에라 해안, 그리고 사르데냐에서 많이 재배하는 흔한 청포도다. 와인은 묵직하면서 잘 익은 과일과 잎이 연한 허브 풍미가 있다. 견과류 맛이 나는 풀 바디 스타일을 원한다면 오크 숙성한 버전을 찾아보자.

LW 익은 서양배, 분홍색 자몽, 염분, 부서진 돌, 그린 아몬드

피노 그리지오

이탈리아 최고의 피노 그리지오(일명 피노 그리)는 북부 지방에서 발견할 수 있다. 와인에서 새콤한 과일 풍미가 은은하게 올라오고, 산도가 높아 상쾌하고 찌릿한 느낌이 있다. 가장 품질 좋은 와인은 알토 아디제와 프리울리베네치아줄리아의 콜리오 지역에서 생산된다.

LW 풋사과, 풋복숭아, 타임, 라임 제스트, 모과

수아베

가르가네가 포도는 수아베와 감벨라라의 주요 품종이다. 출시된 직후에는 가볍고 미네랄이 강한 와인이지만 4~6년이 지나면 서서히 복숭아, 마지팬, 그리고 탕헤르 오렌지 향이 나타난다.

LW 허니듀 멜론, 탕헤르 오렌지 제스트, 생 마요람, 그린 아몬드, 염분

프로세코 수페리오레

이탈리아에서 가장 인기 있는 스파클링 와인인 프로세코는 글레라 포도로 만든다. 대부분 대량생산되고 맥주처럼 부담 없이 마시는 스파클링이지만 콜리 아솔라니Colli Asolani와 발도비아데네Valdobbiadene 수페리오레(리베와 카르티체 하위지역 포함)와 같은 구릉 지역에서는 매우 품질 좋은 프로세코가 생산된다.

SP 백도, 서양배, 오렌지꽃, 바닐라 크림, 라거 맥주

모스카토 다스티

향이 강하고 달콤한 약발포성 와인이며, 피에몬테 지역에서 생산된다. 모든 와인 중 알코올 비율이 가장 낮은 편이다(5.5% ABV). 특별한 향과 사랑스러운 달콤한 맛은 과일이 들어간 디저트나 케이크와 매우 잘 어울린다.

 DS 설탕에 절인 레몬, 귤, 배, 오렌지꽃, 인동

라벨 읽기 *Reading a Label*

이탈리아 와인 라벨에는 일관된 규칙이 없어서 가장 이해하기 어렵다. 그뿐만 아니라 이탈리아의 와인 등급 체계는 현재 이탈리아에서 일어나고 있는 품질 혁신과 새로운 스타일을 따라가지 못하고 있다. 하지만 이해할 방법은 물론 있다!

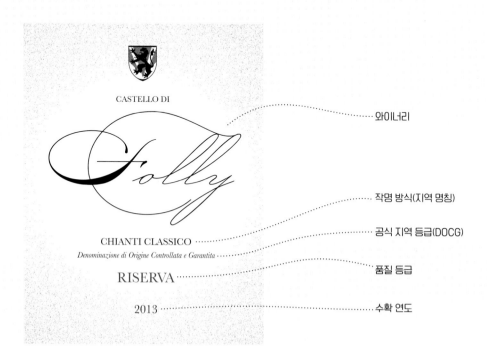

CASTELLO DI

Folly

CHIANTI CLASSICO ·········· 와이너리

Denominazione di Origine Controllata e Garantita ·········· 작명 방식(지역 명칭)

············ 공식 지역 등급(DOCG)

RISERVA ·········· 품질 등급

2013 ·········· 수확 연도

작명 방식

이탈리아에는 병 안에 든 와인을 설명하는 방식이 3가지 있다.

- **품종** : "베르멘티노 디 사르디니아Vermentino di Sardinia" 또는 "사그란티노 디 몬테팔코Sagrantino di Montefalco"와 같은 방식(베르멘티노, 사그란티노가 품종이고 사르디니아, 몬테팔코는 지역, 역자주).
- **지역** : "키안티" 또는 "바롤로" 같은 방식.
- **지어낸 이름** : 토스카나의 IGT인 "사시카이아Sassicaia"와 같은 방식.

라벨 용어

세코Secco : 드라이.

아보카토Abboccato : 오프 드라이.

아마빌레Amabile : 세미 스위트.

돌체Dolce : 스위트.

포지오Poggio : 언덕 또는 높은 장소.

아치엔다 아그리콜라 Azienda Agricola : 포도밭을 가진 와이너리.

아치엔다 비니콜라 Azienda Vinicola : 포도를 대부분 사서 와인을 만드는 와이너리.

카스텔로Castello : 성 또는 샤토.

카시나Cascina : 와이너리(농장).

칸티나Cantina : 와이너리(저장고).

콜리Colli : 언덕.

파토리아Fattoria : 와인 농장.

포데레Podere : 시골 와인 농장.

테누타Tenuta : 토지.

비녜토Vigneto : 포도밭.

베키오Vecchio : 오래된.

우바지오Uvaggio : 와인 블렌드.

프로두토리Produttori : "생산자." 주로 협동조합을 말한다.

수페리오레Superiore : 지역 등급 중에서 품질이 약간 높은 와인을 주로 지칭한다. 프로세코 발도비아데네 수페리오레가 그 예다.

클라시코Classico : 지역 안에서 원조 또는 역사적인 와인 생산 지구를 뜻한다. 예를 들어 수아베 클라시코와 키안티 클라시코는 각각의 와인 산지에서 역사적인 생산지의 경계 안에서 생산된다.

리제르바Riserva : 등급에서 기본적으로 명시하는 기간보다 오래 숙성된 와인. 숙성은 지역마다 다르지만, 일반적으로 1년 이상이다.

이탈리아 와인 등급

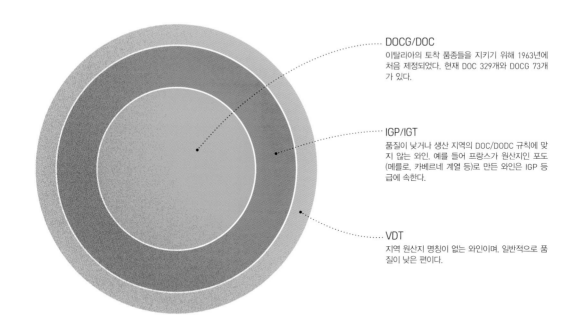

DOCG/DOC
이탈리아의 토착 품종들을 지키기 위해 1963년에 처음 제정되었다. 현재 DOC 329개와 DOCG 73개가 있다.

IGP/IGT
품질이 낮거나 생산 지역의 DOC/DODC 규칙에 맞지 않는 와인. 예를 들어 프랑스가 원산지인 포도 (메를로, 카베르네 계열 등)로 만든 와인은 IGP 등급에 속한다.

VDT
지역 원산지 명칭이 없는 와인이며, 일반적으로 품질이 낮은 편이다.

DOCG – 데노미나치오네 디 오리지네 콘트롤라타 에 가란티타Denominazione di Origine Controllata e Garantita

이탈리아에서 최상급 와인 산지로 분류된 73개 지역. DOCG 와인은 더 기본 등급인 DOC 기준을 충족하면서 재배와 숙성, 품질 측면에서 각 지역에서 명시한 엄격한 품질 기준에 부합한다.

DOC – 데노미나치오네 디 오리지네 콘트롤라타Denominazione di Origine Controllata

공식적으로 지정된 329개 와인 생산지. 공식 포도 품종으로 만든 와인이라야 하며, 최소 품질 기준을 충족해야 한다. 대부분의 DOC 와인은 마시기 괜찮은 수준이다.

IGP/IGT – 인티카치오네 디 지오그라피카 티피카Indicazione di Geografica Tipica

IGP 와인은 대부분 넓은 지역 단위로 생산된 테이블 와인이다. 하지만 공식적인 와인 산지에서 생산되었더라도 이탈리아 토착 포도 대신 원산지가 프랑스인 포도, 즉, 메를로, 카베르네 프랑, 시라로 만든 와인은 IGP 등급으로 분류된다. 등급 외 포도로 만든 이런 와인은 품질이 뛰어날 수도 있고 지어낸 이름을 라벨에 표기할 때가 많다. 토스카나의 볼게리 지역에서 나는 "수퍼 투스칸"이 그런 경우다. IGP는 가성비가 좋다.

VdT – 비노 다 타볼라Vino da Tavola

지역 명칭이 없는 기본적인 테이블 와인이다.

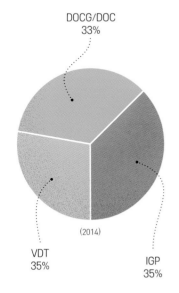

DOCG/DOC
33%

VDT
35%

IGP
35%

(2014)

이탈리아 북서부 *Northwest Italy*

북서부 지역에는 피에몬테, 롬바르디아, 리구리아, 그리고 아오스타 계곡이 있다. 와인 애호가들에게 이 지역은 네비올로로 만든 강건하고 타닌이 높은 레드 와인으로 유명하다. 네비올로 와인은 시음 적기까지 몇 십 년이 걸릴 수도 있다. 비싸지 않은 와인도 무수히 많고, 흙냄새 밴 레드와 미네랄이 풍부하고 우아한 화이트 와인은 이탈리아 음식과 환상적으로 어울린다.

네비올로

네비올로는 별칭이 많은데, 발텔리나에서는 키아베나스카Chiavennasca로 알려져 있다. 와인은 비교적 가볍고 신맛이 상당히 강하다. 피에몬테 북부에서도 비슷한 스타일이 나며 스판나Spanna라고 불린다. 피에몬테 남부에서 가장 강건한 네비올로 와인이 나는데, 진한 과일과 거친 타닌을 느낄 수 있다.

 MR   블랙체리, 장미, 가죽, 아니스, 토분

바르베라

평소에 매일 마시기 좋은 레드인 바르베라는 페퍼로니 피자와 완벽한 조합을 이룬다. 잘 만든 바르베라에서는 향신료와 앵두 맛이 나고 녹은 감초 향이 두드러진다. 바르베라 달바, 바르베라 다스티, 바르베라 델 몬페라토 수페리오레와 같은 최상급을 찾아보자.

 MR   앵두, 감초, 마른 허브, 흑후추, 에스프레소

돌체토

돌체토는 부드러운 블랙베리와 자두 풍미, 그리고 다크 초콜릿 맛이 나는 견고한 피니시로 이어지는 타닌이 매력이다. 일반적으로 산도가 낮아 출시 후 5년 이내에 마시는 것이 좋다. 돌리아니Dogliani DOCG는 라벨에 돌체토라는 품종을 표기하지 않는 유일한 지역이며, 맛볼 만한 지역 중 하나다.

 MR   자두, 블랙베리, 다크 초콜릿, 흑후추, 마른 허브

모스카토 비앙코

(뮈스카 블랑) 향이 매우 강한 포도인 모스카토 비앙코는 다양한 스타일과 다양한 당도로 표현된다. 모스카토 다스티는 섬세한 약발포성 와인이며, 아스티 스푸만테는 기포가 풍부한 스파클링 와인이다. 또, 스트레비Strevi에서는 말린 포도로 만든 "파시토Passsito" 스타일이 생산된다. 아스티Asti, 로아촐로Loazzolo, 스트레비Strevi, 콜리 토르토네시Colli Tortonesi 지역을 살펴보자.

 AW   오렌지꽃, 귤, 익은 서양배, 리치, 인동

프란치아코르타

전통 방식(라벨에는 "메토도 클라시코Metodo Classico"라고 표기되어있다)으로 생산된 이탈리아 최고의 스파클링 와인이다. 빙하 퇴적물이 포함된 점질양토 토양으로 이루어진 이 지역에서는 대부분 샤르도네와 피노 블랑, 피노 누아로 와인을 만든다. 진한 과일 풍미와 크림처럼 부드러운 거품을 기대할 수 있다.

SP   레몬, 복숭아, 흰 체리, 생아몬드, 토스트

브라케토

화사한 과일 향이 나는 피에몬테 최고의 스위트 레드 와인이다. 딸기 퓌레, 체리 소스, 밀크 초콜릿, 설탕에 절인 오렌지 껍질 향이 올라오고 과즙 맛이 많이 난다. 달콤한 맛이 두드러지도록 부드러운 스파클링 스타일로 만들 때가 많다. 초콜릿과 완벽하게 어울리는 몇 안 되는 레드 와인에 속한다.

 DS   검은 자두, 산딸기, 올리브, 고춧가루, 코코아

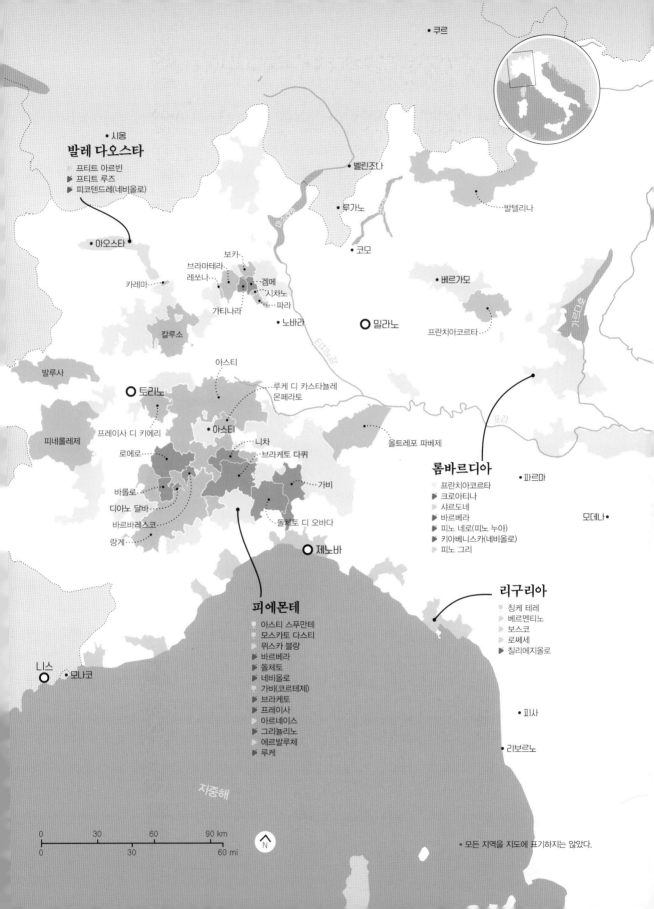

• 쿠르

발레 다오스타
• 시옹
▢ 프티트 아르빈
▶ 프티트 루즈
▶ 피코텐드레(네비올로)

• 벨린조나

• 루가노

• 발텔리나

• 아오스타

• 코모

보카•
브라마테라•
레쏘나•
카레마•••• 겜메
가티나라• 시차노
파라
• 노바라

• 베르가모

○ 밀라노

프란치아코르타•

칼루소

발루사

아스티•

○ 토리노

루케 디 카스타뇰레
몬페라토

포강

롬바르디아
▢ 프란치아코르타
▶ 크로아티나
▶ 샤르도네
▶ 바르베라
▶ 피노 네로(피노 누아)
▶ 키아베니스카(네비올로)
▶ 피노 그리

프레이사 디 키에리•

• 아스티

피네롤레제

로에로•

니차•
브라케토 다퀴•

올트레포 파베제•

• 파르마

바롤로•
디아노 달바•
바르바레스코•
랑게•

• 가비

돌체토 디 오바다•

• 모데나

○ 제노바

리구리아
▽ 칭케 테레
▷ 베르멘티노
▷ 보스코
▷ 로쎄세
▶ 칠리에지올로

피에몬테
▢ 아스티 스푸만테
▢ 모스카토 다스티
▢ 뮈스카 블랑
▶ 바르베라
▶ 돌체토
▶ 네비올로
▢ 가비(코르테제)
▢ 브라케토
▶ 프레이사
▽ 아르네이스
▢ 그리뇰리노
▢ 에르발루체
▶ 루케

• 니스
• 모나코

• 피사

• 리보르노

지중해

| 0 | 30 | 60 | 90 km |
| 0 | | 30 | 60 mi |

N

* 모든 지역을 지도에 표기하지는 않았다.

이탈리아 북동부 *Northeast Italy*

이탈리아 북동부에는 베네토, 트렌티노알토아디제, 프리울리베네치아줄리아, 그리고 에밀리아로마냐가 포함된다. 이 지역에서는 프로세코, 람브루스코, 이탈리아 최고의 피노 그리지오, 그리고 발폴리첼라의 유명한 레드 와인이 생산된다. 이밖에도 일반적으로 알려지지 않은 품종들, 혹은 메를로나 소비뇽 블랑 같은 흔한 프랑스 포도로 만든 맛있는 와인들을 많이 발견할 수 있다.

발폴리첼라

이탈리아에서 가장 유명한 레드 중 하나가 베로나 인근에서 생산되는데, 바로 아마로네 델라 발폴리첼라다. 발폴리첼라에는 여러 가지 포도가 들어가지만, 코르비나와 코르비노네가 가장 인기 있다. 아마로네용 포도는 무게의 40%가 줄어들 때까지 건조시켜서 사용하고, 매우 농축된 와인이 된다.

 체리, 계피, 초콜릿, 녹색 후추, 아몬드

수아베

수아베와 인근 감벨라라에서는 가르네가네가 포도로 만든 화이트 와인을 집중적으로 생산한다. 수아베 클라시코에서 나는 미네랄이 강하고 드라이한 와인은 이 지역의 건조하고 석회화된 화산 토양을 반영하는데, 샤블리와 놀라울 정도로 비슷한 스타일이다. 4년 이상 숙성시키면 와인에 질감이 더해지며 탕헤르 오렌지 향이 나타난다.

LW 레몬, 초록색 서양배, 그린 아몬드, 처빌, 백도

피노 그리지오

알토 아디제와 프리울리는 피노 그리지오로 유명한 지역이다. 알프스 자락에 있는 알토 아디제 와인은 꽃향기가 강하고 산도가 날카롭다. 프리울리 와인에서는 복숭아와 백악질 풍미가 난다. 가성비 뛰어난 와인을 원한다면 콜리 오리엔탈리와 콜리오 지역을 살펴보자.

LW 레몬, 백도, 부서진 돌, 염분, 라임 제스트

프로세코

프로세코는 탱크 방식으로 만든 과일 향 풍부한 스파클링 와인이며, 출시 후 바로 마시는 스타일이다. 프로세코 지역 안에서도 트레비소와 콜리 아솔라니 인근 구릉 지역인 발도비아데네에서는 농축미 있는 포도가 나고, 따라서 최상급 프로세코가 생산된다. 프로세코 입문용으로는 엑스트라 드라이 스타일도 훌륭하다.

SP 서양배, 허니듀 멜론, 인동, 크림, 효모

트렌토

트렌티노는 샤르도네로 만든 스파클링 와인으로 유명세를 타고 있는 지역이다. 포도나무가 타고 자라는 시렁을 사람 키보다 높이 만들고 페르골라라고 부르는데, 서늘한 알프스 계곡에서도 포도가 잘 익도록 해주는 구조물이다. 트렌토의 스파클링 와인은 진하고 크림처럼 부드러운 질감으로 유명하다.

SP 노란 사과, 부서진 돌, 밀랍, 크림, 구운 아몬드

람부르스코

이탈리아(와 에밀리아로마냐)에서 가장 유명한 스파클링 레드 와인인 람부르스코는 실제로는 8가지 품종을 통칭하는 이름이다. 따라서 와인에도 여러 가지 스타일이 있는데, 람부르스코 디 소르바라Sorbara와 같은 섬세한 로제가 있는가 하면 진하고 자두향 강하면서 타닌이 두드러지는 레드인 람부르스코 그라스파로싸Grasparossa도 있다. 모두 맛보기를 권한다!

SP 체리, 블랙베리, 바이올렛, 루바브, 크림

알토 아디제
- 스키아바
- 피노 그리지오
- 게뷔르츠트라미너
- 샤르도네
- 라그레인

트렌토
- 트렌토
- 샤르도네
- 노지올라
- 테롤데고
- 피노 누아
- 스키아바

프리울리베네치아줄리아
- 피노 그리지오
- 프리울라노(소비뇽 베르)
- 소비뇽 블랑
- 리볼라 지알라
- 베르두초
- 메를로
- 레포스코
- 스키오페티노

볼차노

트렌토

프로세코 코넬리아노
발도비아데네

프리울리 그라베

라만돌로

콜리 오리엔탈리 델 프리울리

우디네

콜리오

바르돌리노

발폴리첼라

감벨라라

콜리 아솔라니

리손

리손

카르소

트리에스테

베로나

수아베

트레비소

루가나

콜리 에우가네이

바뇰리

베네치아

베네토
- 프로세코
- 수아베(가르가네가)
- 루가나(베르디키오)
- 발폴리첼라 블렌드
- 바뇰리(라보소)
- 메를로

람부르스코 살라미노
디 신타 크로체

페라라

람브루스코 디 소르바라

모데나

볼로냐

풀라

람부르스코 그라스파로싸
디 카스텔베트로

라베나

에밀리아로마냐
- 산지오베제
- 람브루스코 계열
- 산지오베제
- 바르베라
- 크로아티나
- 피뇰레토

아드리아해

피렌체

산 마리노

* 모든 지역을 지도에 표기하지는 않는다.

0   25   50   75 km

0   25   50 mi

N

이탈리아 중부 *Central Italy*

이탈리아 중부는 토스카나, 레 마르케, 움브리아, 아부르초, 그리고 라치오 일부를 포함한다. 이 지역은 레드 와인이 주를 이루는데, 혼란스러운 지명 때문에 어렵게 느껴질 수 있다. 예를 들어 비노 노빌레 디 몬테풀치아노는 몬테풀치아노 포도가 아니라 산지오베제로 만든 와인이다!

산지오베제

산지오베제는 키안티, 그리고 토스카나의 몬탈치노를 대표하는 포도다. 와인에 따라 흙냄새에서부터 과일 향까지 다양한 풍미가 나타나지만 모두 향신료 풍미와 은은한 발사믹 식초 향이 있다. 몬테쿠코, 카르미냐노, 모렐리노 디 스칸사노, 몬테팔코 로쏘(움브리아)가 가성비가 높다.

 검은 자두, 산딸기, 올리브, 고춧가루, 코코아

수퍼 투스칸 블렌드

지어낸 이름인 수퍼 투스칸은 카베르네 소비뇽, 메를로, 카베르네 프랑, 시라처럼 프랑스가 원산지인 포도로 만든 레드 와인 블렌드를 지칭한다. DOC 규정을 따르지 않기 때문에 라벨에는 낮은 등급인 IGT로 표기된다. 그런데도 토스카나에서 가장 비싼 와인들이 이 범주에 속한다.

 블랙체리, 가죽, 흑연, 바닐라, 모카

몬테풀치아노

몬테풀티아노는 대부분 저렴하고 마시기 편한 음식 와인이지만, 잠재력이 큰 포도다. 아부르초에서 나는 잘 만든 몬테풀치아노는 강건하고 타닌이 풍부하면서 과일 맛과 감칠맛, 그리고 고기 풍미가 조화를 이룬다. 품질 좋은 와인을 찾는다면 콜리네 테라마네를 맛보자.

 말린 블랙베리, 훈제 베이컨, 제비꽃, 감초, 마조람

베르멘티노

토스카나 해안 지방과 리구리아(그리고 사르데냐!)에서 나는 맛있는 화이트다. 진한 스타일이며 기름진 맛이 느껴진다. 잘 익은 과일과 신선하고 풀냄새 나는 허브가 섞여 있고, 그린 아몬드 맛이 나는 쌉쌀한 피니시가 일품이다.

LW 자몽, 절인 레몬, 막 자른 풀, 생아몬드, 수선화

그레케토

움브리아와 라치오 북부의 내륙지역에서 나는 이 미디엄 바디 청포도로 만든 와인을 눈을 가린 채 마신다면 드라이한 로제라고 착각할 수 있다. 그레케토가 가장 유명한 지역은 오르비에토Orvieto이지만 라벨에 품종명만 표기한 와인도 있다.

LW 백도, 허니듀 멜론, 딸기, 야생화, 조가비

베르디키오

상쾌하고 섬세한 화이트 와인이며, 레 마르케의 베르디키오 데이 카스텔리 디 예시Verdicchio dei Castelli di Jesi에서는 예쁜 꽃향기가 감귤, 그리고 핵과류 맛과 조화를 이룬다. 진한 스타일을 맛보고 싶다면 라벨에 루가나Lugana라고 표기된 베네토 지역 와인을 찾아보자.

LW 복숭아, 레몬 커드, 아몬드 껍질, 기름진 맛, 염분

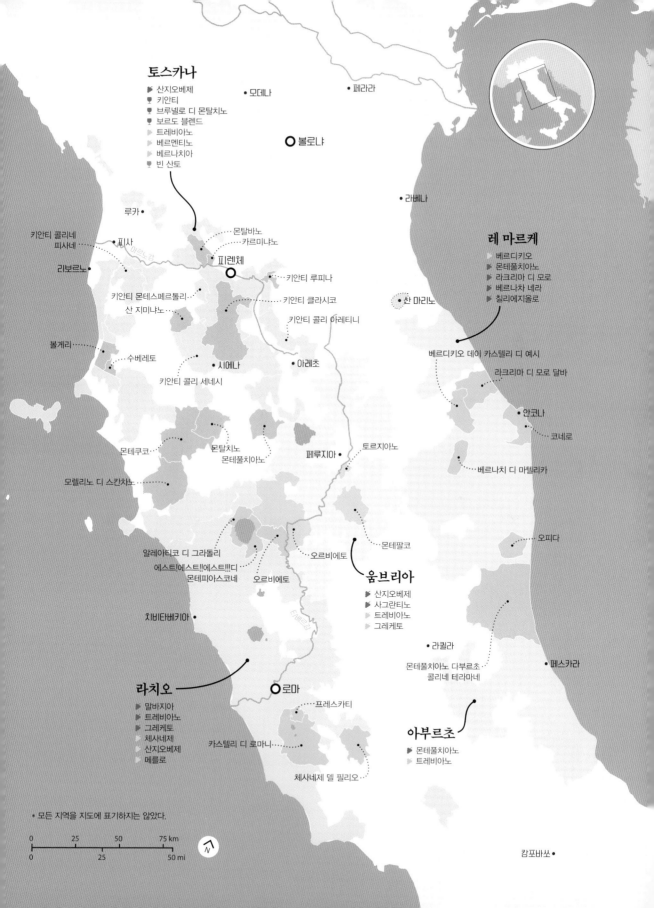

토스카나
- 산지오베제
- 키안티
- 브루넬로 디 몬탈치노
- 보르도 블렌드
- 트레비아노
- 베르멘티노
- 베르나치아
- 빈 산토

• 모데나

• 페라라

○ 볼로냐

루카 •

• 라벤나

키안티 콜리네
피사네
리보르노

피사
몬탈바노
카르미냐노

레 마르케
- 베르디키오
- 몬테풀치아노
- 라크리마 디 모로
- 베르나차 네라
- 칠리에지올로

피렌체

키안티 루피나

키안티 몬테스페르톨리
산 지미냐노

키안티 클라시코

키안티 콜리 아레티니

• 산 마리노

볼게리

수베레토

시에나

• 아레초

베르디키오 데이 카스텔리 디 예시

라크리마 디 모로 달바

• 안코나
• 코네로

키안티 콜리 세네시

베르나치 디 마텔리카

몬테쿠코

몬탈치노
몬테풀치아노

페루지아 •
토르지아노

모렐리노 디 스칸차노

• 오피다

몬테팔코

움브리아
- 산지오베제
- 사그란티노
- 트레비아노
- 그레케토

오르비에토

알레아티코 디 그라돌리
에스트!에스트!!에스트!!!디
몬테피아스코네
오르비에토

치비타베키아

• 라퀼라

몬테풀치아노 다부르초
콜리네 테라마네

• 페스카라

라치오
- 말바지아
- 트레비아노
- 그레케토
- 체사네제
- 산지오베제
- 메를로

○ 로마

프레스카티

아부르초
- 몬테풀치아노
- 트레비아노

카스텔리 디 로마니

체사네제 델 필리오

* 모든 지역을 지도에 표기하지는 않았다.

0   25   50   75 km
0   25   50 mi

캄포바쏘 •

이탈리아 남부/섬 *Southern Italy / Islands*

이탈리아 와인을 생각하면 토스카나를 먼저 떠올리기 쉽다. 하지만 이탈리아 최대의 와인 산지는 시칠리아섬과 풀리아다. 적포도는 더운 기후에서 잘 자라 강건하면서 과일 향이 두드러지고 알코올이 높은 와인이 된다. 청포도는 진한 디저트 와인으로 만드는 경우가 많다. 한 가지 확실한 것은 이탈리아 남부의 와인은 가성비가 뛰어나다는 사실이다.

프리미티보

(진판델) 거의 풀리아에서만 자란다. 와인은 강건하고 과일 향이 강하면서 구운 베리 풍미가 나타나 이탈리아 와인 특유의 먼지와 가죽, 미네랄과 균형을 이룬다. 고급 와인은 알코올이 높다(~ABV 15%). 프리미티보 디 만두리아가 대표적인 와인이다.

 구운 블루베리, 무화과, 가죽, 블랙베리 덤불, 토분

네그로아마로

네그로아마로는 "검은색 쓴맛"이라고 번역할 수 있지만 놀라울 정도로 과일 향이 풍부하고 타닌이 지나치게 강하지도 않다. 특히 살리체 살렌토, 스퀸차노, 리차노, 브린디시 등 풀리아의 지역들은 멋진 네그로아마로 와인으로 유명하다. 잘 익은 자두와 산딸기를 구워서 제과용 향신료와 허브를 살짝 뿌린 느낌이다.

 자두 소스, 구운 산딸기, 올스파이스, 허브, 계피

칸노나우

칸노나우는 엄밀하게 품종을 따져보면 그르나슈와 같지만 일반적인 그르나슈와는 다르다. 투박한 듯한 와인에서는 가죽과 담배, 구운 허브 향이 나면서 구운 과일과 올스파이스 풍미가 느껴진다. 향신료와 과일 풍미는 그르나슈답다. 그러나 그 밖의 다른 특징들은 모두 이탈리아 와인의 전형을 보여준다.

 담배, 가죽, 말린 산딸기, 흑연, 올스파이스

알리아니코

화산 토양에서 잘 자라는 적포도이며 숙성 가능성이 뛰어나다. 알리아니코는 소심한 애호가들을 위한 와인이 아니다. 무척 투박하고 고기맛이 나면서 타닌이 강하다. 또한, 본모습을 보여주기까지 10년이 걸리기도 한다. 알리아니코 델 불투레, 타우라시, 알리아니코 델 타부르노, 이르피니아가 품질이 뛰어나다.

 백후추, 블랙체리, 연기, 사냥 고기, 향신료에 절인 자두

네로 다볼라

네로 다볼라는 1990년대 말에 재발견된 이후 시칠리아를 대표하는 적포도가 되었다. 품질 좋은 네로 다볼라는 진한 스타일로 만들어지고 카베르네 소비뇽과 비슷한데, 붉은 과일 향이 더 강하다. 가뭄에 강한 포도이기 때문에 관개 없이 재배할 수 있다.

 블랙체리, 검은 자두, 감초, 담배, 고추

네렐로 마스칼레제

시칠리아에서 마르살라가 많이 생산되기는 하지만 요즘 떠오르고 있는 적포도 네렐로 마르칼레제를 살펴보자. 네렐로 마스칼레제는 피노 누아와 놀라울 정도로 비슷하고 에트나 화산 토양에서 가장 잘 자란다.

 말린 체리, 오렌지 제스트, 마른 타임, 올스파이스, 부서진 자갈

페스카라

라퀼라

몰리세
▸ 몬테풀치아노
▸ 틴틸라 델 몰리세

폴리아
▸ 프리미티보(진판델)
▸ 네그로아마로
▸ 산지오베제
▸ 몬테풀치아노
▸ 트레비아노
▸ 네로 디 트로이아

비페르노

산 세베로

캄포바쏘

포지아

바를레타

◯ 바리

브린디시

살리체 살렌토

팔랑기나 델 산니오

스퀸차노

브린디시

베네벤토

알리아니코 델 타부르노

타우라시

타란토

레체

피아노 델 아벨리노

그레코 디 투포

리차노

◯ 나폴리

◯ 살레르노

포텐차

프리미티보 디
만두리아

알리아니코 델 불투레

캄파니아
▸ 알리아니코
▸ 팔랑기나
▸ 피아노
▸ 그레코 비앙코
▸ 말바지아

바실리카타
▸ 알리아니코

치로

티레니아해

크로토네

칼라브리아
▸ 갈리오포
▸ 그레코 네로
▸ 말리오코
▸ 그레코 비앙코

카탄차로

시칠리아
▸ 마르살라
▸ 카타라토 비앙코
▸ 그릴로
▸ 인졸리아
▸ 샤르도네
▸ 네로 다볼라
▸ 네렐로 마스칼레제
▸ 프라파토
▸ 시라

비보 발렌티아

그레코 디 비앙코

베르멘티노
디 갈루라

올비아

메시나
레지오 디 칼라브리아

사싸리

사르데냐
▸ 베르멘티노
▸ 칸노나우(그르나슈)
▸ 모니카 네라
▸ 누라구스

◯ 팔레르모

에트나

마르살라

카타니아

체라수올로 디 비토리아

시라쿠사

라구사

* 모든 지역을 지도에 표기하지는 않았다.

| 0 | 50 | 100 | 150 km |

| 0 | 50 | 100 mi |

◯ 칼리아리

New Zealand
뉴질랜드

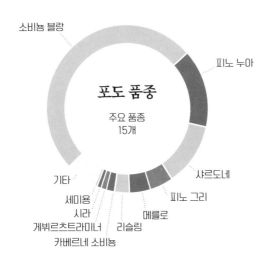

소비뇽 블랑

피노 누아

포도 품종

주요 품종
15개

기타

샤르도네

세미용

피노 그리

시라

메를로

게뷔르츠트라미너

리슬링

카베르네 소비뇽

말버러

생산지

361.8㎢ /
36,179헥타르(2016년)

혹스 베이

기타

넬슨

오클랜드

기스번

와이라라파

센트럴 오타고

캔터베리/와이파라

녹색 와인 생산국

뉴질랜드는 소비뇽 블랑 재배 면적이 2만 헥타르에 달하며 전 세계 최고의 "소비뇽 블랑 생산국"으로 자리 잡고 있다. 그리고 소비뇽 블랑, 샤르도네, 리슬링, 피노 누아, 피노 그리 등 서늘한 기후에 적합한 품종 위주로 만든 품질 좋은 와인을 생산한다. 또한, 지속 가능한 생산에 노력을 기울이기 때문에 더욱 더 흥미롭다. 현재 포도밭의 98%가 ISO14001 지속가능성 기준을 충족하고 있으며 7%는 유기농으로 운영된다. 서늘한 기후에서 유기농을 유지하기가 더욱 어렵다는 점을 감안하면 대단한 성과라고 할 수 있다.

와인 산지

뉴질랜드에서도 서늘한 지역인 말버러, 넬슨, 와이라라파에서는 패션프루트 향이 나면서 산도가 막강한 소비뇽 블랑이 재배된다. 산도가 너무나 높다 보니 잔당이 좀 있어도 단맛이 느껴지지는 않는다. 말버러의 피노 누아는 단정하면서 허브 향이 강하고, 리슬링과 피노 그리도 특색 있다.

센트럴 오타고가 위도상으로는 남쪽에 치우쳐 있지만, 햇볕이 강하고 건조해서 품질 좋은 피노 누아가 생산된다. 달콤한 검은 베리 향에 자갈 느낌의 미네랄, 정향과 같은 향신료 풍미가 어우러져 맛이 뛰어나다!

북섬의 혹스베이 북쪽에서도 우아하고 자두 맛 나는 시라와 메를로 등 놀라운 레드가 생산된다. 기스번은 진하고 크림처럼 부드러운 샤르도네로 유명한데, 잘 만든 와인은 5~10년 숙성해야 할 만큼 산도가 높다. 게뷔르츠트라미너와 슈냉 블랑도 아직까지는 인지도가 낮지만 맛있는 와인이다.

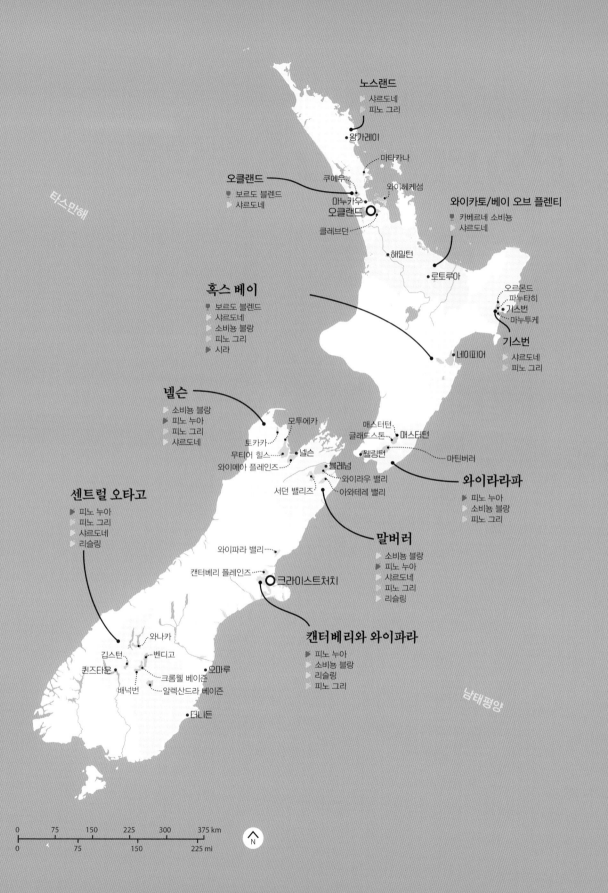

타스만해

노스랜드
▷ 샤르도네
▷ 피노 그리
• 왕가레이

마타카나

오클랜드
쿠메우
와이헤케섬
■ 보르도 블렌드
▷ 샤르도네
마누카우
오클랜드 ◯
클레브던

와이카토/베이 오브 플렌티
■ 카베르네 소비뇽
▷ 샤르도네
• 해밀턴
• 로토루아

오르몬드
파누타히
기스번
마누투케

기스번
▷ 샤르도네
▷ 피노 그리

혹스 베이
■ 보르도 블렌드
▷ 샤르도네
▷ 소비뇽 블랑
▷ 피노 그리
▶ 시라
• 네이피어

넬슨
▷ 소비뇽 블랑
▶ 피노 누아
▷ 피노 그리
▷ 샤르도네

모투에카
토카카
매스터턴
글래드스톤
매스터턴
무티어 힐스
넬슨
웰링턴
와이메아 플레인즈
블레넘
마틴버러
서던 밸리즈
와이라우 밸리
아와테레 밸리

와이라라파
▶ 피노 누아
▷ 소비뇽 블랑
▷ 피노 그리

센트럴 오타고
▶ 피노 누아
▷ 피노 그리
▷ 샤르도네
▷ 리슬링

말버러
▷ 소비뇽 블랑
▶ 피노 누아
▷ 샤르도네
▷ 피노 그리
▷ 리슬링

와이파라 밸리
캔터베리 플레인즈
크라이스트처치 ◯

캔터베리와 와이파라
▶ 피노 누아
▷ 소비뇽 블랑
▷ 리슬링
▷ 피노 그리

와나카
긴스턴
벤디고
퀸즈타운
오마루
크롬웰 베이즌
배넉번
알렉산드라 베이즌

더니든

남태평양

0   75   150   225   300   375 km

0   75   150   225 mi

N

Portugal 포르투갈

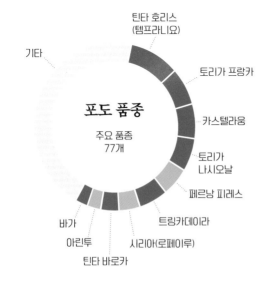

포도 품종

주요 품종
77개

틴타 호리스
(템프라니요)

토리가 프랑카

카스텔라웅

토리가
나시오날

페르낭 피레스

트링카데이라

시리아(로페이루)

틴타 바로카

아린투

바가

기타

생산지

1,902㎢ /
190,292헥타르(2016년)

도루 계곡

비뉴 베르드

베이라 내륙

리스본

알렌테주

다웅

테주

세투발

바이하다

기타

토착 포도의 보물창고

포르투갈은 다른 나라에서는 잘 알려지지 않은 독특한 와인과 포도 품종의 보물창고다. 한때 포르투갈은 와인 기술의 최첨단을 선도하면서 세계 최초로 와인 산지를 지정했던 국가였다(포트 산지는 1757년에 지정되었다). 오래된 와인 생산 전통과 다양한 토착 품종을 가진 포르투갈은 와인 애호가들에게 무척 매력적인 나라다. 품질이 뛰어나고 가성비 좋은 와인을 발굴하기에 안성맞춤이기 때문이다.

와인 산지

포르투갈은 지역에 따라 기후가 극적으로 다르기 때문에 다양한 스타일의 와인이 생산된다.

북서부의 비뉴 베르드는 상당히 서늘하고, 따라서 상큼하고 알코올이 낮은 화이트 생산에 이상적이다. 하지만 내륙으로 가면 세계적으로 유명한 도루 계곡에서 토리가 나시오날로 만든 농축된 풀 바디 레드와 포트 와인이 난다.

중부와 남부에는 매우 다양한 포도 품종이 있다. 청포도로는 숙성 가능한 아린투와 향이 풍부한 페르낭 피레스가 있다. 적포도 중 트링카데이라Trincadeira와 알프루셰이루Alfrocheiro는 우아한 스타일인 반면 바가, 알리칸테 부셰, 하엔(일명 멘시아)은 상당히 강건하다.

마지막으로 마데이라와 아조레스섬에서는 강렬하고 짭짤한 디저트 와인을 만든다. 그중 양조 방법이 독특한 마데이라는 숙성 가능성이 세계 최고인 와인 중 하나다.

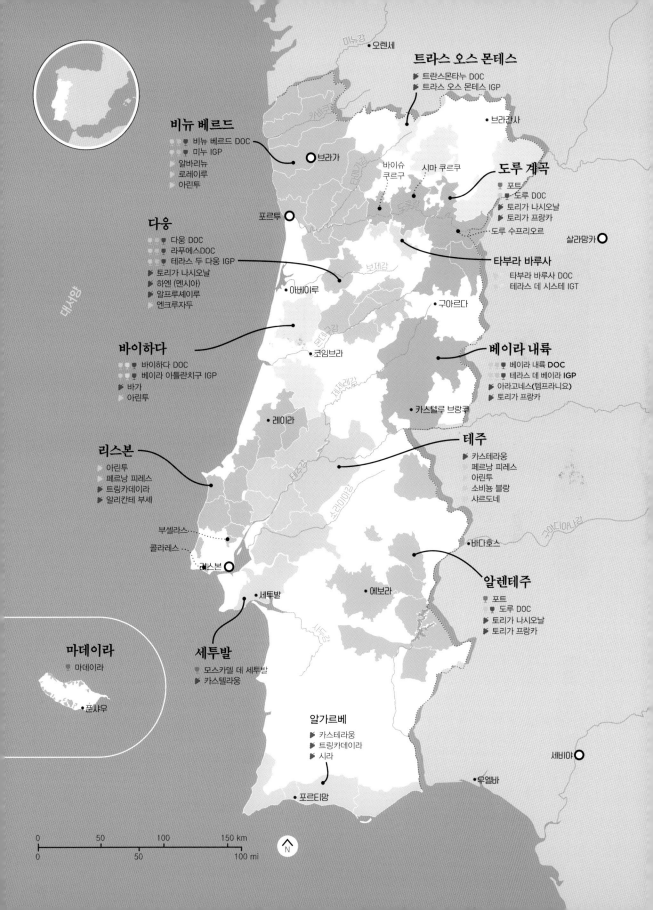

와인 탐색 *Wines to Explore*

기후 차이가 극명한 포르투갈에서는 가볍고 미네랄 풍부한 화이트와 타닌이 강한 레드가 모두 생산된다. 맛볼 만한 토착 품종이 수백 가지 있지만, 토리가 나시오날부터 시작해도 좋겠다. 원래는 포트 와인에 들어가는 포도였지만 요즘은 단일 품종으로 만드는 맛있는 드라이 레드 와인으로 떠올랐다.

도루 레드

도루가 원산지인 토착 품종이 12가지 이상인데, 토리가 프랑카, 토리가 나시오날, 틴타 바로카, 틴타 호리스(템프라니요), 틴타 카웅 등이다. 요즘 드라이 "틴토" 블렌드가 인기를 끌고 있다. 진한 과일과 초콜릿 풍미에 강건한 타닌이 더해진 와인이다.

 FR 블루베리, 산딸기, 말린 용과, 다크 초콜릿, 부서진 돌

다웅 레드

산악 지역인 다웅에서 나는 와인은 향신료 풍미와 타닌이 강하다. 하엔(멘시아), 토리가 나시오날, 틴타 호리스, 알프루셰이루, 트링카데이라와 같은 품종들에 관심이 집중되고 있다. 블렌드가 흔하지만, 단일 품종 위주인 와인들이 가장 높은 평가를 받고 있다.

 MR 체리 소스, 블랙베리 덤불, 생강 케이크, 코코아 가루, 마른 허브

토리가 나시오날

포르투갈의 대표 품종으로 주목받는 토리가 나시오날은 도루 계곡이 원산지이지만 지금은 전국에서 재배된다. 와인에서는 입안을 가득 채우는 강렬한 맛과 제비꽃 향이 뚜렷하게 나타난다. 강렬한 과일 풍미, 높은 타닌, 그리고 긴 피니시가 특징이다.

 FR 블루베리, 붉은 자두, 제비꽃, 흑연, 바닐라

알리칸테 부셰

알렌테주와 리스본 인근에서는 알리칸테 부셰라는 "탕튀리에" 포도가 나는데, 껍질과 과육이 모두 붉은 색이다. 원산지는 프랑스이지만 포르투갈은 이 포도 재배에 이상적인 기후를 가지고 있으며, 강건하고 훈연 풍미 있는, 시라와 비슷한 레드가 생산된다.

 FR 당과, 블랙베리 덤불, 흑설탕, 정향, 흑연

아린투

포르투갈 최고의 청포도 품종이며 전국적으로 자라지만 특히 테주와 알렌테주에서 잠재력이 특히 뛰어난 포도가 재배된다. 아린투는 출시 직후에는 극도로 가볍고 미네랄 풍미가 나타난다. 하지만 5~10년 숙성하면 숙성된 리슬링에 비할 만한 복합미와 풍부함이 나타난다.

 LW 모과, 레몬, 밀랍, 인동, 휘발유

안타웅 바스

알렌테주의 비디구에이라Vidigueira가 원산지인 매우 희귀한 청포도다. 프랑스 양조 기술이 도입되기 전까지는 하찮은 포도였지만 안타웅 바즈는 재빨리 샤르도네와 매우 닮은 특징을 가진 스타로 도약했다.

 FW 노란 사과, 흰 꽃, 레몬 오일, 밀랍, 헤이즐넛

와인 상식

🍷 포트 생산자들은 빈티지를 생산하는 연도를 의무적으로 발표해야 한다. 그런 다음 포트 와인 연구소에서 인증을 받아야 한다.

🍷 토니 포트는 오크통에서 여러 해 동안 산화를 거치며 숙성된 특별한 포트 와인이다. 오래될수록 좋다!

베르델류

아조레스 제도와 마데이라섬에서 자라는 청포도이며 진하고 짭짤한 디저트 와인을 만드는데 사용한다. 한편 이베리아 반도(그리고 심지어 캘리포니아와 호주에서도)에서는 날카로운 화이트로 양조되어 인기가 있다. 소비뇽 블랑을 좋아하는 애호가들에게 강력하게 추천한다.

LW 구스베리, 파인애플, 백도, 생강, 라임

알바리뇨

비뉴 베르드 지역에서는 스페인의 리아스 바이샤스 지역에서 자라는 포도와 같은 품종이 많이 자란다. 알바리뇨는 주로 알코올이 낮으면서 약간 기포가 있는 비뉴 베르드 와인으로 만든다. 하지만 최상급 와인은 맛보는 중간에 진하고 기름진 느낌이 난다. 또한 복합미와 깊은 맛이 있다.

LW 자몽, 라임꽃, 인동, 라임, 오이 껍질

페르낭 피레스

향이 풍부한 이 청포도를 포르투갈 사람들의 반은 페르낭 피레스라고 부르고 나머지 반은 마리아 고메스 Maria Gomez라고 부른다. 어떻게 부르든 달콤한 꽃향기와 가벼운 바디, 드라이한 맛이 대비되는 특별한 와인이다.

AW 배, 신선한 포도, 리치, 레몬-라임, 포푸리

마데이라

세르시알, 베르델류, 맘시, 보알 등 단일 품종 와인이 최상급(드라이에서 스위트까지 있다)이다. 보알(일명 보아우Boal)은 가장 달콤하고 정통적인 스타일이고, 단맛, 신맛, 고소한 맛, 감칠맛이 동시에 느껴진다.

DS 검은 호두, 잘 익은 복숭아, 호두 기름, 태운 설탕, 간장

포트

여러 가지 스타일이 있지만, 반드시 맛보아야 하는 포트는 빈티지나 LBV(늦게 병입한 빈티지Late bottled vintage) 포트다. 와인에서 달콤한 붉은 베리 향이 뿜어 나오고 결이 곱고 흑연 같은 타닌이 입혀져 있다. 블루치즈와 완벽한 조합을 이룬다.

DS 설탕에 절인 산딸기, 블랙베리 잼, 계피, 캐러멜, 밀크 초콜릿

모스카테우 데 세투발

2가지 종류의 뮈스카(알렉산드리아 머스캣과 모스카테우 호슈Moscatel Roxo) 위주로 만든 황금색 주정강화 스위트 와인이다. 산화 방식으로 양조해서 강렬한 캐러멜과 견과류 풍미가 난다. 10년 이상 숙성된 와인은 맛볼 만한 가치가 크다.

DS 말린 크랜베리, 무화과, 캐러멜, 계피, 바닐라

267

South Africa
남아프리카공화국

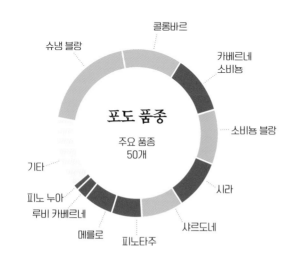

포도 품종

주요 품종
50개

- 콜롬바르
- 카베르네 소비뇽
- 소비뇽 블랑
- 시라
- 샤르도네
- 피노타주
- 메를로
- 루비 카베르네
- 피노 누아
- 기타
- 슈냉 블랑

생산지

959㎢ /
95,911헥타르(2016년)

- 스텔렌보스
- 팔
- 스워틀랜드
- 로버트슨
- 브레데클로프
- 올리판츠강
- 우스터
- 오렌지강
- 기타

구대륙과 신대륙의 만남

남아프리카공화국에 포도가 처음 도입된 것은 네덜란드의 동인도회사를 통해서였다. 그리고 1700년대 중반에는 슈냉 블랑 위주로 만든 디저트 와인 콘스탄시아가 유럽에서 유명해졌다. 남아프리카공화국은 따뜻한 기후와 고대 화강암 토양(6백만 년 전에 생성)이 만난 결과로 강건한 레드와 향이 강렬한 화이트가 생산된다는 점에서 독특한 산지다.

와인 산지

오렌지강 하류와 케이프 북부 더글러스를 제외하면 남아프리카공화국의 와인은 대부분 웨스턴 케이프에서 생산된다.

해안 지역의 무더운 기후는 카베르네 소비뇽, 피노타주, 시라 등 강건한 레드 와인 생산에 이상적이다. 서늘한 미기후가 나타나는 지역도 있어서 과즙이 풍부한 샤르도네와 세미용이 생산된다. 스텔렌보스, 팔 스워틀랜드에서 최상급 와인을 찾을 수 있다.

브리드와 올리판츠강 계곡은 아직까지는 저가 와인 생산지로 간주되고 있다. 슈냉 블랑 등 청포도가 심어진 밭도 수백 헥타르 펼쳐져 있는데, 이 포도들은 브랜디 생산에 사용된다.

케이프 남부 해안은 아주 작은 지역이지만 품질 좋은 서늘한 기후용 와인이 생산될 가능성이 가장 큰 곳이다. 피노 누아, 샤르도네, 그리고 스파클링 와인(엘긴에서 생산)도 생산된다. 넓은 지역에 산재되어 있는 와인 산지이며, 생산자들은 개성이 뚜렷하고 독특하다.

올리판츠강
- 콜롱바르
- 슈냉 블랑
- 알렉산드리아 머스캣

오렌지강

더글러스

케이프 북부
- 슈냉 블랑
- 콜롱바르
- 샤르도네
- 카베르네 소비뇽

서덜랜드-카루

•판린스도르프

램버츠 베이

시트러스데일
산&계곡

시더버그

해안 지역
- 카베르네 소비뇽
- 슈냉 블랑
- 시라
- 소비뇽 블랑
- 메를로
- 피노타주
- 캅 클라시크

스워틀랜드
- 론/GSM 블렌드
- 비오니에
- 슈냉 블랑

•살다나

세레스 평원

브리드강 계곡
- 슈냉 블랑
- 콜롱바르
- 샤르도네
- 카베르네 소비뇽

우스터

달링

클라인 카루
- 콜롱바르
- 슈냉 블랑
- 알렉산드리아 머스캣

브레데클로프

팔
타이거버그

•팔

•우스터

프란쵸크

로버트슨

스텔렌보스

케이프타운 ○

•스텔렌보스

콘스탄시아

오버버그

•스웰렌담

케이프 반도

엘긴

•허머너스

워커 베이

•브레다스도프

케이프 남부 해안
- 슈냉 블랑
- 콜롱바르
- 샤르도네
- 카베르네 소비뇽

남대서양

아굴리아스 곶

0   25   50   75 km

0   25   50 mi

N

* 모든 지역을 지도에 표기하지는 않았다.

와인 탐색 *Wines to Explore*

남아프리카공화국의 와인은 신대륙과 구대륙의 풍미를 모두 가지고 있다. 웨스턴 케이프의 고대 화강암 토양에서는 놀라운 미네랄과 향이 나타나며 풍부한 일조량은 진한 과일 풍미를 만들어낸다. 남아프리카공화국에서 나는 카베르네 소비뇽, 슈냉 블랑, 시라의 품질과 가치는 놀랍다.

카베르네 소비뇽

가장 많이 심어진 적포도이며 다양한 스타일과 품질의 와인이 생산된다. 최고급 와인은 타닌의 구조감과 강렬하고 다양한 향이 나타나며 세계 최고 수준이다. 가장 저렴한 카베르네 소비뇽도 가성비가 뛰어나다.

 블랙커런트, 블랙베리, 피망, 다크 초콜릿, 제비꽃

피노타주

남아프리카공화국의 고유한 품종인 피노타주는 재배하기가 매우 어렵다. 따라서 좋은 평가를 받지 못하고 있었다. 다행스럽게도 진하고 과즙이 풍부하면서 훈연 향 나는 와인을 만들기 위해 특별히 공을 들이고, 그런 와인을 놀라운 가격에 내놓는 생산자들이 있다.

 블루베리, 향신료에 절인 자두, 루이보스, 새콤달콤한 소스, 담배 연기

보르도 블렌드

카베르네 소비뇽이 맛있는 곳이라면 보르도 스타일 블렌드도 훌륭하다. 남아프리카공화국의 블렌드는 우아하고 감칠맛이 나서 이탈리아나 프랑스 와인으로 착각할 정도로 구대륙 스타일에 가깝다.

 블랙커런트, 코코아 가루, 녹색 후추, 담배, 시가 상자

론/GSM 블렌드

스워틀랜드는 건조하고 험준한 지역이며 오래된 그르나슈, 시라, 무르베드르 나무가 많다. 그 포도나무에서 과즙과 과육이 풍부한 레드가 생산된다. 달콤한 검은 과일, 올리브, 후추 풍미를 타닌이 탄탄하게 받쳐준다. 가능성이 매우 큰 지역이다.

 블루베리, 블랙베리, 다크 초콜릿, 블랙올리브, 달콤한 담배

시라

남아프리카공화국의 보석과 같은 와인이며, 이제 막 세상에 알려지기 시작했다. 이 지역의 화강암 토양은 후추 향을 진하게 해준다. 스워틀랜드, 프란 쵸크, 용커쇼크에서는 타닌이 높고 숙성 가능성이 큰 와인이 난다.

 체리 시럽, 멘톨, 블랙베리 덤불, 점토 가루, 달콤한 담배

샤르도네

전통적으로 샤르도네는 서늘한 기후에서 기량을 발휘하는 와인이 된다. 하지만 남아프리카공화국에도 샤르도네가 잘 자라는 미기후가 있다. 케이프 남부 해안의 엘긴과 스텔렌보스의 방호크Banghoek 구역에서 샤르도네를 집중적으로 생산한다.

 파인애플, 노란 사과, 그레이엄 크래커, 파이 껍질, 구운 아몬드

와인 상식

〃 남아프리카공화국에서 "자가 양조 와인Estate Wines"은 각각 별도의 구성 단위로 등록되어 있다(총 207개).

〃 남아프리카공화국에서 포도의 생장 주기는 9월에 시작하고 수확은 대부분 2월에 한다.

상큼한 슈냉 블랑

슈냉 블랑이라고 하면 모두 프랑스의 부브레를 찾지만, 남아프리카공화국에서는 세계 최상위 슈냉 블랑을 저렴하게 내놓는다. 드라이한 스타일은 상쾌하고 새콤하며 소비뇽 블랑을 대체할 만한 산뜻한 와인이다.

LW　라임, 모과, 사과꽃, 패션프루트, 셀러리

진한 슈냉 블랑

남아프리카공화국의 고급 슈냉 블랑은 오크통에서 오래 숙성해서 설탕에 절인 달콤한 사과 향과 머랭처럼 부드러운 크림 맛이 난다. 매년 슈냉 블랑 대회가 개최되어 최고의 와인을 선정한다.

AW　패션프루트, 구운 사과, 벌집, 천도복숭아, 레몬 머랭

소비뇽 블랑

슈냉 블랑을 잘 만드는 곳에서는 소비뇽 블랑도 잘 만든다고 보면 된다. 와인에 감칠맛이 나면서도 산도로 입안을 짜릿하게 한다. 바디는 중간 정도인데, 바디를 더 풍성하게 만들기 위해 오크를 사용하는 생산자들도 있다.

LW　백도, 구스베리, 허니듀 멜론, 러비지, 화강암

비오니에

생산량은 아직은 적은 편이지만 전국적으로 재배되고 있다. 다른 청포도와 섞여서 강렬한 꽃향기를 더해주고 입안에서 무게감과 유질감이 느껴지도록 해준다. 비오니에는 남아프리카공화국의 기후에서 매우 잘 자란다!

FW　레몬, 사과, 바닐라, 제비꽃, 라벤더

세미용 블렌드

남아프리카공화국에서 생산되는 독특한 와인이 있다면 세미용 위주로 만든 블렌드다. 오크 숙성하는 경우가 많은데, 풀 바디이며 크림처럼 부드럽고 감칠맛 나는 화이트가 된다. 이 스타일을 주로 생산하는 지역은 프란쵸크인데, 약간 서늘한 기후에서 향이 강한 와인이 난다.

FW　메이어 레몬, 라놀린, 노란 사과, 달콤한 피클, 헤이즐넛

캅 클라시크

전통적인 샴페인 방식으로 고급 스파클링 와인을 생산하기 위해 1992년에 협회가 구성되었다. 샤르도네, 피노 누아, 피노 므니에, 그리고 특이하게 슈냉 블랑을 추가해서 만든 와인에서는 달콤한 감귤류 향이 난다.

SP　오렌지꽃, 메이어 레몬, 노란 사과, 크림, 아몬드

Spain 스페인

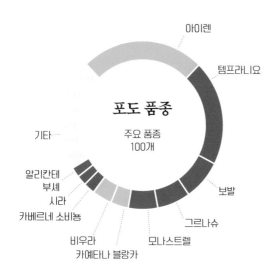

포도 품종

주요 품종
100개

아이렌

템프라니요

보발

그르나슈

모나스트렐

카예타나 블랑카

비우라

카베르네 소비뇽

시라

부셰

알리칸테

기타

생산지

9,748.8㎢ /
974,888헥타르(2016년)

갈리시아

기타

안달루시아

아라곤

라 리오하

카탈루냐

카스티야
이 레온

에스트레마두라

발렌시아

카스티야라만차

구대륙의 관문

스페인 와인의 특징은 강렬한 과일, 그리고 건조한 미네랄로 양분되며, 구대륙 스타일과 신대륙 스타일의 중간쯤 된다. 스페인의 포도밭 면적은 세계 최고이지만 수확량은 상대적으로 적은 편이다. 포도나무 식재 간격이 넓고 관개가 제한되기 때문이다. 또한, 스페인은 템프라니요, 가르나차, 모나스트렐과 같은 주요 품종의 원산지다. 프티 베르도와 같은 품종은 원산지인 국가보다 스페인에서 더 뛰어난 품질을 보인다.

와인 생산 지역

스페인은 기후에 따라 7개 지역으로 나눌 수 있다.

"그린" 스페인 : 파이스 바스코와 갈리시아는 가장 서늘한 지역에 속한다. 미네랄이 풍부하고 상큼한 화이트 와인 알바리뇨, 우아한 레드 멘시아, 생기 있는 로사도가 생산된다.

카탈루냐 : 카탈루냐는 카바, 그리고 스페인 GSM/론 블렌드, 2가지 스타일로 유명하다. 프리오랏에서 나는 레드를 반드시 맛보기를 권한다.

스페인 중북부 : 에브로강과 두에로강 계곡은 템프라니요로 유명하지만 가르나차, 비우라, 베르데호도 품질이 뛰어나다.

중앙 평원 : 대량 생산 와인으로 알려졌지만 놀라운 와인들도 찾아볼 수 있다. 오래된 수령의 가르나차와 프티 베르도가 있는 이 지역은 재발견을 앞두고 있다.

발렌시아 해안 : 예클라, 알리칸테, 후미야에서 나는 훈연 향 나면서 강건한 모나스트렐을 꼭 맛보자.

스페인 남부 : 셰리 생산지다.

섬 지역 : 리스탄 네그로(과일 향이 나는 드라이 레드)와 모스카텔(향이 풍부한 디저트 와인) 등 흥미로운 와인이 생산되는 아주 작은 지역이다.

대서양

갈리시아
▷ 알바리뇨
▶ 멘시아
▶ 고데요

파이스 바스코
▷ 착콜리

라 리오하
▶ 템프라니요
▶ 가르나차
▶ 비우라

나바라
▶ 템프라니요
▶ 가르나차

아라곤
▶ 가르나차
▶ 템프라니요
마카베오(비우라)

몽펠리에

•보르도

•라 코루아

산탄데르

○발바오
•하로

•팜플로나

○사라고사

○바르셀로나

카탈루냐
▷ 카바
▶ 가르나차
▶ 템프라니요
▶ 메를로
플라 이 레반트
비니살렘 •팔마

•레온

카스티야 이 레온
▶ 템프라니요
베르데호
▶ 멘시아

•비고

바야돌리드

마요르카
▶ 만토 네그로
▶ 칼렛

•포르토

마드리드

에스트레마두라
▶ 템프라니요

카스티야라만차
아이렌
▶ 템프라니요
▶ 보발

•발렌시아

발렌시아
▶ 모나스트렐
▶ 보발

○리스본

•알리칸테

○무르시아
•카르타헤나

•코르도바

•그라나다

지중해

○세비야

○말라가

안달루시아
▷ 셰리
팔로미노 피노
페드로 히메네스
알렉산드리아 머스캣

○탕헤르

카나리아 제도
▶ 리스탄 네그로
▷ 리스탄 비앙코(팔로미노 피노)
▶ 리스탄 프리에토(파이스)

이코덴 다우테 이소라
발레 델라 오로타바
타코론테 아센테호
•발레 데 귀마르

○카사블랑카

라 팔마

란사로테

라 고메라
엘 이에로

알보나
테네리페섬

그란 카나리아

0   75   150   225 km

0   75   150 mi

N

와인 탐색 *Wines to Explore*

스페인 최고의 적포도 템프라니요의 대표 산지인 리오하와 리베라 델 두에로를 빼놓으면 스페인 와인 설명이 불가능하다. 가르나차와 모나스트렐도 스페인이 원산지이며, 이 품종들을 가장 잘 표현한 와인도 스페인에서 생산된다. 그리고 남부에서 나는 셰리는 세계적으로 손꼽히는 드라이 식전주다. 한편, 카바, 알바리뇨, 그리고 베르데호에서는 스페인 화이트와 스파클링 와인의 정수를 맛볼 수 있다.

레제르바 리오하

템프라니요 위주로 만든 와인이며 숙성을 거치면서 부드러워지고 복합미가 생긴다. 리오하의 레제르바 (오크 숙성 1년/병 숙성 2년) 등급과 그란 레제르바 (오크 숙성 2년/병 숙성 3년) 등급은 리오하 와인 입문용으로 훌륭하다.

 텁텁한 체리, 딜, 말린 무화과, 흑연, 달콤한 담배

리베라 델 두에로/토로

두에로강 계곡의 무더운 여름을 견디며 자란 템프라니요(이 지역에서는 틴토 피노 또는 틴타 델 토로라고 부른다.) 포도로 타닌이 강한 와인을 생산하는 지역이다. 달콤한 검은 과일 향과 그을은 흙내음이 올라오는 와인이다. 세계 최고의 템프라니요 생산자들을 이 지역에서 발견할 수 있다.

 산딸기, 감초, 흑연, 열대 향신료, 구운 고기

카탈루냐 GSM 블렌드

바르셀로나 인근 프리오랏, 몬산트, 테라 알타 등 지역에서는 독자적인 GSM/론 블렌드를 생산한다. 특이한 점이라면 종종 카베르네와 메를로를 섞어서 진하게 만든다는 것이다.

 구운 건포도, 모카, 가죽, 세이지, 점판암

가르나차

그르나슈의 진정한 원산지는 스페이이기 때문에 이 책에서는 가르나차를 포도의 공식 명칭으로 택했다! 아라곤과 나바라에서는 과일 향이 풍부한 스타일이 나는 반면 비노스 데 마드리드Vinos de Madrid의 오래된 포도나무에서는 타닌이 매우 강하고 우아한 와인이 생산된다.

 산딸기, 설탕에 절인 자몽 껍질, 구운 자두, 마른 허브

보발

카스티야라만차에 대량으로 식재된 품종이다. 대용량 "틴토" 블렌드 와인 생산에 주로 사용된다. 하지만 몇몇 생산자들은 상쾌한 과일 풍미가 있으며, 향긋한 단일 품종 와인을 만드는데, 가격과 맛이 모두 매력적이다.

 블랙베리, 석류, 감초, 다르질링 차, 코코아 가루

모나스트렐

모나스트렐도 스페이이 원산지이지만 프랑스 명칭인 "무르베드르"가 세계적으로 통용된다. 엄청나게 색이 짙어서 거의 불투명한 모나스트렐 와인이 발렌시아 남부, 알리칸테, 예클라, 후미야, 부야스에서 생산된다. 반드시 맛봐야 하는 흥미로운 스페인 와인이다!

 구운 자두, 가죽, 장뇌, 흑후추, 토분

와인 상식

▮▮ 스페인에서는 그란 레제르바 리오하(템프라니요) 등급 와인 양조에 미국산 오크를 사용한다.

▮▮ 그르나슈와 무르베드르를 프랑스 포도로 생각하기 쉽지만 원산지는 스페인이라고 한다.

멘시아

스페인 북서부의 서늘한 산악 지역에서 자라는 적포도다. 무겁지 않고 숙성 가능성이 크다. 비에르소에서는 과일 향 풍부한 스타일이 나고, 좀 더 서쪽에 있는 발데오라스, 그리고 리베라 사크라로 갈수록 더 우아하고 허브 향이 풍부해진다.

 MR 마른 허브, 검은 자두, 향신료에 절인 레드커런트, 커피, 흑연

가르나차 로사도

특이한 루비색을 띤 로제 와인이며 진하고 유질감 있는 스타일이다. 양파껍질 색깔을 띤 유명한 프로방스 로제와는 완전히 다르다. 가르나차를 집중적으로 생산하는 아라곤과 나바라에서는 뛰어난 로사도가 나며 가성비도 언제나 좋다.

 RS 체리, 설탕에 절인 자몽, 오렌지 기름, 자몽 속껍질, 감귤류

베르데호

가볍고 나긋나긋한 청포도 베르데호는 대부분 루에다 지역에서 자란다. 모래 토양에서 자라기 때문에 미네랄이 매우 강하고 짭짤하다. 루에다 와인은 소비뇽 블랑과 베르데호의 블렌드인 경우가 많다. 타코와 마시기에 완벽하다.

LW 라임, 허니듀 멜론, 자몽 속껍질, 회향, 백도

알바리뇨

스페인의 대표 청포도이며 리아스 바이샤스의 서늘한 기후에서 가장 잘 자란다. 내륙에서 나는 와인은 점토가 많이 포함된 토양에서 자라 더 진하고 자몽 향이 강하다.

LW 레몬 제스트, 허니듀 멜론, 자몽, 밀랍, 염분

카바

스페인의 샴페인에 해당하며 스페인의 토착 품종 마카베오(일명 비우라), 사렐로, 파레야다를 사용해서 전통방식으로 만든다. 샴페인보다 훨씬 싸면서 실질적인 품질 수준은 비슷할 때가 많다.

SP 모과, 라임, 노란 사과, 캐모마일, 아몬드 크림

셰리

셰리 와인에는 여러 가지 스타일이 있고, 완전히 채우지 않은 오크통에서 숙성시켜 와인 표면에 플로르라는 효모가 생기도록 만든다. 플로르는 와인의 글리세롤을 먹기 때문에 와인에서 가볍고, 섬세하고 짭짤한 맛이 난다. 생산 과정에 플로르가 발생하는 와인인 만사니야와 셰리를 맛보기를 권한다.

 DS 잭푸르트, 염분, 절인 레몬, 브라질너트, 아몬드

라벨 읽기 *Reading a Label*

요즘에는 스페인 와인병에 포도 품종을 표기하는 경우가 흔하다. 물론 예외가 있는데, 전통적인 지역인 리오하와 리베라 델 두에로다. 이런 지역들에서는 와인을 주로 숙성 등급인 크리안사Crianza, 레제르바Reserva, 그란 레제르바Gran Reserva로 분류한다.

- 수확 연도
- 생산자
- 지어낸 이름
- 지역 명칭 / 등급
- 숙성 등급

HACIENDA FOLLY
2011 VENDIMIA
SOL
RIBERA DEL DUERO
DENOMINACIÓN DE ORIGEN
RESERVA

작명 방식

- **품종** : "모나스트렐" 또는 "알바리뇨" 등
- **지역** : "리오하 D.O.C.a" 또는 "프리오랏 D.O.Q." 등
- **지어낸 이름** : "우니코" 또는 "클리오" 등
- **와인 스타일** : (셰리에서 일반적이다) "피노" 또는 "올로로소" 등

지역 와인

리오하 : 템프라니요 위주의 레드 와인과 비우라 위주의 화이트 와인.

리베라 델 두에로와 토로 : 템프라니요 위주의 와인.

프리오랏 : 가르나차, 카리냥, 시라, 카베르네 소비뇽, 메를로 등으로 이루어진 레드 블렌드.

숙성 등급

숙성 용어를 알면 좋아하는 스타일을 찾기 쉽다. 일반적으로 오래 숙성한 와인일수록 숙성 풍미가 나면서 진하다. 최소 숙성 기준이 더 긴 지역도 있다.

호벤Joven : 오크 숙성을 거의 안 하거나 안 한 와인. DOP 와인에만 적용되며 기본 등급 리오하 와인처럼 숙성 기준이 없는 와인도 이 분류에 속한다.

크리안사Crianza : 레드 : 24개월 숙성 중 최소 6개월(리오하와 리베라 델 두에로는 1년) 오크 숙성. 화이트/로제 : 18개월 숙성 중 최소 6개월 오크 숙성.

레제르바Reserva : 레드 : 36개월 숙성 중 최소 12개월 오크 숙성. 화이트/로제 : 24개월 숙성 중 최소 6개월 오크 숙성.

그란 레제르바Gran Reserva : 레드 : 60개월 숙성 중 최소 18개월(리오하와 리베라 델 두에로는 2년) 오크 숙성. 화이트/로제 : 48개월 숙성 중 최소 6개월 오크 숙성.

로블레Roble : "참나무"라는 뜻. 혼동을 유발하는 용어다. 왜냐하면 주로 오크 숙성 기간이 짧은 어린 와인을 뜻하기 때문이다.

노블레Noble : (희귀함) 18개월 오크 숙성.

아녜호Añejo : (희귀함) 24개월 오크 숙성.

비에호Viejo : (희귀함) 36개월 숙성되었고 산화 풍미(3차향)가 나타나야 한다.

스페인 와인 등급

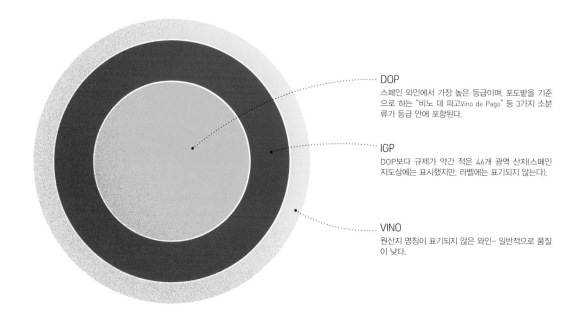

DOP
스페인 와인에서 가장 높은 등급이며, 포도밭을 기준으로 하는 "비노 데 파고Vino de Pago" 등 3가지 소분류가 등급 안에 포함된다.

IGP
DOP보다 규제가 약간 적은 46개 광역 산지(스페인 지도상에는 표시했지만, 라벨에는 표기되지 않는다).

VINO
원산지 명칭이 표기되지 않은 와인– 일반적으로 품질이 낮다.

비노 데 파고(VP)

- 아린사노(나바라)
- 아일레스(카리녜나)
- 칼사디야(카스티야라만차)
- 캄포 델라 과르디아(카스티야라만차)
- 카사 델 블랑코(카스티야라만차)
- 초사스 카라스칼(우티엘 레케나)
- 데에사 델 카리살(카스티야라만차)
- 도미니오 데 발데푸사(카스티야라만차)
- 엘 테레라소(발렌시아)
- 핑카 엘레스(카스티야라만차)
- 플로렌티노(카스티야라만차)
- 귀호소(카스티야라만차)
- 로스 발라게세스(발렌시아)
- 오타수(나바라)
- 프라도 데 이라체(나바라)

DOP – 데노미나시온 데 오리헨 프로테히다Denominación de Origen Protegida

스페인 와인에서 최고의 품질 등급이다. DOP 안에는 소분류가 3개 있다.

비노 데 파고(VP)("DO 파고Pago") : 단일 포도밭에서 생산된 와인이다. 현재 15개의 비노 데 파고가 있는데, 주로 카스티야라만차와 나바라에 있다. 하지만 공식적인 비노 데 파고 등급에 속하지 않으면서 라벨에 "파고Pago"라고 표기하는 생산자들이 있으니 주의하자.

DOCa/DOQ : (데노미나시온 데 오리헨 칼리피카다Denominación de Origen Calificada) 와인 라벨에 표기된 지역 안에 와이너리가 있어야 한다는 엄격한 품질 기준이 요구된다. DOCa 지역은 현재 리오하와 프리오라트밖에 없다.

DO : (데노미나시온 데 오리헨Denominación de Origen) 79개의 공식 와인 생산지에서 만든 품질 좋은 와인을 말한다.

IGP

일상적으로 마시기 좋은 와인이다. DOP보다 넓은 단위의 생산지역에서 나고 등급에 필요한 조건도 약간 낮다. 라벨에 인디카시온 헤오그라피카 프로테히다Indicación Geografica Protegida 또는 IGP라고 표기되고 때로는 비노 델라 티에라Vino de la Tierra(VdiT)라고 표기된다. 스페인에는 생산량이 많은 카스티야라만차 IGP를 비롯한 46개의 IGP가 있다.

비노Vino

(또는 비노 데 메사Vino de Mesa 또는 "테이블 와인") 기본적인 스페인 테이블 와인이며, 지역이 명시되지 않는다. 일반적으로 라벨에 단순하게 틴토Tinto("레드") 또는 블랑코Blanco("화이트")라고만 표기되며 맛을 좋게 하기 위해 약간 달콤하게 만들기도 한다.

스페인 북서부 *Northwest Spain*

스페인 북서부는 다른 지역보다 훨씬 서늘하다. 리아스 바이샤스와 파이스 바스코가 가장 서늘하고, 상큼한 화이트와 가볍고 우아한 레드를 집중적으로 생산한다. 남쪽으로 가면 칸타브리아산맥이 대서양의 찬 공기를 막아준다. 따라서 두에로강 계곡은 무더운 여름과 매서운 겨울을 모두 겪는다. 그 결과 스페인에서 가장 강건한 템프라니요 와인이 생산된다.

알바리뇨

알바리뇨는 리아스 바이샤스의 대표 품종이다. 해안에 가까운 포도밭에서는 모래가 많고 가볍고 염분이 두드러지는 스타일의 와인이 난다. 내륙은 점토와 햇볕이 더 풍부해서 자몽과 복숭아 풍미가 더 강한 진한 와인이 생산된다.

LW　레몬 제스트, 자몽, 허니듀 멜론, 천도복숭아, 염분

멘시아

최근 인기가 높아지고 있는 이베리아 품종이며 날카롭고 순수한 붉은 과일 풍미와 흑연 같은 미네랄, 그리고 숙성 가능성이 큰 타닌의 구조감이 매력이다. 멘시아는 비에르소, 발데오라스, 그리고 리베이라 사크라의 특산품이다. 비에르소의 와인은 진한 편이며 서쪽으로 갈수록 와인이 우아해진다.

MR　앵두, 석류, 블랙베리, 감초, 부서진 자갈

리베라 델 두에로 & 토로

두에로강 계곡에서 생산되는 템프라니요 와인은 극단적인 기후 때문에 타닌이 강하고, 잘 익은 풍미가 나고 맛이 강렬하다. 가장 유명한 지역 중 리베라 델 두에로에서는 템프라니요 와인의 라벨에 틴토 피노라고 표기하고, 토로에서는 틴타 델 토로라고 표기한다.

FR　블랙베리, 무화과, 딜, 달콤한 담배, 점토 가루

베르데호

루에다 지역을 대표하는 흥미로운 청포도 품종 베르데호는 오크를 사용하는 스타일과 사용하지 않는 스타일 모두 생산된다. 오크를 사용하지 않으면 포도 특유의 라임과 풀 풍미가 강조되며 보르도 스타일 병에 들어있을 때가 많다. 오크를 사용한 스타일에서는 레몬 커드와 아몬드 향이 올라온다.

LW　라임, 허니듀 멜론, 자몽 속껍질, 회향, 백도

차콜리

바스크 지방(일명 파이스 바스코)에서는 포르투갈의 비뉴 베르드에 해당하는 스페인 와인을 찾을 수 있다. 샤콜리는 대부분 온다라비 수리에서 나며 산도가 높고 알코올이 낮으며 기포가 약간 있는 화이트 와인이다. 레드는 카베르네와 유전적 관련이 있는 희귀 품종 온다라비 벨차를 사용한다.

LW　라임, 모과, 빵 반죽, 바닐라, 감귤류 제스트

고데요

놀라울 정도로 품질이 좋은 희귀한 청포도이며 대부분 발데오라스, 리비에로, 비에르소에서 자란다. 잘 만든 고데요는 부르고뉴 화이트와 비슷해서 사과와 복숭아 풍미가 나며 오크 숙성하면 은근한 향신료 풍미가 느껴진다. 또한, 짜릿한 느낌이 긴 피니시로 이어진다.

LW　노란 사과, 감귤류 제스트, 레몬 커드, 너트맥(육두구), 염분

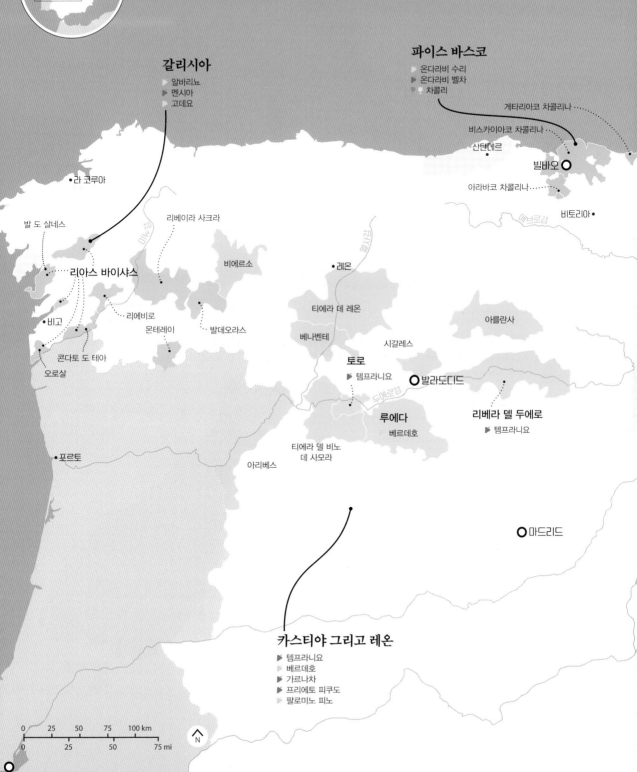

대서양

갈리시아
▷ 알바리뇨
▶ 멘시아
▷ 고데요

파이스 바스코
▣ 온다라비 수리
▶ 온다라비 벨차
▣ 차콜리

게타리아코 차콜리나 ⋯⋯
비스카이아코 차콜리나 ⋯

• 라 코루아

• 산탄데르

빌바오 ○

아라바코 차콜리나 ⋯⋯

• 비토리아

발 도 살네스

리베이라 사크라

비에르소

• 레온

아를란사

리아스 바이샤스

리에비로

• 비고

몬테레이

발데오라스

티에라 데 레온

베나벤테

시갈레스

토로
▶ 템프라니요

콘다토 도 테아

오로살

• 포르토

발라도디드 ○

루에다
베르데호

리베라 델 두에로
▶ 템프라니요

티에라 델 비노
데 사모라

아리베스

마드리드 ○

카스티야 그리고 레온
▶ 템프라니요
▷ 베르데호
▷ 가르나차
▶ 프리에토 피쿠도
▷ 팔로미노 피노

0   25   50   75   100 km
0   25   50   75 mi

N

스페인 북동부 *Northeast Spain*

스페인 북동부는 크게 두 지역으로 나눌 수 있다. 에브로강 분수령, 그리고 타라고나에서 스페인 국경까지 이어지는 해안 구릉지대다. 에브로강 계곡은 템프라니요, 가르나차, 카리냥으로 만든 탄탄하고 과일 향이 풍부한 레드와 로제로 유명하다. 해안 구릉 지대에서는 카바와 우아하고 미네랄이 풍부한 레드 블렌드가 생산되는데, 레드에는 주로 카베르네 소비뇽, 시라, 메를로가 들어간다.

리오하 레제르바

명품 산지 리오하는 숙성 가능성이 큰 템프라니요로 유명하다. 리오하 알타와 리오하 알라베사의 석회석 과 점토 토양에서 나는 와인이 특히 우아하다. 점토 토양에 철분이 많이 함유된 리오하 바하의 와인은 진 하고 고기 풍미가 많이 난다.

 체리, 구운 토마토, 말린 자두, 딜, 가죽, 바닐라

프리오랏 블렌드

프리오랏은 1990년대에 몇몇 생산자들이 가르나차, 카리냥, 시라, 메를로, 카베르네 소비뇽으로 독특한 스페인식 보르도 블렌드를 만들면서 유명해졌다. "프 리오랏 블렌드"는 몬산트, 코스테르스 델 세그레, 그 리고 테라 알타에서도 생산된다.

 구운 산딸기, 코코아, 정향, 후추, 부서진 자갈

가르나차

가르나차(그르나슈)는 아라곤, 나바라, 리오하, 카탈루 냐 대부분에서 자라지만 캄포 데 보르하와 칼라타유 드 지역은 단일 품종 와인을 특히 잘 만든다. 와인은 타닌이 강하지 않고 분홍색 자몽 향이 두드러진다.

 산딸기, 히비스커스, 설탕에 절인 자몽, 점토 가루, 마른 허브

카리냥

카리냥(일명 마수엘로, 삼소, 카리녜나)은 가르나차와 섞어 블렌드로 만드는 경우가 많고 때로는 시라, 메 를로, 카베르네 소비뇽도 섞어서 엄청나게 깊이 있는 와인을 만든다. 엠포르다, 몬산트, 프리오랏, 페네데 스, 카리녜나에서 품질 좋은 와인을 찾을 수 있다.

 검은 자두, 산딸기, 올리브, 고춧가루, 코코아

리오하 블랑코

비우라는 주로 카바 생산에 사용되고 카바에 들어 갈 때는 마카베오라는 이름으로 불린다. 하지만 리 오하에서는 진하고 숙성 가능성 있는 화이트 와인으 로 유명하다. 리오하 블랑코는 숙성 기간에 따라 분 류된다. 크리안사(1년), 레제르바(2년), 그란 레제르바 (4년)가 있다. 또한, 와인은 모두 6개월 오크 숙성이 요구된다.

 구운 파인애플, 절인 라임, 박하사탕, 헤이즐넛, 설탕 에 절인 타라곤

카바

카바는 샴페인과 같은 생산방식으로 만든 스파클링 와인 중에서 특히 가성비가 좋다. 마카베오가 가장 중요한 품종이지만 청포도 중 사렐로와 파레야다도 사용된다. 카바 로사도 생산에는 트레팟과 가르나차 도 흔히 사용된다.

 노란 사과, 라임, 모과, 빵 반죽, 마지팬

280

라 리오하
- ▶ 템프라니요
- ▶ 가르나차
- ◻ 비우라
- ▶ 카리냥
- ▶ 그라시아노

빌바오

나바라
- ▶ 템프라니요
- ▶ 가르나차
- ▶ 메를로
- ▶ 카베르네 소비뇽

아라곤
- ▶ 템프라니요
- ▶ 가르나차
- ◻ 비우라
- ▶ 카베르네 소비뇽
- ▶ 메를로
- ▶ 시라

페르피냥

• 비토리아
리오하 알라베사
• 팜플로나
소몬타노
안도라
엠포르다

아로
로그로뇨
리오하 알타
리오하 바하
캄포 데 보르하
사라고사

플라 데 바헤스
알레야
코스테르스 델
세그레
콩카 데
바르베라
마타로
바르셀로나

에브로강
페네데스

카리녜나
타라고나
칼라타유드
타라고나
프리오랏
몬산트

카탈루냐
- ◻ 카바
- ◻ 마카베오(비우라)
- ◻ 사렐로
- ◻ 파레야다
- ▶ 가르나차
- ▶ 시라

테라 알타

카스텔로

발렌시아
발렌시아
- ▶ 모나스트렐
- ▶ 보발
- ◻ 메르세게라
- ▶ 템프라니요
- ▶ 가르나차
- ▶ 카베르네 소비뇽

팔마

우티엘 레케나
발렌시아

발렌시아
알바세테
알리칸테

예클라
후미야
알리칸테
알리칸테

발레아레스해

부야스
무르시아
무르시아
- ▶ 모나스트렐
- ▶ 시라

로르카
카르타헤나

0	25	50	75	100 km
0		25	50	75 mi

N

스페인 남부 *Southern Spain*

스페인의 저가 와인 상당수가 스페인 중부 지역, 특히 카스티야라만차와 발렌시아(카스티야 VT 포함)에서 생산된다. 하지만 이 지역에서도 가성비 높은 품질이 뛰어난 레드를 발견할 수 있다. 남부에서는 드라이부터 스위트에 이르는 여러 가지 셰리 양조에 사용되는 팔로미노 피노와 페드로 히메네스 포도를 주로 재배한다.

모나스트렐

모나스트렐(일명 무르베드르)은 무르시아가 원산지로 추정되는데, 무르시아에서 진하고 훈연 향 나는 와인이 난다. 최상급 와인에서는 은은한 제비꽃과 흑후추 향이 진한 블루베리 풍미를 장식한다. 알리칸테, 후미야, 예클라, 부야스를 주시하자.

 FR 블랙베리, 흑후추, 제비꽃, 연기

보발

스페인 이외의 지역에서는 잘 알려지지 않은 가성비 뛰어난 적포도다. 와인에서는 부드러운 자두와 초콜릿 풍미가 나고 때로는 투박한 고기 맛이 깔려 있다. 발렌시아의 우티엘 레케나(파고 핑카 테라라소 포함) 지역을 주시하고 만추엘라의 품질 좋은 와인을 살펴보자.

 MR 블랙체리, 블루베리, 마른 초록색 잎 허브, 제비꽃, 코코아

가르나차

비노스 데 마드리드와 멘트리다는 크기만 보면 상당히 작은 지역이지만 가르나차 생산지로는 중요하다. 고지대의 화강암 토양에 오래된 포도나무들이 많이 식재되어 있고, 타닌이 강하면서 숙성 가능성이 큰 그르나슈가 생산된다.

 MR 블랙체리, 흑후추, 흑연, 계피, 디저트 세이지

카베르네 블렌드

라만차와 발레시아에는 카베르네 소비뇽, 시라, 프티 베르도 같은 프랑스 품종들이 있다. 토착 품종인 가르나차 또는 모나스트렐과 섞어서 만든 블렌드는 엄청나게 진하고 초콜릿 풍미가 나는 와인이다. 후미야와 발렌시아를 주시하자.

 FR 블랙베리, 블랙체리, 다크 초콜릿, 흑연, 점토 가루

셰리

일반적으로 생각하는 것과는 달리 셰리는 달지 않다. 오히려 짭짤하고 고소하다. 주정강화 와인인 셰리는 대부분 헤레스 인근 흰색 백악질 알바리사 토양에서 자라는 팔로미노 피노 포도로 만든다. 달콤한 셰리는 (크림 셰리처럼) 페드로 히메네스와 섞은 블렌드다.

 DS 잭프루트, 절인 레몬, 브라질넛, 라놀린, 염분

몬티야 모릴레스 PX

몬티야 모릴레스는 안달루시아에 있는 와인 생산지이며 페드로 히메네스(PX)라는 청포도를 집중적으로 생산한다. PX는 세계에서 가장 달콤한 디저트 와인에 속한다! 숙성과 함께 산화된 와인은 짙고 어두운 갈색으로 변하고 매우 달콤해서 따뜻한 메이플 시럽 정도의 점성을 갖는다.

 DS 건포도, 무화과, 호두, 캐러멜, 누텔라

비노스 데 마드리드
- 모나스트렐
- 가르나차
- 시라

카스티야라만차
- 아이렌
- 보발
- 모나스트렐
- 템프라니요

에스트레마두라
- 템프라니요
- 카베르네 소비뇽
- 시라

카스텔로

구아달라하라

마드리드

몬데하르

우클레스

리베라 델 후카르

발렌시아

멘트리다

톨레도

라만차

만추엘라

알바세테

알만사

알리칸테

메리다

리베라 델 구아디아나

발데페냐스

무르시아

리나레스

로르카

코르도바

하엔

카르타헤나

콘다도 데 우엘바

세비야

몬티야
모릴레스

그라나다

알메리아

말라가 그리고
시에라스 데 말라가

만사니야

산루카르 데 바라메다

헤레스

말라가

카디스

마르벨라

셰리

안달루시아
- 팔로미노 피노
- 페드로 히메네스
- 알렉산드리아 머스캣
- 셰리

말라가 그리고
시에라스 데 발라가

알헤시라스

지브랄타

알보란해

세우타

탕헤르

멜리야

0 25 50 75 100 km
0 25 50 75 mi

N

United States 미국

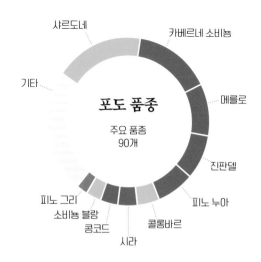

포도 품종

주요 품종
90개

- 샤르도네
- 카베르네 소비뇽
- 기타
- 메를로
- 진판델
- 피노 누아
- 콜롱바르
- 시라
- 콩코드
- 소비뇽 블랑
- 피노 그리

생산지

2,428km² /
242,811헥타르(2016년)

- 기타
- 오리건
- 뉴욕
- 워싱턴
- 캘리포니아

과일 향 가득한 와인

다양한 지형과 기후가 나타나는 미국의 와인을 한 마디로 규정하기는 어렵다. 하지만 미국 와인의 80%는 캘리포니아에서 생산되며 카베르네 소비뇽, 메를로, 샤르도네, 피노 누아 등 프랑스 품종이 주를 이룬다. 또한, 대담하고 과일 풍미가 두드러지는 와인으로 유명하다.

캘리포니아 이외에 워싱턴㈜, 오리건, 그리고 뉴욕이 미국 와인의 17%를 생산하는 유망 지역이다. 나머지는 애리조나, 뉴멕시코, 버지니아, 텍사스, 콜로라도, 아이다호, 미시간(몇 개 주만 예를 들자면) 등 나머지 46개 주에 있는 신생 산지에서 생산된다.

생산 지역

캘리포니아는 지중해 연안과 비슷한 기후가 나타나며, 풀 바디 레드 와인 생산에 이상적인 지역이다. 태평양 가까운 지역은 짙은 안개의 영향을 받아 서늘한 기후에 적합한 청포도와 피노 누아 재배에서 뛰어난 성과를 얻었다.

워싱턴에서는 건조하고 일조량이 풍부한 동부 지역에서 주로 포도를 재배한다. 과일 향이 풍부하면서 새콤달콤한 산도가 있는 레드 와인이 주로 생산된다.

오리건의 윌러메트 밸리는 피노 누아, 피노 그리, 그리고 샤르도네 재배에 이상적이다.

뉴욕에서는 대부분 콩코드(와인보다는 거의 주스용 포도)를 재배하지만 최근 리슬링, 우아한 메를로 블렌드, 그리고 로제가 유명해지는 추세다.

허드슨만

북서부
▶ 보르도 블렌드
  샤르도네
▶ 피노 누아
  피노 그리
  리슬링

북동부
▶ 콩코드
  리슬링
● 아이스 와인
▶ 메를로

밴쿠버

시애틀

포틀랜드

몬트리올

오타와 ○

토론토

디트로이트

뉴욕

중서부
▶ 노튼
▶ 상부르생
▶ 비달 블랑

시카고

캘리포니아
▶ 샤르도네
▶ 카베르네 소비뇽
▶ 피노 누아
▶ 메를로
▶ 시라

샌프란시스코
산호세

덴버

워싱턴 D.C. ○

남서부
▶ 카베르네. 소비뇽
▶ 메를로
▶ 샤르도네

샬럿

로스앤젤레스

샌디에고

피닉스

남동부
▶ 무스카딘/스쿠퍼농

엔세나다

달라스

잭슨빌

오스틴

마이애미

멕시코만

몬테레이
살티요

태평양

○ 멕시코 시티

아카풀코

0 200 400 600 800 km
0   200   400   600 mi

N

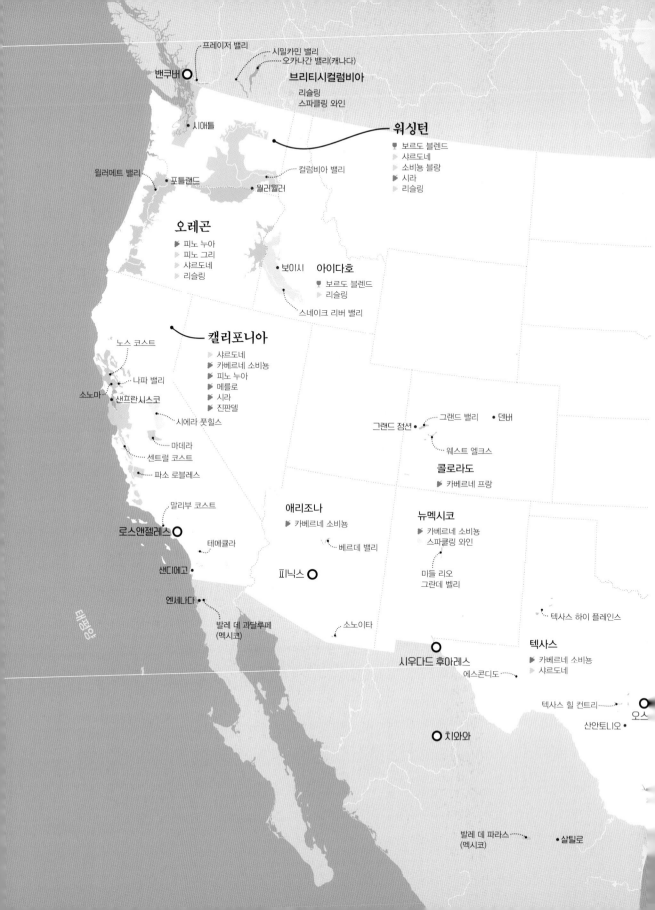

프레이저 밸리
시밀카민 밸리
오카나간 밸리(캐나다)
밴쿠버 ◯

브리티시컬럼비아

리슬링
스파클링 와인

• 시애틀

워싱턴

보르도 블렌드
샤르도네
소비뇽 블랑
시라
리슬링

윌러메트 밸리
• 포틀랜드
• 월라월라
컬럼비아 밸리

오레곤

피노 누아
피노 그리
샤르도네
리슬링

• 보이시
아이다호

보르도 블렌드
리슬링

스네이크 리버 밸리

캘리포니아

샤르도네
카베르네 소비뇽
피노 누아
메를로
시라
진판델

노스 코스트
나파 밸리
소노마
• 샌프란시스코
시에라 풋힐스
마데라
센트럴 코스트
파소 로블레스

그랜드 정션
그랜드 밸리
• 덴버
웨스트 엘크스

콜로라도

카베르네 프랑

말리부 코스트
로스앤젤레스 ◯
테메큘라

애리조나

카베르네 소비뇽

베르데 밸리

뉴멕시코

카베르네 소비뇽
스파클링 와인

미들 리오
그란데 밸리

샌디에고 •
피닉스 ◯

엔세나다 •

발레 데 과달루페
(멕시코)

소노이타

텍사스 하이 플레인스

태평양

시우다드 후아레스
에스콘디도

텍사스

카베르네 소비뇽
샤르도네

텍사스 힐 컨트리
산안토니오
오스

◯ 치와와

발레 데 파라스
(멕시코)
• 살틸로

온타리오, 캐나다

- 카베르네 프랑
- 아이스 와인
  리슬링
  샤르도네
- 바코 누아
  프린스 에드워드 카운티

몬트리올

나이아가라 반도

토론토

나이아가라 급경사면

핑거호

미시간호 기슭

위스콘신호

노스 포크

더 햄튼스

이리호 북부 기슭

디트로이트

이리호

허드슨 밸리

뉴욕

뉴욕

- 콩코드
- 리슬링
- 보르도 블렌드

시카고

피츠버그

필라델피아

뉴저지

중서부

- 노튼
- 상부르생
- 비달 블랑
- 샤르도넬

컬럼버스

오하이오 리버 밸리

볼티모어

- 보르도 블렌드
  외곽 해안 평야

미들버그

세넌도어 밸리

오거스타

몬티첼로

버지니아

- 보르도 블렌드
- 샤르도네
- 비오니에

미시시피강 상류 밸리

야드킨 계곡

샬로트

오자크산맥

남동부

- 무스카딘/스쿠퍼농

잭슨빌

휴스턴

멕시코만

대서양

N

0   150   300   450   600 km

0   150   300   450 mi

와인 탐색 *Wines to Explore*

캘리포니아는 강렬한 카베르네 소비뇽, 오크를 사용한 샤르도네, 그리고 피노 누아가 가장 유명하다. 요즘 인기가 높아지고 있는 시라, 프티트 시라, 진판델도 과일 풍미 강한 캘리포니아 스타일로 만든다. 또한, 오리건, 워싱턴, 뉴욕의 최상급 와인도 살펴볼 것이다.

캘리포니아 카베르네 소비뇽

캘리포니아에서 가장 유명한 포도인 카베르네 소비뇽은 소노마와 나파밸리 등 북부 해안 지역에서 난다. 잘 만든 와인은 고급스러운 검은 과일 풍미가 나면서 삼나무, 텁텁한 미네랄, 그리고 담배 향이 밴 타닌을 선사한다.

 FR · 블랙베리, 블랙체리, 삼나무, 제과용 향신료, 녹색 후추

캘리포니아 진판델

진판델이 이탈리아의 프리미티보, 그리고 크로아티아의 트리비드라그와 동일한 DNA를 가졌다는 사실이 1994년에 밝혀졌다. 진판델은 설탕에 절인 과일과 담배 향을 뿜어내지만 놀라울 정도로 드라이하고, 미네랄이 밴 타닌이 느껴지며 알코올이 높다. 소노마와 로디의 와인을 비교하면 흥미롭다.

 FR · 블랙베리, 자두 소스, 오향, 달콤한 담배, 화강함

캘리포니아 프티트 시라

캘리포니아는 세계 최고의 프티트 시라 생산 지역이다. 프랑스가 원산지인 이 포도는 내륙 계곡 지역을 비롯한 캘리포니아의 따뜻한 기후에서 특히 잘 자란다. 와인에서는 진하고 걸쭉한 검은 과일 풍미가 나면서 단단하고 코코아 같은 타닌이 느껴진다.

 FR · 당과, 블루베리, 다크 초콜릿, 흑후추, 허브

캘리포니아 샤르도네

최상급 샤르도네는 대부분 해안 지역, 그리고 태평양에서 올라오는 아침 안개와 서늘한 바람이 있는 해안 근처 계곡에서 생산된다. 와인은 풍부한 바디가 있고, 파인애플과 열대 과일 풍미가 나면서 구운 오크 향이 배어있다.

 FW · 노란 사과, 파인애플, 크렘 브륄레, 바닐라, 캐러멜

캘리포니아 피노 누아

북부와 서늘한 중부 해안 지역에서는 전 세계에서 가장 강렬하고 과일 향이 짙은 피노 누아가 생산된다. 한편 우아한 부르고뉴 스타일의 와인으로 돌아선 생산자들도 늘어나고 있다. 어느 스타일이든 반드시 맛보기를 권한다.

 MR · 블랙베리, 말린 블루베리, 정향, 장미, 콜라

캘리포니아 시라 & GSM 블렌드

캘리포니아 전 지역에서 뛰어난 시라가 나지만 중부 해안 지역에서 론 품종에 가장 집중하고 있다. 잘 만든 와인은 검은 과일과 후추 풍미가 깊이 배어있고, 텁텁한 미네랄이 올라온다. 산타 바바라와 파소 로블레스의 와인을 우선 권한다.

 FR · 블랙베리, 블루베리 파이, 으깬 후추, 모카, 월계수 잎

와인 상식

⚓ 단일 품종 와인은 표기된 품종을 75% 이상 포함해야
한다. 오리건 피노 누아/피노 그리는 90%가 요구된다.

⚓ 자가 양조 와인estate wine이라고 라벨에 표기된 와인은
와이너리의 포도밭에서 자란 포도를 사용해야 한다.

워싱턴 시라 & GSM 블렌드

워싱턴에서 시라와 그르나슈 같은 론 품종의 인기가
아주 높지는 않지만 잠재력은 매우 크다. 와인은 풍
성하고 강렬하면서 새콤달콤한 붉은 과일과 고기 맛
이 나고, 스파이시한 알코올이 올라온다.

 FR 블랙커런트, 브랜디에 절인 체리, 베이컨 기름,
다크 초콜릿, 흑연

워싱턴 보르도 블렌드

워싱턴은 카베르네 소비뇽을 중점적으로 생산하고
있지만, 메를로 등 보르도 품종이 들어간 블렌드의
숙성 가능성이 가장 크다. 이 블렌드는 순수한 블랙
체리 풍미와 예쁜 꽃향기, 민트 향, 그리고 제비꽃 같
은 뉘앙스를 갖는다.

 FR 산딸기, 감초, 흑연, 열대 향신료, 구운 고기

오리건 피노 누아

피노 누아는 오리건 포도밭의 50% 약간 넘는 면적에
심어져 있고, 윌러메트 밸리에서 특히 잘 자란다. 와
인에서는 진한 붉은 베리 향이 나면서 바디는 가볍
고, 과즙이 느껴지는 산도와 오크 숙성에서 오는 향
신료 풍미가 있다.

 LR 석류, 붉은 자두, 올스파이스, 바닐라, 홍차

오리건 피노 그리

피노 그리는 오리건에서 가장 중요한 화이트 와인이
며 윌러메트 밸리 남부에서 상당히 잘 자란다. 와인
에서는 복숭아와 서양배 풍미가 진하게 나면서 입안
에서 기름진 맛이 느껴지며, 짜릿하고 감귤류 느낌이
나는 피니시로 이어진다.

 LW 천도복숭아, 잘 익은 서양배, 감귤류 꽃, 레몬 기름,
아몬드 크림

뉴욕 리슬링

뉴욕은 리슬링과 미네랄 강한 화이트 와인 생산의 가
능성이 큰 지역이다. 하지만 겨울이 매서워 수역(강,
호수, 바다)에 가까운 지역이 아니면 포도 재배가 어
렵다. 물이 있는 곳에서는 뉴욕 최고의 와인이 생산
된다.

 LW 잘 익은 복숭아, 노란 사과, 라임, 라임 껍질,
부서진 돌

스파클링 와인

미국에는 스파클링 와인 생산자가 많지 않지만, 매우
품질 좋은 와인을 만드는 생산자들이 소수 있다. 캘
리포니아 노스 코스트와 오리건에는 뛰어난 생산자
들이 있고 뉴멕시코와 워싱턴주에서는 가성비 높은
와인이 난다.

 SP 레몬, 흰 체리, 오렌지꽃, 크림, 생아몬드

캘리포니아 *California*

캘리포니아의 와인 산업은 불과 240년 전 샌디에고의 미션 데 알칼라Mission de Alcala에서 미미하게 출발했다. 그러다가 1849년 골드 러시 이후 소노마와 나파 밸리에 와이너리들이 생겨나면서 와인 산업이 본격적으로 시작되었다. 현재 캘리포니아는 미국 와인의 80%를 생산한다. 7가지 품종이 큰 비중을 차지하는데, 카베르네 소비뇽, 샤르도네, 메를로, 진판델, 피노 누아, 피노 그리, 그리고 소비뇽 블랑이다.

북부 해안

북부 해안은 생산량이 많지는 않지만 가장 유명하다. 내륙의 나파 밸리와 클리어 레이크에서는 카베르네 소비뇽을 비롯한 뛰어난 풀 바디 레드가 생산된다. 소노마와 멘도시노는 샤르도네와 피노 누아 등 서늘한 기후용 포도와 스파클링 생산에 적합하다.

중부 해안

중부 해안에서는 맛있고 저렴한 캘리포니아 와인이 주로 생산된다. 바다에서 올라오는 두터운 안개 덕분에 해안에 인접한 지역은 샤르도네와 피노 누아 재배에 이상적인 기후를 갖는다. 내륙으로 갈수록 더워지며 파소 로블레스와 같은 지역은 시라와 론/GSM 블렌드가 훌륭하다.

시에라 풋힐스

금광 광부들의 거주지였던 구릉지는 지방 농부들이 여러 가지 포도를 심는 밭이 되었다. 일반적으로 와인은 강건하고 과일 풍미가 폭발적이다. 진판델을 집중적으로 생산하지만 바르베라와 시라도 가능성이 보이는 품종이다.

내륙 계곡

캘리포니아의 넓은 중앙 계곡에서는 미국 내수용 농산물이 많이 생산된다. 그리고 이곳은 세계 최대 와인 생산자인 갈로Gallo를 비롯한 대형 와인 생산자들의 본거지다. 전반적인 품질이 뛰어나다고 할 수는 없지만 로디의 오래된 포도나무에서는 예외적으로 품질 좋은 와인이 생산된다.

남부 해안

남부 해안은 땅값이 비싸 포도밭이 흔하지 않다. 하지만 로스앤젤레스 동부에 있는 포도밭에는 희귀하고 오래된 진판델이 심어져 있고, 테메큘라에서는 와인 관광산업이 성장하고 있다. 샤르도네와 카베르네 소비뇽을 많이 재배하지만 더운 기후 때문에 산도가 낮다.

레드우즈

매우 작은 와인 산지인 레드우즈는 포도밭이 십여 헥타르에 불과하고 상업적 생산자도 거의 남아있지 않다. 기후는 서늘한 편이라 리슬링과 게뷔르츠트라미너 등 향이 좋은 청포도 품종이 약간 심어져 있다.

메드포드

크레센트 시티
윌로우 크리크
트리니티 레이크스
샤스타 산
시애드 밸리
유레카

레드우즈
▶ 소비뇽 블랑
▶ 게뷔르츠트라미너

레딩

위네무카

북부 해안
▶ 카베르네 소비뇽
▶ 샤르도네
▶ 피노 누아
▶ 메를로
▶ 진판델

도스 리오스
코벨로

멘도시노

클리어 레이크
유카아
카페이 밸리
더니건 힐스

노스 유바
리노

멘도시노

유바 시티

소노마 밸리
나파 밸리
나파
클라크스버그

샌프란시스코
오클랜드

산타크루즈산맥
산타크루즈

살리너스
몬트레이

로디

사크라멘토

엘도라도
페어 플레이
캘리포니아 셰넌도아 밸리
피들타운

시에라 풋힐스
▶ 진판델
▶ 바르베라
▶ 시라
▶ 프티트 시라

모데스토
리버모어 밸리

내륙 계곡
▶ 진판델
▶ 프티트 시라
▶ 카베르네 소비뇽
▶ 알렉산드리아 머스캣

마데라
몬트레이
프레즈노

파소 로블레스
파소 로블레스

센트럴 코스트
▶ 샤르도네
▶ 카베르네 소비뇽
▶ 피노 누아
▶ 진판델
▶ 시라

라스베가스

샌루이스오비스포
에드나 밸리
아로요 세코
산타마리아
산타마리아 밸리
산타이네즈 밸리

산타바바라

네오나 밸리
시에라 펠로나 밸리
쿠카몽가 밸리

남부 해안
▶ 카베르네 소비뇽
▶ 샤르도네

말리부 해안
로스앤젤레스
롱비치

팜스프링스
테메큘라 밸리

오션사이드

샌파스쿠알
라모나 밸리

샌디에이고

티후아나
메히칼리
유마

태평양

0 60 120 180 km
0 60 120 mi

N

캘리포니아 북부 해안 *North Coast, CA*

1976년 영국의 와인 수입업자가 프랑스의 와인 평론가들은 초대해서 보르도 최상급 와인과 나파 밸리 와인의 블라인드 테이스팅을 주최했다. 그때 나파 밸리 와인 2개가 최고 점수를 받으면서 "파리의 심판"은 캘리포니아 와인 역사의 한 장을 장식하게 되었다. 그 이후 소노마와 나파 밸리는 프랑스 품종으로 고급 와인을 만드는 지역의 상징이 되었다.

카베르네 소비뇽

북부 해안에서 가장 중요한 품종이며, 화산암과 점토 토양에서 자란 포도에서는 진한 과일과 텁텁한 미네랄이 나타난다. 나파 밸리, 클리어 레이크, 그리고 소노마 대부분(마야카마스 인근 지역을 추천한다)에서 세계 최상급 카베르네가 생산된다.

 FR 블랙커런트, 블랙체리, 흑연, 시가 상자, 민트

메를로

메를로는 카베르네 소비뇽과 비슷하지만, 체리 맛이 더 강하고 좀 더 부드러우면서 타닌이 섬세하다. 북부 해안 전 지역에서 잘 자라며(카베르네보다 가성비가 좋다!), 해안 지역과 멘도시노에서 생산된 포도는 대체로 더 우아하고 허브 향이 난다.

 FR 체리, 바닐라, 삼나무, 연필심, 구운 너트맥(육두구)

피노 누아

카네로스, 러시안 리버 밸리, 소노마 코스트, 멘도시노 등 아침에 안개가 끼는 지역은 피노 누아나 샤르도네처럼 서늘한 기후용 포도에 적합하다. 와인에서는 달콤한 붉은 과일이 느껴지고 은은한 홍차와 올스파이스 향이 나는 피니시로 이어진다.

 MR 체리, 자두, 바닐라, 버섯, 올스파이스

진판델

북부 해안 안에서 몇몇 더운 소지역(실제로는 주변보다 따뜻한 지역)에서 가장 진하고 가장 미네랄이 강한 스타일의 진판델이 생산된다. 소노마의 락파일 AVA와 나파의 하월 마운틴 AVA를 주목하자. 캘리포니아에서 가장 인기 있는 진판델이 난다.

 FR 블랙베리 덤불, 코코아, 산딸기 소스, 부서진 돌, 달콤한 담배

샤르도네

캘리포니아에서 두 번째로 많이 식재된 품종인 샤르도네는 서늘한 기후에서 잘 자라며 소노마, 멘도시노, 그리고 나파 남부에서 특히 잘 자란다. 북부 해안의 스파클링 와인에 들어가는 포도로도 인기가 있으며 사과와 아몬드 크림 풍미를 표현한다.

 FW 구운 서양배, 파인애플, 버터, 헤이즐넛, 캐러멜

소비뇽 블랑

북부 해안에서 많이 재배되는 편은 아니지만 백도, 오렌지꽃, 분홍색 자몽과 같은 진한 과일 풍미가 나는 고급 와인이 생산된다. 다른 지역의 소비뇽 블랑과는 매우 다르다. 서늘한 기온 덕분에 산도가 유지되는 소노마와 멘도시노 와인을 맛보자.

 LW 백도, 분홍색 자몽, 오렌지꽃, 허니듀 멜론, 메이어 레몬

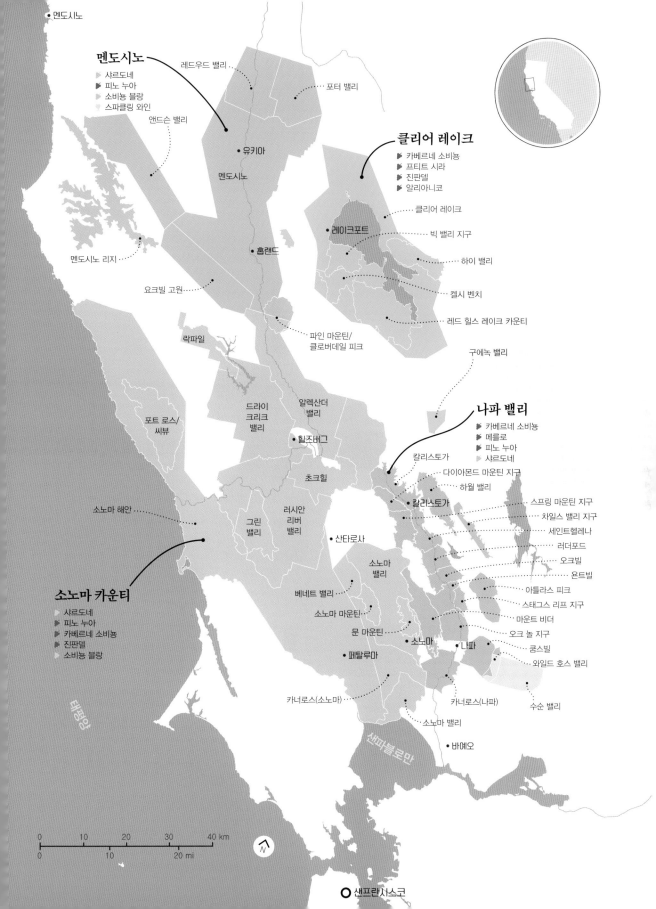

멘도시노

멘도시노
- 샤르도네
- 피노 누아
- 소비뇽 블랑
- 스파클링 와인

레드우드 밸리
포터 밸리

클리어 레이크
- 카베르네 소비뇽
- 프티트 시라
- 진판델
- 알리아니코

앤드슨 밸리

유카아

멘도시노

클리어 레이크
빅 밸리 지구
레이크포트
하이 밸리
홉랜드
켈시 벤치
레드 힐스 레이크 카운티

멘도시노 리지

요크빌 고원

파인 마운틴/
클로버데일 피크

구에녹 밸리

락파일

드라이
크리크
밸리

알렉산더
밸리

나파 밸리
- 카베르네 소비뇽
- 메를로
- 피노 누아
- 샤르도네

포트 로스/
씨뷰

칼리스토가
다이아몬드 마운틴 지구
하월 밸리
스프링 마운틴 지구
차일스 밸리 지구
세인트헬레나
러더포드
오크빌
욘트빌
아틀라스 피크
스태그스 리프 지구
마운트 비더
오크 놀 지구
쿰스빌
와일드 호스 밸리

힐즈버그

초크힐

소노마 해안

그린
밸리

러시안
리버
밸리

산타로사

칼리스토가

소노마 카운티
- 샤르도네
- 피노 누아
- 카베르네 소비뇽
- 진판델
- 소비뇽 블랑

소노마
밸리

베네트 밸리

소노마 마운틴

문 마운틴

소노마

나파

페탈루마

카너로스(소노마)

카너로스(나파)

수순 밸리

소노마 밸리

바예오

태평양

샌파블로만

0   10   20   30   40 km
0   10   20 mi

샌프란시스코

캘리포니아 중부 해안 *Central Coast, CA*

몬트레이, 파소 로블레스, 그리고 산타바바라가 중부 해안에 있다. 바다 쪽을 바라보는 포도밭에는 아침 안개가 많이 끼기 때문에 서늘한 기후용 포도 재배에 이상적이다. 내륙으로 갈수록 더워지고 시라처럼 햇볕을 좋아하는 포도가 더 잘 자란다. 중부 해안에는 저렴한 와인을 생산하는 상업적 생산자가 많지만, 품질이 뛰어난 와인을 생산하는 소규모 생산자들도 있다.

샤르도네

샤르도네는 중부 해안에서 가장 넓은 면적에 식재되어 있고, 품질은 대부분 그저 그렇다. 하지만 뛰어난 샤르도네도 생산되는데, 특히 산타바바라와 몬트레이 지역 중 해안과 가까운 산지에서 재배된다. 대체로 진하고 오크를 사용한 스타일로 와인을 만든다.

 FW 망고, 레몬 커드, 흰 꽃, 구운 아몬드, 크렘 브륄레

피노 누아

중부 해안은 피누 누아가 정말 잘 자라는 곳이다. 특히 산타크루즈산맥, 산타루치아 고원, 산타리타 힐스, 마운트 할런, 그리고 산타마리아 밸리 소구역에서 품질 좋은 포도가 생산된다. 강렬하고 과즙이 풍부한 붉은 과일 풍미에 향신료와 바닐라 향이 더해진 와인을 기대할 수 있다.

 MR 레드 체리, 산딸기, 올스파이스, 다르질링 차, 바닐라

카베르네 소비뇽

중부 해안에서 두 번째로 많이 식재된 품종이다. 내륙 지역은 안개가 일찍 걷히고 타닌을 부드럽게 해주는 햇볕이 충분하기 때문에 카베르네 소비뇽이 잘 자란다. 특별히 호사스럽고 진한 와인을 생산하는 지역을 고른다면 파소 로블레스다.

 FR 검은 산딸기, 블랙체리, 모카, 바닐라, 녹색 후추

진판델

중부 해안 지역에서 가장 품질 좋은 진판델은 포도가 충분히 익을 만큼 더운 파소 로블레스에서 난다. 북부 해안에 비해 와인에서 과즙이 느낌이 많이 나면서 가벼운 스타일(타닌이 더 약함)이다.

 MR 산딸기, 복숭아 잼, 계피, 달콤한 담배, 바닐라

시라

요즘 시라가 이 지역에서 떠오르고 있다. 특히 파소 로블레스, 산타바바라, 몬트레이 동부의 석회질이 풍부한 점토 토양에서 우수한 품질이 나타날 것으로 보인다. 와인은 진하고 고기 맛이 나면서 후추 향이 느껴진다. 그리고 보이젠베리와 올리브 풍미가 있다.

 FR 보이젠베리, 블랙올리브, 후추 양념 스테이크, 베이컨 기름, 연기

론/GSM 블렌드

타블라스 크리크Tablas Creek라는 와이너리가 1990년대 초반에 론 품종을 수입하기 시작했다. 그렇게 탄생한 그르나슈, 시라, 무르베드르 블렌드는 미국산 론 스타일 와인에 대한 관심을 증폭시켰다. 현재 타블라스 크리크에는 캘리포니아 전 지역에 묘목을 공급하는 종묘장이 있다.

 FR 산딸기, 자두, 가죽, 코코아 가루, 세이지꽃

스탁턴

샌프란시스코

산마테오

리버모어 밸리

모데스토

샌프란시스코만
▶ 피노 누아
▶ 카베르네 소비뇽
▶ 샤르도네
▶ 메를로

산호세

샌프란시스코만

산타크루즈산맥

모르건 힐

벤 로몬드 산

길로이

산 이시드로 지구

산타크루즈

홀리스터

파체코 패스

왓슨빌

샌베니토
▶ 피노 누아
▶ 샤르도네

몬트레이

살리너스

시에네가 밸리
마운트 할란
라임 킬른 밸리
파이시니스

프레즈노

몬트레이

살론

몬트레이
▶ 샤르도네
▶ 피노 누아
▶ 메를로
▶ 카베르네 소비뇽
▶ 리슬링

카멜 밸리

산타루치아 고원

아로요 세코

태평양

샌버나르브

샌루카스

샌안토니오 밸리

헤임즈 밸리

파소 로블레스
▶ 카베르네 소비뇽
▶ 메를로
▶ 시라
▶ 진판델
▶ 론/GSM 블렌드

샌미구엘 지구

에스트렐라 지구

제네세오 지구

산후안 크리크

애들라이다 지구

파소 로블레스

윌로우 크리크 지구

하일랜드 지구

요크 마운틴

크레스턴 지구

템플턴 갭 지구

산타 마가리타 랜치

엘 포마르 지구

샌루이스오비스포

에드나 밸리

샌루이스오비스포
▷ 샤르도네
▶ 피노 누아
▶ 시라
▷ 비오니에

아로요 그란데 밸리

산타 마리아 밸리

산타 마리아

산타바바라
▷ 샤르도네
▶ 피노 누아
▶ 시라
▷ 소비뇽 블랑
▶ 그르나슈

발라르드 캐니언

해피 캐니언

롬포크

산타 리타 힐스

산타 이네즈

산타 이네즈

산타바바라

0   25   50   75 km
0   25   50 mi

N

오리건 *Oregon*

오리건의 포도밭은 대부분 윌러메트 밸리 북부에 있고, 1960년대부터 부르고뉴 포도(피노와 샤르도네)를 심기 시작했다. 와인 산지는 점점 확대되었는데, 규모가 작은 와이너리가 대부분이고 엄격한 생산 기준을 따른다(오리건에서는 라벨에 표기된 포도 품종이 90% 이상 포함되어야 한다!). 전반적으로 새콤한 과일 향과 섬세하고 우아한 풍미가 돋보이는 와인이 생산된다.

피노 누아

오리건에서 가장 중요한 와인은 캘리포니아 와인과는 매우 다르다. 라이트 바디며, 날카로운 신맛이 나는 붉은 과일 풍미, 올스파이스, 그리고 흙냄새와 숲 바닥 향이 난다. 던디 힐 인근 소구역이 피노 누아의 중심지다.

 LR 체리, 석류, 화분 흙, 바닐라, 올스파이스

피노 그리

피노 그리는 오리건에서 두 번째로 많이 식재된 품종이지만 가장 저평가되고 있다. 오리건 피노 그리는 놀라울 정도로 진하고 연기 향도 약간 난다. 백도와 메이어 레몬 풍미도 올라오는 와인 스타일은 독일이나 뉴질랜드 와인과 비슷하다.

 LW 백도, 메이어 레몬, 인동, 라임 속껍질, 정향

샤르도네

오리건의 샤르도네는 오리건주 밖에서는 찾기 어려운 귀한 와인이지만, 부르고뉴 화이트와 비슷해서 국제적 관심을 끌고 있다. 서늘한 기후 덕분에 라이트 바디에 가벼운 과일 풍미가 나며, 미네랄 향이 있고 산도가 높다.

 FW 노란 사과, 메이어 레몬, 절인 레몬, 버터 바른 토스트, 사워크림

리슬링

아쉽게도 오리건에서 리슬링은 많이 나지 않는다. 잘 만들면 맛과 스타일이 독일의 팔츠 리슬링과 비슷하다. 더 드라이한 스타일을 시도해서 성공하는 생산자들도 있다.

 AW 말린 살구, 풋사과, 라임 제스트, 벌집, 휘발유

카베르네 소비뇽

오리건 동부와 남부는 윌러메트 밸리와는 완전히 다르다. 훨씬 따뜻하고 건조하며 일조량이 풍부하다. 따라서 카베르네 소비뇽, 카베르네 프랑, 시라와 같은 품종이 점점 더 많이 생산되고 있다.

 FR 블랙커런트, 블랙체리, 녹색 후추, 바닐라, 담뱃잎

템프라니요

오리건에서 템프라니요는 매우 귀한 포도이지만 남부에서 가능성을 다분히 보인다. 기후 측면에서 리오하 알타와 놀라울 정도로 비슷하고 체리, 가죽, 딜 등 우아한 풍미가 나는 와인이 생산된다.

 MR 블랙체리, 블랙베리, 가죽, 딜, 달콤한 담배, 흑연

시애틀

올림피아

야키마

리치랜드

아스토리아

체할렘 산맥

왈라왈라

더 락스 지역

왈라왈라

리본 리지

밴쿠버

펜들턴

틸라무크

포틀랜드

컬럼비아 협곡

라 그란드

던디

던디 힐스

암필 칼튼

맥민빌

에올라 아미티 힐스

컬럼비아 밸리

- 카베르네 소비뇽
- 피노 그리
- 시라

살렘

코르발리스

알바니

윌러메트 밸리

- 피노 누아
- 피노 그리
- 샤르도네
- 리슬링

존 데이

유진

온타리오

엘크턴

레드 힐스 더글러스 카운티

쿠스 배이

엄쿠아 밸리

로즈버그

오리건 남부

- 피노 누아
- 피노 그리
- 카베르네 소비뇽
- 시라
- 템프라니요

스네이크 리버 밸리

- 카베르네 소비뇽
- 메를로

로그 밸리

그랜츠 패스

메드포드

애쉬랜드

애플게이트 밸리

크레센트 시티

유레카

0   60   120 km

0   60 mi

N

워싱턴 _Washington_

사람들은 대부분 워싱턴에 비가 많이 온다고 생각한다. 하지만 캐스케이드산맥은 구름이 동쪽으로 이동하는 것을 막아주기 때문에 산맥 동쪽 지역은 햇볕이 풍부하고 건조하다(고비 사막만큼이나 건조한 곳도 있다!). 포도밭은 대부분 컬럼비아 밸리 AVA 안에 있는데, 이 지역의 강건한 레드 와인은 품질 좋고 가격도 높지 않은 것으로 알려져 있다.

카베르네 소비뇽

워싱턴에서 가장 많이 재배되는 포도는 더운 지역에서 가장 잘 자란다. 호스 헤븐 힐스, 레드 마운틴, 그리고 월라월라에서 최상급 와인이 생산된다. 와인에서는 진한 산딸기, 블랙체리, 삼나무 풍미가 나며 요구르트처럼 부드럽다.

 FR ㅣ 블랙체리, 산딸기, 삼나무 상자, 크림, 민트

메를로

1990년대에 워싱턴 와인을 유명하게 만든 포도는 메를로다. 메를로는 일교차가 큰 워싱턴의 기후(예, 낮에는 덥고 밤에는 추운 날씨)와 잘 맞아서 진한 풀 바디 와인이 생산된다. 순수한 체리 풍미가 나면서 피니시에 은은한 민트 향이 남는다.

 MR ㅣ 블랙체리, 향신료에 절인 자두, 제과용 향신료, 제비꽃, 민트

보르도 블렌드

단일 품종 와인은 언제나 인기를 끌겠지만 워싱턴에서 가장 맛있는 레드는 블렌드다. 카베르네, 메를로, 프티 베르도, 말벡, 그리고 심지어 시라도 이 지역 블렌드에 들어가며, 바디가 풍부하고 깊이와 복합미가 있는 와인이 된다.

 FR ㅣ 블랙체리, 자두, 모카, 제과용 향신료, 제비꽃

시라

"시라는 경치 좋은 곳에서 잘 자란다."라는 말이 있듯, 이 포도는 경사지가 내려다보이는 워싱턴의 산지에서 빠른 속도로 자리 잡고 있다. 야키마, 호스 헤븐 힐스, 그리고 월라월라에서 잘 자라는 것을 보면 알 수 있다. 최상급 와인은 연기 향이 나면서 진하고, 동시에 새콤하다.

 FR ㅣ 자두, 블랙올리브, 베이컨 기름, 코코아 가루, 백후추

리슬링

리슬링은 처음으로 워싱턴주 밖에서 인기를 얻은 와인 중 하나다. 나치스 고원, 에인션트 레이크스, 그리고 야키마 밸리 등 서늘한 지역에서 잘 자라며 점점 더 많은 생산자가 알자스 리슬링과 비슷한 드라이 스타일로 만드는 추세다.

 AW ㅣ 메이어 레몬, 덜 익은 멜론, 갈라 사과, 벌집, 라임

소비뇽 블랑

카베르네와 메를로 포도가 잘 자라는 곳이라면 소비뇽 블랑도 잘 자라기 마련이다! 생산자들은 소비뇽 블랑을 세미용과 섞어서 오크 숙성하기도 한다. 그렇게 만든 와인은 진하고 크림처럼 부드러운 화이트 와인이 되며 레몬밤과 타라곤처럼 맛있는 향이 난다.

 FW ㅣ 백도, 덜 익은 멜론, 레몬밤, 타라곤, 풀

오카나간 밸리(BC) ⋯⋯ ●킬로나

시밀카민 밸리(BC) ⋯

●펜틱턴

컬럼비아 밸리

🍷 보르도 블렌드
▶ 샤르도네
▶ 리슬링
▶ 시라
▶ 소비뇽 블랑
🍷 카베르네 프랑

실리시해

밴쿠버 ⊙ 밴쿠버

프레이저강

프레이저 밸리(BC) ⋯⋯

● 에벗츠포드

퓨젯 사운드

▶ 매들린 앤저빈
▶ 뮐러 투르가우
▶ 믈롱

후안데푸카 해협

● 빅토리아

● 에버렛

첼랜 호 ⋯⋯

스포캔 ●

브레머턴 ● ⊙ 시애틀

웨나치 ● 컬

● 타코마

에인션트 레이크스

● 올림피아

왈루크 경사지

태평양

● 센트레일리아

스네이크강

나치스 고원 ⋯

야키마 밸리 ⋯⋯
● 야키마

래틀스네이크 힐스 ⋯⋯

스나입스 산 ⋯⋯

리치랜드 ●
● 케네윅

월라월라 ⋯⋯

레드 마운틴 ⋯⋯

● 월라월라

호스 헤븐 힐스 ⋯⋯

컬럼비아 협곡 ⋯⋯

● 밴쿠버
⊙ 포틀랜드

존 데이강

● 살렘

0   50   100   150 km
0   50   100 mi

↑N

References
& Sources

참고문헌 & 출처

___

이 섹션은 와인 용어, 추가 참고 자료, 추천 도서, 출처
등의 참고문헌과 색인을 포함한다.

와인 용어 *Wine Terms*

범례 :

- ⚲ 기술적 용어
- ♀ 시음 용어
- ▤ 양조 용어
- ⚑ 포도/지역 용어

♀ ABV

부피로 측정한 알코올alcohol by volume의 축약어이며 와인 라벨에 퍼센트로 표기된다(예 : 13.5% ABV).

⚲ 아세트알데하이드 Acetaldehyde

사람의 몸에서 에틸알코올을 대사하기 위해 분비하는 독성 유기 화합물이다. 술독의 원인이 된다.

▤ 산성화 Acidification

따뜻하거나 더운 기후의 산지에서 흔히 사용되며, 와인의 산도를 높이기 위해 주석산이나 구연산 같은 첨가물을 더하는 과정이다. 서늘한 기후에서는 자주 사용하지 않지만, 미국, 호주, 아르헨티나의 더운 산지에서 자주 사용한다.

⚲ 아미노산 Amino Acids

단백질을 구성하는 유기화합물이다. 레드 와인에는 아미노산이 리터당 300~1,300mg/L 들어있는데, 그중 85%가 프롤린이다.

⚑ 아펠라시옹 Appellation

법적으로 정해진 지리적 위치이며 포도를 재배하고 양조하는 장소(그리고 방법)를 구분하기 위해 사용한다.

⚲ 향 화합물 Aroma Compounds

분자량이 매우 낮은 화학적 화합물이기 때문에 비강의 윗부분까지 올라가서 코로 전달된다. 향 화합물은 포도와 발효에서 생겨나며 알코올이 증발하면서 휘발한다.

♀ 떫은맛 Astringent

입안이 마르는 느낌이며 일반적으로 타닌이 원인이다. 타닌이 침 단백질에 붙어서 침이 혀와 입에서 떨어지도록 만든다. 그 결과 입안에 거칠고 꺼끌꺼끌한 느낌이 남는다.

⚑ AVA

미국 포도재배 지역American Viticultural Area. 법적으로 지정된 미국 내 포도재배 지역.

⚑ 바이오다이내믹스 Biodynamics

바이오다이내믹스의 핵심은 에너지 관리 시스템이며, 1920년대에 오스트리아의 철학자 루돌프 스타이너가 확산시켰다. 전체론적, 동종요법적 농업 방식이며 천연 퇴비나 천연 제조물질을 사용한다. 수확 등 농사일을 천체의 (달과 해) 주기에 맞추어서 한다. 비오다이나믹 와인을 인증하는 기관은 데메테르 인터내셔널Demeter International과 비오디뱅Biodyvin 두 곳이다. 비오다이나믹 인증을 받은 와인은 이산화황 함유량이 100ppm 미만이어야 하며 엄격한 농업 규정을 따른다. 하지만 맛에서는 일반 와인과 다르지 않다.

▤ 브릭스(° Bx로 표기) Brix

포도즙에 녹아있는 자당의 상대적 밀도이며 와인의 잠재적 알코올 수준을 측정하기 위해 사용된다. ABV는 브릭스 수치의 55~64%다. 예를 들어 27° Bx는 ABV 14.9~17.3%인 드라이 와인이 된다.

▤ 탄산 침용 Carbonic Maceration

파쇄하지 않은 포도를 밀폐된 발효조에 넣고 이산화탄소로 덮는 양조 방식이다. 산소 없이 만들어진 와인은 타닌이 약하고 색이 옅다. 그리고 신선한 과일 풍미가 나면서 효모 향이 강하게 난다. 기본 등급 보졸레 와인에서 흔히 사용하는 방식이다.

▤ 가당 Chaptalization

서늘한 기후에서 흔히 사용하는 양조 기법이다. 포도의 당도가 충분하지 않아 최소한의 알코올 수치에 못 미치게 될 경우에 설탕을 첨가한다. 미국에서는 가당이 불법이지만 프랑스와 독일처럼 서늘한 기후에서는 흔한 기법이다.

▤ 정제/청징 Clarification/Fining

발효 후 단백질과 죽은 효모를 제거하는 과정이다. 정제에는 카세인(우유 단백질)이나 계란 흰자, 또는 비건 원료이며 점토 성분인 벤토나이트나 카올린 점토가 사용된다. 청징제는 앙금에 들러붙어 와인에서 분리시킴으로써 와인을 맑게 해준다.

⚑ 클론 Clone

포도도 다른 농작물과 마찬가지로 우수한 특징을 유지하기 위해 복제로 번식시킨다. 예를 들어 피노 품종에는 100가지 이상의 클론이 등록되어 있다.

⚲ 디아세틸 Diacetyl

와인에서 버터 비슷한 맛을 내는 유기화합물이다. 디아세틸은 오크 숙성이나 유산 발효로 생성된다.

⚲ 에스테르 Esters

와인 안에 존재하는 향 화합물 중 하나이며 알코올이 산과 반응하면서 생성된다.

♀ 주정강화 와인 Fortified Wine

투명하고 풍미가 두드러지지 않는 포도 브랜디 등 증류주를 첨가해서 안정화시킨 와인이다. 예를 들어 증류주 함량이 약 30%인 포트 와인은 ABV가 20%에 달한다.

와인 용어

♣ 글리세롤 Glycerol

발효의 부산물로 생기는 액체이며 무색무취이고 점성이 있으며 달콤하다. 레드 와인에는 4~10g/L, 귀부 와인에는 20g/L 이상 포함되어 있다. 글리세롤은 입에서 기분 좋게 진하고 기름진 맛이 느껴지게 만드는 것으로 알려져 있었다. 하지만 연구 결과에 따르면 입에서 느껴지는 맛에 더 큰 영향을 주는 것은 알코올 수준과 잔당이다.

♣ 포도액 Grape Must

막 파쇄한 포도즙을 뜻하며 씨, 줄기, 껍질이 들어있다.

☰ 리 Lees

발효 후 와인에 남아있는 죽은 효모 앙금.

☰ 유산 발효
Malolactic Fermentation(MLF)

엄밀하게 말하면 MLF는 발효가 아니다. 오에노코쿠스 오에니Oenococcus oeni라는 박테리아가 말산을 유산으로 바꾸는 과정이다. 그 결과로 와인에서 매끄럽고 크림처럼 부드러운 맛이 나게 된다. 대부분의 레드 와인, 그리고 샤르도네와 같은 화이트 와인은 유산발효를 거친다. 또한, 유산발효 때문에 버터 향이 나는 화합물 디아세틸이 생성된다.

♥ 미네랄리티 Minerality

과학적 용어는 아니지만 돌 또는 유기 물질(흙) 냄새나 맛을 설명하기 위한 표현이다. 미네랄은 와인에 포함된 극소량의 광물질로부터 비롯된다고 여겨졌다. 하지만 최근 연구 결과에서는 와인에서 나타나는 광물성 향의 원인을 발효에서 생성되는 황화합물로 추측하고 있다.

♥ 내추럴 와인 Natural Wine

지속가능한, 유기농, 그리고 아니면 또는 비오다이나믹 포도재배로 생산된 와인을 설명하기 위한 광범위한 용어다. 이산화황 등의 첨가물을 최소한으로 사용하거나 사용하지 않고 와인을 생산한다. 정제와 청징을 하지 않기 때문에 내추럴 와인은 뿌옇고 효모 앙금을 포함할 때도 있다. 일반적으로 내추럴 와인은 약하고 민감하기 때문에 주의를 기울여 보관해야 한다.

✈ 귀부 Noble Rot

귀부는 습한 지역에 흔한 곰팡이인 보트리티스 시네리아로 생기는 곰팡이 감염 증상이다. 적포도에 생기면 결함으로 보지만 청포도에 생기면 꿀, 생강, 마멀레이드 그리고 캐모마일 풍미가 나는 스위트 와인이 되기 때문에 좋은 현상으로 본다.

☰ 오크 : 미국산 Oak : American

미국산 흰 오크(Quercus alba)는 미국 동부에서 자라며 버번 산업에 주로 사용된다. 미국산 오크는 코코넛, 바닐라, 삼나무, 그리고 딜 풍미를 더해주는 것으로 알려져 있다. 미국산 오크는 결이 거친 편이라서 와인에 강건한 풍미가 스며든다.

☰ 오크 : 유럽산 Oak : European

유럽산 오크(Quercus robur)는 주로 프랑스와 헝가리에서 자란다. 자란 지역에 따라서 중간 정도의 결에서부터 매우 고운 결까지 있다. 유럽산 오크는 와인에 바닐라, 정향, 올스파이스, 그리고 삼나무 향을 더해주는 것으로 알려져 있다.

♥ 오프 드라이 Off-Dry

약간 달콤한 와인을 묘사하는 용어다.

♥ 오렌지 와인 Orange Wine

청포도인데도 레드 와인처럼 포도액을 껍질, 그리고 씨와 같이 발효해서 만든 화이트 와인을 말한다. 씨에 함유된 리그닌이 와인을 진한 오렌지색으로 물들인다. 전통적으로 이탈리아의 프리울리베네치아줄리아 동부와 슬로베니아의 버르다Brda에서 이런 스타일로 와인을 생산한다.

✈ 유기농 Organics

유기농 와인은 유기농법으로 재배된 포도로 만들어야 하며 허용된 첨가물 몇 가지만을 사용할 수 있다. EU에서는 유기농 와인에도 이산화황(SO₂) 사용이 허용되는 반면 미국 유기농 와인에는 허용되지 않는다.

♥ 산화/산화된 Oxidation/Oxidized

와인이 산소에 노출되면 일련의 화학반응이 일어나서 화합물에 변화가 일어난다. 확연한 변화로 우선 아세트알데하이드가 증가하는데, 화이트 와인에서 멍든 사과와 비슷한 향이 나게 된다. 레드 와인에서는 아세톤 냄새가 나게 된다. 산화는 탈산소화와 반대되는 작용이다.

♣ pH

물질의 산성이나 알칼리성의 정도를 표시하는 수치이며, 1에서 14까지로 표현된다. 1은 산성, 14는 알칼리성이며 7은 중성이다. 와인은 평균 2.5~4.5pH인데, pH 3인 와인은 pH 4인 와인보다 산도가 10배 높다.

♣ 페놀 Phenols

와인의 맛, 색, 입에서 느껴지는 촉감에 영향을 주는 수백 가지의 화합물들을 말한다. 타닌은 폴리페놀이라고 하는 페놀의 일종이다.

🐛 필록세라 Phylloxera

비티스 비니세라의 뿌리를 먹어서 포도나무를 죽게 만드는 아주 작은 진딧물이다. 1880년대에 유럽에 처음 퍼져서 모래 토양(이 진딧물은 모래에서 살아남지 못한다)으로 이루어진 몇몇 지역을 제외한 전 세계의 포도밭을 황폐화시켰다. 유일한 해결책은 비티스 비니페라 포도나무를 비티스 에스티발리스Vitis aetivalis, 비티스 리파리아Vitix riparia, 비티스 베를란디에리Vitis berlandieri(모두 미국 토착 포도종) 등 다른 종의 뿌리에 접붙이는 것이다. 아직도 포도 필록세라를 치료하는 방법이 없다.

📇 탈산소화 Reduction

와인이 발효되는 동안 산소가 충분히 공급되지 않으면 효모는 질소 대신 아미노산(포도에 존재)을 사용한다. 그러면 황화합물이 발생해서 썩은 달걀, 마늘, 불탄 성냥, 썩은 양배추 냄새가 나게 된다. 패션프루트나 젖은 부싯돌처럼 좋은 냄새가 나는 경우도 있다. 탈산소화의 원인은 와인에 첨가하는 "이산화황"이 아니다.

🍷 잔당 Residual Sugar(RS)

발효가 끝난 다음에 와인에 남아있는 당분이다. 완전히 드라이해질 때까지 발효시키는 와인이 있는가 하면 당분이 모두 알코올로 전환되기 전에 발효를 중단시켜서 달콤한 와인을 만들기도 한다. 잔당은 전혀 없을 수도 있고 매우 달콤한 와인은 리터당 400g에 이를 수도 있다.

🍷 소믈리에 Sommelier

와인 관리인을 일컫는 프랑스어 단어이다. "마스터 소믈리에master sommerlier"는 미국의 전문 소믈리에 위원회Court of Masters Sommerliers에서 관리하는 등록 상표이며 이 단체의 4번째 단계 인증 시험을 통과한 사람만 사용할 수 있는 호칭이다.

⚗ 이산화황 Sulfites

이산화황 또는 아황산염 또는 SO₂는 와인에 첨가하거나 발효 전부터 포도에 존재하는 방부제이다. 와인에 함유된 양은 약 10ppm(백만분의 1)에서 350ppm − 미국 법적 한계 − 이다. 와인에 10ppm 이상 들어있으면 반드시 라벨에 표기해야 한다.

⚗ 황화합물 Sulfur Compounds

황화합물은 와인의 향과 맛에 영향을 준다. 수치가 낮으면 미네랄과 같은 풍미나 자몽이나 열대 과일처럼 긍정적인 향을 유발한다. 하지만 수치가 높으면 익힌 달걀, 마늘, 또는 삶은 양배추 냄새가 나고 결함으로 간주된다.

🍷 테루아 Terroir

특정 지역의 기후, 토양, 방향(지형), 그리고 전통적인 양조 방식이 와인 맛에 어떤 영향을 주는지 설명하기 위해 사용하는 프랑스 단어이다.

🍷 전형성 Typicity/Typicality

특정 지역이나 스타일 특유의 맛이 나는 와인.

⚗ 바닐린 Vanillin

주로 바닐라 빈에서 뽑아내는 추출물이며 오크에도 함유되어 있다.

📇 양조 Vinification

포도즙을 발효시켜서 와인을 만드는 행위.

🍷 와인스러운 Vinous

막 발효된 풍미를 가진 와인을 설명하는 시음 용어.

⚗ 휘발성 산 Volatile Acidity(VA)

아세트산은 와인을 식초로 변하게 만드는 휘발성 산이다. 소량인 경우에는 풍미에 복합미를 더해주지만 많으면 와인을 변질시킨다.

추가 참고 자료 *Additional Resources*

빈티지 차트

날씨의 변동은 매년 포도 수확의 양과 질에 영향을 준다. 매우 서늘한 기후에 속하는 지역과 매우 더운 기후에서는 빈티지에 따른 변동이 흔하다. 수확 시기에 포도가 최적으로 익은 상태가 아닐 수도 있기 때문이다. 저가 와인과 수집할 가치가 있는 와인 모두 빈티지의 영향을 받는다.

다음은 와인 폴리에서 가장 즐겨 찾는 빈티지 자료다.

- bbr.com/vintages
- robertparker.com/resources/vintage-chart
- jancisrobinson.com/learn/vintages
- winespectator.com/vintagecharts

와인 평가

원하는 와인이 무엇인지 알고 있는데, 어떤 브랜드를 사야 할지 모르겠다면 와인 평가가 유용하다(멘도사의 말벡, 리베라 델 두에로의 템프라니요 등). 시음 노트와 숙성 가능성 평가를 포함하는 와인 평가가 가장 큰 도움이 된다.

평론가 평가 사이트 :

- Wine Enthusiast Magazine(무료)
- Decanter(무료)
- Wine Spectator(유료)
- Wine Advocate(유료)
- James Suckling(유료)
- Vinous(유료)

소비자 평가 사이트 :

- CellarTracker(기부)
- Vivino(무료)

참고 도서

초급/중급

이 책 이외에 읽어볼 만한 초급과 중급용 책이다(쉬운 것에서부터 어려운 순서로).

- The Essential Scratch & Sniff Guide to Becoming a Wine Expert
- How to Drink Like a Billionaire
- Kevin Zraly's Windows on the World
- The Wine Bible
- Taste Like a Wine Critic
- I Taste Red

지역별 와인 안내서

와이너리와 와인, 순위를 포함하는 체계적인 안내서들이다. 특정 지역을 여행하면서 방문하고 싶은 와이너리를 고르고 싶다면 유용하다.

- Gambero Rosso's Italian Wine
- Platter's South African Wine Guide
- Falstaff Ultimate Wine Guide Austria
- Halliday Wine Companion(Australia)
- Asian Wine Review

참고 서적

참고 서적은 와인 업계 종사자들을 위한 책이다.

- Wine Grapes
- Native Wine Grapes of Italy / Italian Wine Unplugged
- Wine Atlas of Germany
- The Oxford Companion to Wine

양조기술 전문 서적

와인 메이커를 위한 기본적인 교재다.

- Principles and Practices of Winemaking
- Understanding Wine Chemistry
- Grape Grower's Handbook

와인 자격증

와인업계에서 일하거나 와인 강사가 되고 싶다면 다음 자격증 과정을 이수해서 지식을 인증받자.

- **Court of Masters Sommeliers(CMS)** : 소믈리에, 강사, 서비스업에 적합하다.
- **Wine and Spirits Education Trust(WSET)** : 소믈리에, 강사, 서비스업에 적합하다.
- **Society of Wine Educators(SWE)** : 강사, 소비자, 와인 소매업자에게 적합하다.
- **International Sommerlier Guild(ISG)** : 소믈리에와 서비스업 전문가에게 적합하다.
- **Wine Scholar Guild(WSG)** : 프랑스, 이탈리아, 스페인 와인 심화 프로그램이다.

인터넷 자료

와인이나 포도, 지역, 주제에 대해 추가 정보가 필요한가? 다음 인터넷 사이트에서 답을 찾을 수 있다.

- winefolly.com(무료)
- wine-searcher.com(무료)
- guildsomm.com(무료와 유료)
- jancisrobinson.com(무료와 유료)

인사말 *Special Thanks*

다음과 같은 세계적인 대학과 연구원에서 개인적으로, 혹은 팀으로 이루어놓은 연구 결과와 자료를 자유롭게 사용하는 것이 불가능했더라면 이 책은 존재하지 않았을 것이다.

- Adelaide University(호주)
- University of California Davis
- Geisenheim University(독일)
- Fondazione Edmund Mach
- The Wine Institute
- International Organization of Vine and Wine
- 둥난대학교(난징, 중국)

또한, 와인 전문가 협회에서는 와인 관련 다양한 소주제를 개별적으로 분류, 체계화, 연구, 탐색, 연구, 평가하고 발표하고 글을 게재했다. 또한, 그림으로 묘사해서 단순화한 다음 원고를 제공했다. 이런 다양한 내용이 없었더라면 이 책은 존재하지 않았을 것이다.

마지막으로 다음 분들에게 감사의 말을 전한다.

- Sandy Hammack
- Margaret Puckette
- Bob and Sheri
- Robert Ivie
- Kym Anderson
- Geoff Kruth
- Matt Stamp
- Jason Wise
- Brian McClintic
- Dustin Wilson
- Kevin Zraly
- Rick Martinez
- Evan Goldstein
- Rajat Parr
- Lisa Perrotti-Brown
- Dlynn Proctor
- Brandon Carneiro
- Ian Cauble
- Frédéric Panaïotis
- Matteo Lunelli
- Jancis Robinson
- Karen MacNeil
- Sofia Perpera
- Ryan Opaz
- Ana Fabiano
- Morgan Harris
- Bryan Otis
- Athena Bochanis
- Courtney Quattrini
- Ben Andrews
- Micah Huerta

출처 *Sources*

Anderson, Kym. Which Winegrape Varieties are Grown Where? A Global Empirical Picture. Adelaide: University Press. 2013.

Robinson, Jancis, Julia Harding, and Jose F. Vouillamoz. Wine Grapes: A Complete Guide to 1,368 Vine Varieties, Including Their Origins and Flavors. New York: Ecco/HarperCollins, 2012. Print.

D'Agata, Ian. Native Wine Grapes of Italy. Berkeley: U of California, 2014. Print.

Waterhouse, Andrew Leo, Gavin Lavi Sacks, and David W. Jeffery. Understanding Wine Chemistry. Chichester, West Sussex: John Wiley & Sons, 2016. Print.

Fabiano, Ana. The Wine Region of Rioja. New York, NY: Sterling Epicure, 2012. Print.

"South Africa Wine Industry Statistics." Wines of South Africa. SAWIS, n.d. Web. 8 Feb. 2018. <wosa.co.za/The-Industry/ Statistics/SA-Wine-Industry-Statistics/>.

Dokumentation Osterreich Wein 2016 (Gesamtdokument). Vienna: Osterreich Wein, 18 Sept. 2017. PDF.

Hennicke, Luis. "Chile Wine Annual Chile Wine Production 2015." Global Agricultural Information Network, 2015, Chile Wine Annual Chile Wine Production 2015.

"Deutscher Wein Statistik (2016/2017)." The German Wine Institute, 2017.

"ORGA NOS DE GESTION DE LAS DENOMINACIONES DE ORIGEN PROTEGIDAS VITIVINICOLAS." Ministerio De Agricultura y Pesca, Alimentacion y Medio Ambiente.

Arapitsas, Panagiotis, Giuseppe Speri, Andrea Angeli, Daniele Perenzoni, and Fulvio Mattivi. "The Influence of Storage on the chemical Age of Red Wines." Metabolomics 10.5 (2014): 816-32. Web.

Ahn, Y., Ahnert, S. E., Bagrow, J. P., Barabasi, A., "Flavor network and the principles of food pairing" Scientific Reports. 15 Dec. 2011. 20 Oct. 2014. <nature.com/ srep/2011/111215/srep00196/full/ srep00196.html>.

Klepper, Maurits de. "Food Pairing Theory: A European Fad." Gastronomica: The Journal of Critical Food Studies. Vol. 11, No. 4 Winter 2011: 55-58

Hartley, Andy. "The Effect of Ultraviolet Light on Wine Quality." Banbury: WRAP, 2008. PDF.

Villamor, Remedios R., James F. Harbertson, and Carolyn F. Ross. "Influence of Tannin Concentration, Storage Temperature, and Time on Chemical and Sensory Properties of Cabernet Sauvignon and Merlot Wines." American Journal of Enology and Viticulture 60.4 (2009): 442-49. Print.

Lipchock, S V., Mennella, J.A., Spielman, A.I., Reed, D.R. "Human Bitter Perception Correlates with Bitter Receptor Messenger RNA Expression in Taste Cells 1,2,3." American Journal of Clinical Nutrition. Oct. 2013: 1136–1143.

Shepherd, Gordon M. "Smell Images and the Flavour System in the Human Brain." Nature 444.7117 (2006): 316-21. Web. 13 Sept. 2017.

Pandell, Alexander J. "How Temperature Affects the Aging of Wine" The Alchemist's Wine Perspective. 2011. 1 Nov. 2014. <wineperspective. com/STORAGE%20 TEMPERATURE%20&%20AGING. htm>

"pH Values of Food Products." Food Eng. 34(3): 98-99

"Table 1: World Wine Production by Country: 2013-2015 and % Change 2013/2015" The Wine Institute. 2015. 9 February 2018. <wineinstitute.org/files/ World_Wine_Production_by_ Country_2015.pdf>.

색인 *Index*

참조 : 진한 글씨로 된 페이지 번호는 포도/와인에 대한 주요 정보다. 페이지 번호만 진한 글씨로 별도 표기되었다면 본문에서 포도/와인을 찾아보자. 괄호 안 페이지 번호는 페이지가 바로 이어지지 않는 내용을 표시한다. 순서는 원서 기준을 그대로 따랐다.

315

저자 소개

Madeline Puckette은 2011년에 파트너 Justin Hammack과 함께 웹사이트 Wine Folly(winefolly.com)을 공동 설립했다. 디자인을 전공한 전문 소믈리에인 저자는 정보 디자인을 사용해서 와인을 단순하게 설명하는 방법을 개발했다. 한편 해맥은 무료로 와인 지식을 얻을 수 있는 개방된 웹사이트의 인프라를 개발했다.

와인 폴리는 인포그래픽, 기사, 그리고 동영상을 통해 순식간에 세계에서 가장 인기 있는 블로그가 되었다. 푸켓과 해맥은 Wine of France와 The Guild of Sommeliers 등 와인 전문가 협회를 위한 도구도 개발했다.

2015년에 처음으로 출간된 책 『와인 폴리 : 당신이 궁금한 와인의 모든 것』은 뉴욕 타임스 베스트셀러가 되었고, 아마존에서 2015년 최고의 요리책으로 선정되었다. 같은 해에 저자는 Jason Wise의 다큐멘터리 『소믈리에 : 와인 병 안으로』에 출연했다.

현재 Winefolly.com에서는 와인 지도, 포스터, 시음 도구 뿐 아니라 무료 교육 자료 등 교육에 필요한 다양한 상품을 제공하고 있다. 웹사이트는 포브스, 뉴욕 타임스, 월스트리트 저널, 라이프해커 등에 소개되었고, 새로운 세대를 위한 와인 소개를 이어가고 있다.

역자 소개

차승은은 이화여자대학교, 미네소타주립대학교에서 공부하고 WSET Advanced (Pass with Distinction), 한국소믈리에협회 라이선스를 취득했다. 번역서로는 어드벤처 타임 백과사전, 확산, 트루와 넬, 창의적인 삶을 위한 과학의 역사, 장 프랑수아 밀레, 카라바조 등이 있다.